EINFÜHRUNG IN DIE AERONAUTIK

I. TEIL

THEORETISCHE GRUNDLAGEN

ELEMENTARE VORTRÄGE

VON

DIPL.-ING. ADOLF LIPPMANN

OBERLEHRER AN DEN KGL. VER. MASCHINENBAUSCHULEN ZU DORTMUND UND MITGLIED DER WISSENSCHAFTLICHEN KOMMISSION DES KÖLNER KLUB FÜR LUFTSCHIFFAHRT

MIT 102 ABBILDUNGEN IM TEXT UND EINER TAFEL

LEIPZIG
VERLAG VON VEIT & COMP.
1911

Druck von Metzger & Wittig in Leipzig.

MEINEM VATER

HERRN REICHSGERICHTSRAT A. D. UND KGL. BAYR. GEHEIMEN RAT

DR. C. VON LIPPMANN

IN STEGLITZ

IN AUFRICHTIGER VEREHRUNG UND DANKBARKEIT

Vorwort.

Die vorliegende Arbeit ist aus einer Reihe von Vorträgen hervorgegangen, die der Verfasser in den letzten Jahren in verschiedenen technischen und wissenschaftlichen Vereinen in Köln, Düsseldorf, Solingen, Posen und Dortmund gehalten hat. Sie versucht, den aus dem Kreise der Zuhörer wiederholt laut gewordenen Wünschen nach einer kurzen, knappen Darstellung der wesentlichsten Begriffe und Vorstellungen des neuen Fachgebietes zu entsprechen; sie stellt in diesem Sinne gleichzeitig eine Beantwortung der im Anschluß an die Vorträge gestellten Fragen dar.

Die Literatur ist auf diesem Gebiete in den letzten Jahren gewaltig angeschwollen. Mit Ausnahme der in Fachschriften verstreuten wissenschaftlichen Abhandlungen ist die Mehrzahl der vorliegenden Arbeiten der beschreibenden und erzählenden Darstellung gewidmet. Die wenigen vorhandenen wissenschaftlichen Bearbeitungen, von denen Lanchesters Aerodynamik an erste Stelle zu setzen ist, sind für eine erste Einführung zu schwierig.

Eine umfassendere Darstellung des ganzen Gebietes der Aeronautik war bis vor wenigen Jahren nur in Moedebecks Taschenbuch für Flugtechniker und Luftschiffer zu finden. Sie hatte aber den Nachteil, daß gerade die Aufsätze über Flugtechnik wenig zuverlässig bearbeitet waren und daß sich ihr Inhalt vielfach erheblich von dem entfernte, was man auch damals schon als gesicherten Besitz wissenschaftlicher Erkenntnis bezeichnen durfte.

Durch die in diesem Jahre von Süring herausgegebene Neubearbeitung sind diese Mängel behoben; es liegt nun ein Taschenbuch vor, das einen guten Überblick über das bisher auf diesem Gebiete Geleistete gestattet.

Für eine erste Einführung sind nun Taschenbücher wenig geeignet; sie müssen in erster Linie ihrer Hauptbestimmung als Nachschlagebuch entsprechen und sind deshalb gezwungen, für den Anfänger viel zu viel, namentlich in bezug auf Zahlenmaterial, aufzunehmen.

Die vorliegende Arbeit stellt sich nicht die Aufgabe, eine erschöpfende Darstellung zu geben; sie will vor allem den, der sich eine mehr als oberflächliche Kenntnis der Materie verschaffen will, in die heutigen Anschauungen einführen.

In Form eines Lesebuches kann das freilich nicht geschehen; ohne ein gewisses Mindestmaß an geistiger Mitarbeit des Lesers ist eine solche Aufgabe überhaupt nicht zu lösen. Zur Erleichterung der Einführung wurde die mathematische Behandlung soweit als möglich zurückgedrängt. Wo sie nicht zu vermeiden ging, wurde an die Kenntnisse angeknüpft, die man von dem Absolventen eines Gymnasiums oder einer gleichstehenden Mittelschule voraussetzen darf.

Bei der Bearbeitung hat sich der Verfasser von dem Grundsatze leiten lassen, den Dr. Ing. Petersen im Vorwort zu seinem trefflichen Buche über Hochspannungstechnik ausspricht. Petersen sagt: „Wir leben glücklicherweise nicht mehr in der Zeit, in welcher mathematische Formulierung beinahe über den physikalischen Kern gestellt wurde. Man kann auch ohne die Formelsprache physikalisch arbeiten und verbindet hiermit den Vorzug, allgemein verständlich zu bleiben. Und das ist doch schließlich der Endzweck unserer Tätigkeit."

Es war ursprünglich beabsichtigt, die theoretischen Erläuterungen unmittelbar mit der Besprechung ausgeführter Konstruktionen zu verbinden. Da hierdurch einesteils die Darstellung an Übersichtlichkeit verliert und andernteils allzu häufige Wiederholungen nicht zu vermeiden sind, so wurde davon abgesehen. Es wurde eine Zweiteilung des Stoffes vorgezogen.

Der vorliegende erste Teil, der ein selbständiges abgeschlossenes Ganze für sich bildet, beschäftigt sich mit den theoretischen Grundlagen, während der zweite im Laufe des Jahres erscheinende Teil den praktischen Ausführungen, ihrer Handhabung und Bedienung gewidmet sein wird.

Der erste Teil zerfällt in drei Bücher, von denen das erste die für den Luftschiffer wichtigsten Kapitel der Mechanik bespricht. Es wurde in diesem Abschnitt besonderes Gewicht auf die Erläuterung des statischen und dynamischen Schwimmens gelegt; auch hat der Verfasser versucht, eine einfache geometrische Darstellung der Theorie des Kreisels zu geben.

Von dem Grundsatze ausgehend, daß der Luftschiffer auch einigermaßen mit den Eigenschaften des Elementes, in dem er sich bewegt, vertraut sein müsse, verbreitet sich das zweite Buch über die Physik der Atmosphäre. Die zum Verständnis des Verhaltens der Gase erforderlichen Erfahrungssätze, die später für die Ballontechnik von Bedeutung sind, haben hier Unterkunft gefunden. Zur Vermittelung des Verständnisses der elektrischen Erscheinungen in der Luft wurde eine kurze Erläuterung der in Frage kommenden Grundsätze der Elektrizitätslehre eingefügt.

Das dritte Buch behandelt die Erscheinungen, die der Bewegung in der Luft fördernd und hemmend entgegenstehen. Der Vogelflug, der hier Aufnahme gefunden hat, wurde so kurz als möglich besprochen. Über dieses Thema liegen ausreichende und allgemein verständliche Arbeiten von Lilienthal und Marey vor; auch vertritt der Verfasser den Standpunkt, daß von einem weiteren Studium des Vogelfluges für die Aviatik nichts mehr zu erwarten ist. Es möge gestattet sein, auch an dieser Stelle eine Begründung der ausgesprochenen Ansicht mit den Worten zu geben, daß andere Mittel andere Formen verlangen. Die dem Vogel hinsichtlich Aufbau seines Flügelapparates zur Verfügung stehenden Mittel werden uns nie zur Verfügung stehen; man kann daraus ableiten, daß wir uns deshalb auch nicht an seine Formen halten können. Was von diesen für unsere Zwecke abgesehen werden kann, dürfte schon abgesehen worden sein.

Eine kurze Erläuterung der heute bestehenden wesentlichsten Versuchseinrichtungen bildet den Abschluß des Bandes. Die Abgrenzung des Stoffes wurde so gezogen, daß der behandelte Stoff für eine ein- bis zweistündige Vorlesung ausreichen würde.

Von der erstmaligen Niederschrift einer solchen Arbeit wird man nicht erwarten können, daß sie allen Wünschen gerecht wird. Auch wird es nicht zu vermeiden sein, daß bei der ersten Niederschrift der eine oder andere Irrtum unterläuft, wenngleich der Verfasser sich im Hinblick auf die Sorgfalt der Bearbeitung der Hoffnung hingibt, daß wesentliche Irrtümer vermieden worden sind.

Es erübrigt noch, den Herren Prof. Dr. Prandtl und Dr. Ing. Bendemann für die freundliche Bereitwilligkeit, mit der sie die Benutzung ihrer Arbeiten gestatteten, bestens zu danken. Außerdem möchte der Verfasser nicht verfehlen, dem Herrn Verleger für die opferwillige Sorgfalt, die er der Ausstattung der Arbeit angedeihen ließ, seinen besonderen Dank zum Ausdruck zu bringen.

Steglitz, im März 1911.

dipl. Ing. **Adolf Lippmann.**

Inhalt.

Seite

II. Buch. Aus der Physik der Atmosphäre.

Erster Abschnitt.

Zweiter Abschnitt.

Dritter Abschnitt.

Vierter Abschnitt.

Seite

Fünfter Abschnitt.

Sechster Abschnitt.

Siebenter Abschnitt.

Achter Abschnitt.

Neunter Abschnitt.

Zehnter Abschnitt.

Elfter Abschnitt.

Zwölfter Abschnitt.

Dreizehnter Abschnitt.

Seite

III. Buch. Luftwiderstand und dynamische Tragkraft.

Erster Abschnitt.

Zweiter Abschnitt.

Dritter Abschnitt.

Vierter Abschnitt.

Fünfter Abschnitt.

Einleitung.

„Du träumst vom Fliegen, Berblinger! Sei getrost, du wirst fliegen, sobald ich am Ziel bin! Was wir brauchen, ist Kraft: die Kraft, die die Natur in die Vogelschwinge gelegt hat, die in einer Nußschale liegen und Berge in die Luft schleudern kann!“

Also läßt Max von Eyth, der uns leider zu früh entrissene Dichter und Ingenieur, in seinem kraftvollen Lebensbild: „Der Schneider von Ulm oder die Geschichte eines zweihundert Jahre zu früh Geborenen“ den geheimnisvollen Ulmer Türmer zum Helden der Geschichte sprechen. Die Träume des alten Türmers sind in Erfüllung gegangen: Die Kraft des kleinen leichten Motors, den die Automobiltechnik schuf, beflügelt unsere Wagen und treibt unsere Flugmaschinen in die Luft. Wir fliegen!

Richtiger wäre es wohl zu sagen: wir beginnen zu fliegen! Denn von der Entwicklung, die phantasievolle Männer schon für die allernächste Zeit prophezeien, dürfte die Luftschiffahrt auch heute noch trotz unbestrittener Erfolge erheblich entfernt sein. Die Hochflut der Begeisterung, die heute die Erfolge eines Zeppelin, eines Wright umbraust, hat eine gewaltige Wandlung in der öffentlichen Beurteilung der Bedeutung der Luftschiffahrt hervorgebracht. Während man noch vor wenigen Jahren auch das Mögliche auf diesem Gebiete verneinte, ist man heute in der gleichen maßlosen Weise geneigt, das Unmögliche zu bejahen.

Dieser Umschwung in der öffentlichen Meinung wird erklärlich, wenn man den Entwicklungsgang der Luftschiffahrt ins Auge faßt. Daß wir uns an das Beispiel der Flugtiere nicht halten konnten, daß wir die zu unserer Fortbewegung in der Luft erforderliche Kraft dem eigenen animalischen Motor nicht entnehmen können, war schon frühzeitig erkannt worden.

Im Jahre 1680 veröffentlichte der neapolitanische Physiologe Alphonso Borelli eine Arbeit: „De motu animalium“, in der er klar und bestimmt aussprach, daß es dem Menschen niemals möglich sein werde, aus eigener Kraft künstlich zu fliegen. Vergleichende Untersuchungen der Brustmuskulatur der Vögel und der Menschen hatten ihn zu dieser Erkenntnis geführt. Er wies darauf hin, daß die Brustmuskulatur des Menschen im Verhältnis zu der der Flugtiere ganz wesentlich schwächer entwickelt ist, während der Mensch gerade zufolge seines unverhältnismäßig größeren Körpergewichtes, zu dem noch das Gewicht des Flugzeuges kommt, zur Betätigung des künstlichen Fliegens einer viel höher entwickelten Muskulatur bedürfe.

Im Jahre 1872 wurde von der Kgl. preuß. Staatsregierung eine Kommission zur Prüfung aeronautischer Fragen einberufen. Das hervorragendste Mitglied dieser Kommission, Hermann von Helmholtz, faßte die Untersuchungsergebnisse in einer Arbeit zusammen: „Über ein Theorem geometrisch ähnliche Bewegungen flüssiger Körper betreffend nebst Anwendung auf das Problem Luftballons zu lenken". (Monatsschrift der Kgl. preuß. Akademie der Wissenschaften zu Berlin. Juni 1873.)

Auf Grund von geometrischen Betrachtungen gelangt v. Helmholtz zu den gleichen Schlußfolgerungen wie Borelli, die er in die Worte kleidet, „daß es kaum als wahrscheinlich zu betrachten sei, daß der Mensch auch durch den allergeschicktesten flügelähnlichen Mechanismus, den er durch seine eigene Muskelkraft zu bewegen hätte, in den Stand gesetzt werden würde, sein eigenes Gewicht in die Höhe zu heben und dort zu erhalten".

Auch Dr. Werner von Siemens wies in klarer eindeutiger Weise darauf hin, daß die Aeronautik und besonders der dynamische Flug erst dann Erfolge erwarten könne, wenn durch Schaffung einer geeigneten Kraftquelle die wesentlichste Grundbedingung erfüllt sei. Er sagt in seinen Lebenserinnerungen (Berlin 1904 S. 250): „Es ist unzweifelhaft, daß wir Flugmaschinen nach dem Vorbilde der fliegenden Tiere herstellen können, wenn erst die Grundbedingung dafür erfüllt ist, welche darin besteht, daß wir Maschinen haben, die so leicht und kräftig wie die Bewegungsmuskeln der fliegenden Tiere sind und keines viel größeren Brennmaterials bedürfen als diese. Ist erst eine solche Maschine erfunden, so kann jeder geschickte Mechaniker eine Flugmaschine bauen. Die Erfinder fangen aber immer am verkehrten Ende an und erfinden Flugmechanismen, ohne die Kraft zur Bewegung derselben zu haben." Endlich war auch Lilienthal, den wir heute mit Fug und Recht als den Begründer der dynamischen Fliegkunst ansprechen dürfen, auf Grund eigener Versuche zu der Überzeugung gelangt, daß Erfolge nur durch Anwendung einer geeigneten Kraftquelle zu erzielen seien. Er trug sich eben mit dem Gedanken, seinen Flugapparat mit einem Motor auszustatten, als ein unglückliches Geschick seinen Bestrebungen ein Ziel setzte.

Aber wie zu allen Zeiten die Erkenntnis nicht Allgemeingut war, sondern immer nur das Besitztum einzelner Bevorzugter bildete, so auch hier. Trotzdem heute alle auf dem Gebiete der Aeronautik ernsthaft Arbeitenden sich vollkommen darüber klar sind, daß mit flügelähnlichen Mechanismen, die durch eigene Muskelkraft betätigt werden sollen, nichts zu erreichen ist, stirbt die Zahl derer nicht aus, die auch heute noch glauben, diesen verlassenen Weg mit Erfolg beschreiten zu können.

Es ist ja so einfach! Man studiert ein paar Jahre den Vogelflug, d. h. man sieht zu, wie's die Vögel machen und macht's nach!

Zeitungsnotizen, des Inhaltes, daß ein Briefträger nunmehr nach jahrelangem mühevollen Studium des Vogelfluges das Problem des Fliegens endgültig gelöst hat, gehören nicht zu den Seltenheiten. Als ob die Natur sich ihre Geheimnisse so leicht ablauschen ließe!

Was wir heute als den gesicherten Besitzstand unserer Naturerkenntnis ansprechen dürfen, die gesammelten und gesichteten Erfahrungen, auf denen die gewaltigen Erfolge unserer heutigen Technik aufbauen, gründen sich nicht auf Beobachtungen, die sich im Kopfe eines Menschen, sondern in den Köpfen von Tausenden abgespielt haben. Und wer heute darauf weiter bauen will, der muß sich erst einmal die Erfahrungen vergangener Geschlechter zu eigen machen, wenn er nicht Gefahr laufen will, Irrwege wiederholt zu begehen, die längst erkannt und verlassen worden sind.

Kaum auf irgend einem anderen Gebiete haben sich Unberufene mehr und leidenschaftlicher zur Mitarbeit gedrängt und drängen sich auch heute noch dazu als gerade auf dem Gebiete der Aeronautik. Leute, an denen die Erkenntnis der elementarsten Naturvorgänge spurlos vorübergegangen ist, halten sich für befähigt, das Flugproblem zu lösen. So gewaltig ist der Reiz, den diese älteste Sehnsucht des Menschengeschlechtes auf die Gemüter ausübt.

Und dabei stellt gerade das Flugproblem Aufgaben, zu deren Lösung auch der heute vorhandene große Erfahrungsschatz noch nicht ausreicht.

Von einer Dampfmaschine, die wir zu bauen im Begriffe sind, können wir bis auf wenige Prozent genau auf Grund unserer Berechnungen vorhersagen, wie viele Pferdestärken sie uns leisten wird, wir können bis auf Zehntel Kilogramm den Dampfverbrauch der Maschine vorherbestimmen. Ähnliche zuverlässige Vorhersagen lassen unsere heutigen Erfahrungen für Gasmotoren, elektrische Maschinen usw. zu.

Welche Form und welche Abmessungen wir einem Luftschiff oder einer Flugmaschine geben müssen, damit es uns bestimmte Lasten mit bestimter Geschwindigkeit sicher durch die Luft trägt, vermögen wir heute noch nicht zuverlässig zu bestimmen.

Wir sind eben erst im Stadium des Versuches angelangt, allerdings — und darin liegt der gewaltigste Fortschritt — im Stadium des zielbewußten Versuches.

Nicht allein der leichte Motor, den uns die fortgeschrittene Technik schenkte, gab den Erfolg, sondern auch der Umstand, daß schon im vorigen Jahrhundert ein ernstes zielbewußtes Forschen nach wissenschaftlicher Methode an Stelle des bisherigen planlosen Tastens und uferlosen Projektemachens getreten war.

Soweit es das lenkbare Luftschiff angeht, haben Männer wie Meusnier, Giffard, Renard und Krebs und last not least der deutsche Ingenieur Paul Haehnlein die richtigen Wege zum Erfolg gewiesen; in gleicher Weise wird die Entwicklungsgeschichte der Flugmaschine mit den Namen Meerwein, Wenham und besonders Lilienthal verknüpft bleiben. Will man endlich zu einer nach jeder Richtung hin gerechten Würdigung der bisherigen Bemühungen, Erfolge und Mißerfolge auf dem Gebiete der Aeronautik gelangen, so darf ein Umstand nicht vergessen werden.

Bei den immerhin geringen Erfahrungen, die wir über die Größe der bei der Bewegung von Körpern in Luft auftretenden Kräfte bzw. zu erwartenden Widerstände hatten und noch haben, genügt es nicht, Versuche mit Modellen in kleinerem Maßstabe anzustellen. Wollte man zu wirklich verwertbaren Aufschlüssen gelangen, so mußten die Versuchsobjekte auch in natürlicher Größe ausgeführt werden. Solche Ausführungen erfordern aber erhebliche finanzielle Aufwendungen. Gelang es nun auch einem Erfinder, die für seinen ersten Versuch erforderlichen Mittel aufzubringen, so war damit meist seine wirtschaftliche Leistungsfähigkeit erschöpft. Entsprach der Versuch den gestellten Erwartungen nicht oder mißlang er gar völlig, so war dem Erfinder in der Regel jede Möglichkeit benommen, die beim Versuche gewonnenen Erfahrungen weiter zu verwerten.

Mit dem Vertrauen auf die Sache des Erfinders war dann auch die Möglichkeit neue Mittel zu gewinnen dahin.

So ist es zu erklären, daß Männer wie Paul Haehnlein nicht zu dem verdienten Erfolge gelangen konnten, so erklärt es sich auch, daß Zeppelin uns seine Erfolge erst um Jahre später vorführen konnte, als dies vielleicht möglich gewesen wäre.

Auch heute kann man trotz der außerordentlichen Fortschritte in der Ausgestaltung der Luftfahrzeuge noch nicht davon sprechen, daß wir verkehrsbrauchbare Fahrzeuge im Sinne unserer anderen Verkehrsmittel, wie Eisenbahn, Schiff und Automobil, besitzen. Das gilt ganz besonders für die Flugapparate, zu deren Führung immer noch ein ungewöhnliches Maß von Kaltblütigkeit, Entschlossenheit und Übung gehört. Daß selbst bei Vorhandensein dieser für den Piloten erforderlichen Qualitäten die äußerste Vorsicht nicht immer hinreicht, um Katastrophen mit dem Flugzeug zu vermeiden, dürfte unter anderem der Unfall des französischen Hauptmanns Ferber beweisen, der für die Vorsicht, mit der er bei seinen Versuchen zu Werke ging, typisch war. Es sind noch manche Opfer an Geld, vielleicht auch an Menschenleben erforderlich, ehe das Zeitalter, der „Flugdroschke“ wirklich anbricht. —

Der erste Teil unserer Betrachtungen wird vorwiegend theoretischen Erwägungen gewidmet sein, wobei wir versuchen wollen, in die heute maßgebenden Theorien soweit einzudringen als dies den vorausgesetzten Vorkenntnissen nach möglich ist. Der zweite Teil wird sich mit den bisher erprobten Luftfahrzeugen und der aeronautischen Navigation beschäftigen. —

Erstes Buch.

Aus der Mechanik.

Erster Abschnitt.

Das Schwimmen in Wasser und in Luft.

§ 1. Dynamisches und statisches Schwimmen.

Man kann sich auf zwei grundsätzlich verschiedene Arten im Wasser schwimmend erhalten. Entweder man läßt sich durch eine an den Körper gebundene Schwimmblase tragen, oder man hält sich durch geeignete Bewegungen über Wasser, die erlernt werden müssen.

Im ersten Fall kann man dabei vollkommen in Ruhe bleiben, weshalb wir diese Art des Schwimmens das statische Schwimmen nennen wollen (von *stare* = stehen, gleichbedeutend mit: in Ruhe bleiben). Im zweiten Fall ist fortgesetzte Bewegung und damit fortgesetzte Kraftentfaltung erforderlich. Die zweite Art nennen wir das dynamische Schwimmen (von *δυναμις* = Kraft).

§ 2. Das statische Schwimmen und der Auftrieb.

Im ersten Fall kommt ausschließlich die unter dem Namen des archimedischen Prinzips bekannte Erfahrung in Betracht: Jeder in eine Flüssigkeit eingetauchte Körper verliert scheinbar an Gewicht so viel, als die von ihm verdrängte Flüssigkeitsmenge wiegt.

Angenommen unser Körpergewicht betrage 65 kg und das Volumen des eingetauchten Körpers 50 cdm, wenn wir etwa bis über die Brust eintauchen, so verdrängen wir 50 Liter Wasser. Diese 50 Liter Wasser, entsprechend einem Gewichte von 50 kg, werden nun durch den eintauchenden Körper in die Höhe gedrängt:

der Wasserspiegel steigt. Die Anziehungskraft der Erde, die Schwerkraft, die das Bestreben hat, alle Körper dem Mittelpunkte der Erde möglichst zu nähern, sucht nun die in die Höhe gedrängten 50 Liter Wasser mit einer Kraft gleich 50 kg in die ursprüngliche Lage zurückzuziehen. Der Erfolg davon ist, daß eine Gegenkraft entsteht, die nun unseren eingetauchten Körper aus dem Wasser herauszudrängen sucht. Es ist also nicht eine Gewichtsverminderung, die unser Körper beim Eintauchen etwa tatsächlich erfährt, sondern der entstehende Gegendruck, der sogenannte Auftrieb läßt uns seine Wirkung als Gewichtserleichterung empfinden. Es ist aber nur ein Teil der an unserem Körper wirkenden Schwerkraft, der durch den Auftrieb im Gleichgewicht gehalten wird; die Schwerkraft sucht uns immer noch mit der Differenz: Gewicht weniger Auftrieb — im vorliegenden Falle 65 kg — 50 kg = 15 kg, in die Tiefe zu ziehen. Um die übrigbleibende Kraft von 15 kg auch noch auszugleichen, können wir an unseren Körper noch eine Blechbüchse binden, die 1 kg wiegt und 16 Liter Wasser bei völligem Eintauchen verdrängt. An dem aus unserem Körper und der Blechbüchse gebildeten Körpersystem greifen nun vier Kräfte an. Die beiden parallel nach abwärts wirkenden Kräfte, das Gewicht der Blechbüchse und das Gewicht des Körpers lassen sich zu einer Mittelkraft vereinigen, durch die man sich die beiden ersetzt denken kann. Ebenso wie für jeden einzelnen Körper läßt sich auch für jede Vereinigung von Körpern, für jedes Körpersystem, ein ausgezeichneter Punkt bestimmen, an dem man sich die Gewichte der sämtlichen Körper- oder Systemteile vereinigt denken kann. An diesem Punkt, dem Systemschwerpunkt, greift dann die Mittelkraft der nach abwärts gerichteten parallelen Schwerkräfte (Gewichte) an. Auch die beiden nach aufwärts gerichteten parallelen Auftriebskräfte lassen sich zu einer Mittelkraft vereinigen. Bei beliebiger Befestigung der Blechbüchse an dem Körper wird man aber im allgemeinen nicht erwarten können, daß die nach aufwärts gerichtete Mittelkraft der Auftriebskräfte auch durch den Systemschwerpunkt geht; die Richtung der Auftriebsmittelkraft wird vielmehr in einem gewissen Abstande an dem Systemschwerpunkt vorbeigehen.

Wir erhalten auf diese Weise zwei gleich große parallele und entgegengesetzt gerichtete Mittelkräfte, die an zwei verschiedenen Punkten des Körpersystems angreifen. Zwei solche Kräfte nennt man ein Kräftepaar. Ein Kräftepaar übt aber auf einen Körper einen Drehzwang aus, d. h. es sucht den Körper oder das Körpersystem so lange zu drehen, bis die Richtungslinien der beiden gleich großen und entgegengesetzt gerichteten Kräfte in ein und dieselbe Gerade fallen, wobei der Drehzwang um so stärker ist, je größer der Abstand — der Hebelarm — der beiden Kraftrichtungen ist.

Will man sich also in einer bestimmten Lage statisch schwimmend im Wasser erhalten — etwa so, daß man den Kopf frei über dem Wasserspiegel trägt —, so ist es nicht gleichgültig, an welcher Stelle des Körpers man die Schwimmblase oder Blechbüchse anbringt. Die Befestigungsstelle muß vielmehr so gewählt werden, daß die Mittelkraft der Schwerkräfte mit der Mittelkraft der entgegengesetzt gerichteten Auftriebskräfte in eine durch den Systemschwerpunkt gehende Gerade zusammenfällt. Nur in dieser Lage befinden sich die am Körpersystem angreifenden Kräfte im statischen Gleichgewicht und nur in diesem Falle kann unser Körper ruhig schwimmend im Wasser erhalten werden.

§ 3. Das dynamische Schwimmen.

Dem dynamischen Schwimmen liegt eine andere Erfahrungstatsache zugrunde. Zwar kommt auch hier der Auftrieb des eingetauchten Körpers zur Wirkung; auch hier sind, um bei dem einmal gewählten Zahlenbeispiel zu bleiben, nur die noch übrig bleibenden 15 kg auszugleichen. Der Ausgleich dieses Gewichtsrestes soll nun aber dynamisch, d. h. durch Bewegung oder besser gesagt durch Kraftentfaltung erfolgen. Um zu verstehen, wie dies geschehen kann, müssen wir uns überlegen, daß das Wasser nicht nur eine schwere, sondern auch eine träge Masse ist.

§ 4. Das Trägheitsgesetz.

Nach den Erfahrungen, die wir in der Physik zu dem Gesetz der Trägheit zusammenfassen, hat jeder Körper das Bestreben, seinen einmal angenommenen Bewegungszustand unverändert zu erhalten. Befindet er sich in Ruhe, so sucht er in Ruhe zu bleiben, ist er in Bewegung, so sucht er die einmal angenommene Bewegung unverändert beizubehalten.

Ein Körper widersteht also jeder Änderung seines augenblicklichen Bewegungszustandes mit einer Kraft, die wir Trägheitswiderstand nennen. Dabei ist die Größe des Trägheitswiderstandes, den wir bei einer Änderung des Bewegungszustandes eines Körpers zu erwarten haben, erfahrungsgemäß verhältnisgleich der Größe der Masse des Körpers und der Größe der Geschwindigkeitsänderung.

§ 5. Geschwindigkeitsänderung und Trägheitswiderstand.

Die Geschwindigkeitsänderung kann eine positive, d. h. eine Geschwindigkeitszunahme oder Beschleunigung sein, dann wirkt der entstehende Trägheitswiderstand entgegen der Bewegungsrichtung des Körpers, da er ja immer den augenblicklichen Bewegungszustand zu erhalten sucht. Ist die Geschwindigkeitsänderung eine negative, d. h. eine Geschwindigkeitsabnahme oder Verzögerung, dann wirkt der Trägheitswiderstand in Richtung der Bewegung, ist also bestrebt, den Körper mit unverminderter Geschwindigkeit fortzutreiben.

In einem Eisenbahnwagen oder auch in einem Straßenbahnwagen kann man diese Trägheitswiderstände auch der Richtung nach sehr gut am eigenen Leibe verspüren, namentlich, wenn der Führer in etwas rücksichtsloser Weise anfährt oder abstoppt. Fährt man vorwärts, d. h. sitzt man mit dem Gesichte gegen die Lokomotive zu, so fühlt man sich bei etwas zu plötzlichem Anfahren stark in die Kissen zurückgedrückt, während man sich bei plötzlichem Anhalten des Zuges festhalten muß, um nicht vom Sitz herunterzugleiten.

§ 6. Gewicht und Luftwiderstand.

Zwischen Kraft und Geschwindigkeitsänderung besteht nun ein gewisser Zusammenhang, der durch Jahrhunderte hindurch fortgeführte Versuche erkannt und festgestellt wurde. Die Betrachtungen, die schließlich zu den von dem englischen Forscher Newton in vollkommenster Form ausgesprochenen Trägheitsgesetzen führten, knüpften naturgemäß zunächst an eine Kraft an, die uns überall in sinnfälliger Weise in den Weg tritt: die Anziehungskraft der Erde oder kurz die Schwerkraft.

Mit der Wirkung der Schwerkraft, mit dem Zubodenfallen der Körper hatten sich zwar schon die altgriechischen Philosophen Aristoteles und seine Schüler beschäftigt. Aus einigen, wenigen oberflächlichen Beobachtungen und Erfahrungen hatten sie herausphilosophiert, daß schwere Körper rascher und leichte langsamer fallen, eine Anschauung, die auch heute noch in manchen Köpfen spukt.

Erst dem italienischen Forscher Galileo Galilei (1564—1642) blieb es vorbehalten, Licht in die dunklen Auffassungen zu bringen. — Auf Galileis und seiner Nachfolger Arbeiten einzugehen, würde uns zu weit führen. Wir wollen uns den Kern der Sache durch einen einfachen Versuch, den jeder ausführen kann, herausschälen.

Wir nehmen in die eine Hand ein Blatt Papier (etwa einen Briefbogen Quartformat) und in die andere Hand einen schweren Körper (etwa ein Fünfmarkstück), halten beide Hände in gleicher Höhe über dem Zimmerboden und lassen Papier und Geldstück gleichzeitig los. Wir beobachten, daß das schwerere Geldstück viel rascher am Boden ankommt als das leichtere Papierblatt. Nun knüllen wir das Papierblatt in der Hand zu einem festen Ballen zusammen und wiederholen das Experiment. Geldstück und Papierblatt kommen zu gleicher Zeit am Boden an. Wir haben an dem Papierblatt nichts verändert als die Oberfläche. Wir haben im zweiten Fall ebensoviel Papier verwendet wie im ersten, die Masse des Papiers ist die gleiche geblieben und trotzdem zeigt sich ein verändertes Bild. Das führt zu dem Schluß, daß das Papierblatt im ersten Fall einen Widerstand erfährt, der von der Größe seiner Oberfläche abhängig ist. Dieser Widerstand ist nun leicht gefunden. Es ist die Trägheit der beide Körper umgebenden Luft. Das Papierblatt mußte im ersten Falle vermöge seiner größeren Oberfläche eine viel größere Luftmenge zur Seite drängen, als das Geldstück. Die vorher in Ruhe befindliche Luft erfährt eine Geschwindigkeitsänderung. Da die Luft aber auch ein Körper ist, der dem allgemeinen Trägheitsgesetz unterworfen ist, so ist das Resultat ein Trägheitswiderstand, eine Gegenkraft, die hemmend auf den herabfallenden Körper wirkt.

§ 7. Schwerkraft und Erdbeschleunigung.

Die bisher geschilderten Beobachtungen genügen aber noch keineswegs, um daraus ein Naturgesetz abzuleiten oder besser gesagt einen Erfahrungssatz auszusprechen. Wir müssen uns deshalb bemühen, bei unseren Versuchen den Widerstand der Luft fortzuschaffen. Wir bringen in ein an beiden Enden verschließbares Glasrohr verschieden schwere Körper von verschieden großer Oberfläche: Papierschnitzel, Flaumfedern, Bleikugeln, Eisenfeilspäne u. dgl. Dann entfernen wir die Luft mit Hilfe einer Luftpumpe. Beim Umstülpen des Glasrohres zeigt sich nun, daß alle Körper gleich schnell herabfallen. Keiner bleibt zurück.

Erst damit haben wir eine Erfahrung gewonnen, die sich durch tausendfache Erprobung immer wieder in gleicher Weise bestätigt und jetzt erst können wir den Erfahrungssatz aussprechen:

„Alle Körper fallen im luftleeren Raum gleichschnell zu Boden“ oder allgemeiner: „Alle Körper werden durch die Schwerkraft in gleicher Weise beschleunigt.“

Weitere Versuche haben gezeigt, daß die Geschwindigkeit eines freifallenden Körpers, worunter wir das Verhältnis der während des Falles verstrichenen Zeit zu dem in der Zeit durchfallenen Raum verstehen, im fortwährenden Zunehmen begriffen ist. Und zwar hat sich im Einklang mit dem eben gewonnenen Erfahrungssatz ergeben, daß der Betrag, um den die Geschwindigkeit in jeder Sekunde zunimmt, für alle Körper an ein und derselben Stelle der Erde der gleiche ist. Für unsere Gegenden beträgt dieser Geschwindigkeitszuwachs in der Sekunde im Mittel 9,81 m pro Sekunde. Den Geschwindigkeitszuwachs pro Sekunde nennen wir Beschleunigung, und da er hier von der Anziehungskraft der Erde herrührt: Erdbeschleunigung.

§ 8. Veränderlichkeit der Schwerkraft.

Da die Erde keine vollkommene Kugelgestalt hat, also nicht alle Punkte der Erdoberfläche gleichweit vom Erdmittel entfernt sind, da ferner zufolge der Achsendrehung der Erde noch eine zweite Kraft in Betracht kommt, die nach dem Äquator zu zunimmt, so kann die Anziehungskraft der Erde nicht an allen Orten der Erdoberfläche die gleiche Wirkung ausüben. Während die Erdbeschleunigung an ein und demselben Orte für alle Körper die gleiche bleibt, ergeben sich für verschiedene Stellen der Erdoberfläche aus den angeführten Gründen verschiedene Erdbeschleunigungen und auch verschieden große Gewichte der Körper.

§ 9. Begriff der Masse.

Dabei zeigt sich, daß sich das Gewicht eines Körpers, den man von einer Stelle der Erdoberfläche nach einer anderen bringt, in demselben Verhältnis ändert wie seine Erdbeschleunigung. Das Verhältnis des Gewichtes zur Erdbeschleunigung ist demnach für ein und denselben Körper an allen Stellen der Erdoberfläche eine unveränderliche Größe.

Bringt man z. B. einen mit Sandkörnern gefüllten Kasten, der in unseren Gegenden genau 1 kg wiegt, nach Paris, so zeigt sich, daß er dort etwas weniger wiegt, da die Erdbeschleunigung in Paris nur den Zahlenwert 9,808 hat. Die Menge der Sandkörner ist aber die gleiche geblieben.

Es gibt also für jeden Körper ein Etwas, das an allen Orten der Erde unveränderlich bleibt, das ist die Menge des Stoffes, aus dem er aufgebaut ist, oder wie man auch sagt, seine Masse.

Da, wie schon erwähnt, das Verhältnis des Körpergewichtes zu der ihm durch die Schwerkraft erteilten Beschleunigung für ein und denselben Körper an allen Stellen der Erde ebenfalls unveränderlich ist, so benützen wir dieses Verhältnis als Maß für die Masse des Körpers und nennen es wohl auch kurzweg die Masse des Körpers.

§ 10. Kraft und Masse.

Wir kommen so zu einem Erfahrungssatz, der sich wie folgt in eine algebraische Form fassen läßt:

$$\text{Masse} = \frac{\text{Gewicht}}{\text{Erdbeschleunigung}} = \frac{G}{g} = m = \text{konstant.} \qquad (1)$$

Dieser Satz läßt sich auch noch in einer anderen Form aussprechen. Wir können sagen: Das Gewicht eines Körpers ist stets gleich dem m-fachen der Erdbeschleunigung, die er erfährt, oder:

$$\text{Gewicht} = \text{Masse mal Erdbeschleunigung oder}$$
$$G = m \cdot g. \qquad (2)$$

Da wir nun verschiedene Kräfte haben, die wir mit der Schwerkraft direkt vergleichen können (z. B. die Spannkraft einer gespannten Feder bei der Federwage), so folgern wir weiter, daß diese mit der Schwerkraft vergleichbaren Kräfte mit ihr wesensgleich und darum auch einem ähnlichen Gesetze unterworfen sind. So gelangen wir zu der allgemeinen Aussage des zweiten Newtonschen Gesetzes:

$$\text{Kraft} = \text{Masse mal Beschleunigung oder}$$
$$K = m \cdot b. \qquad (3)$$

Wird also einer Masse von der Größe $= m$ eine Beschleunigung oder auch Verzögerung von der Größe b erteilt, so ist dazu eine Kraft von der Größe K erforderlich.

§ 11. Der Massenwiderstand.

Nach dem Wechselwirkungsgesetz (dritter Newtonscher Satz) ist aber die Wirkung gleich der Gegenwirkung. Die Masse wehrt sich somit gegen eine Veränderung ihres Bewegungszustandes mit einer gleich großen und entgegengesetzt gerichteten

Kraft, die in derselben Richtungslinie liegt. Die letzte Gleichung gibt somit ein Maß für den zu erwartenden Trägheitswiderstand, den wir durch den Ausdruck Masse mal Beschleunigung festlegen wollen.

Das führt zu der Überlegung, daß wir einen gleich großen Trägheits- oder, wie wir auch sagen können, Massenwiderstand auf zweierlei Art hervorrufen können: Einmal können wir z. B. eine große Luftmasse mit geringer Beschleunigung zurückwerfen, das andere Mal eine geringe Luftmasse mit großer Beschleunigung. Der erste Fall würde zur Verwendung von sehr großen langsam laufenden Luftschrauben führen, während im zweiten Fall eine gleiche Wirkung durch schnell laufende kleine Luftschrauben hervorgebracht werden könnte.

§ 12. Der dynamische Gewichtsausgleich im Wasser.

Wir kehren nun zurück zu dem Beispiel des dynamischen Schwimmens in Wasser. Nach unserer Annahme war durch den eintauchenden Körper so viel Wasser verdrängt worden, daß nur mehr ein Gewichtsrest, den wir auf 15 kg schätzten, dynamisch auszugleichen war. Um nun auch noch diesen 15 kg, mit denen die Schwerkraft uns immer noch in die Tiefe zu ziehen sucht, Gleichgewicht zu halten, müssen wir einer Wassermasse durch Zurückstoßen mit Händen und Füßen eine solche Beschleunigung erteilen, daß ein Trägheitswiderstand zustande kommt, der gleich dem noch unausgeglichenen Schwerkraftsrest ist und in entgegengesetzter Richtung wirkt. Wir können diesen Trägheitswiderstand auch mit den Füßen allein erzeugen (sogenanntes Wassertreten). Da wir aber mit den Füßen allein nur geringere Wassermassen zurückstoßen können, so müssen wir diesen eine um so größere Beschleunigung erteilen, um den gleichen Effekt zu erzielen. Wir müssen also, falls wir uns vermittelst der Muskelkraft der Beine allein dynamisch schwimmend erhalten wollen,. wesentlich raschere Bewegungen ausführen als mit Händen und Füßen zusammen. — Die Bewegungen müssen aber fortgesetzt ausgeführt werden; das dynamische Schwimmen verlangt also eine fortgesetzte Kraftentfaltung. Der dynamische Schwimmer, der auf die Unterstützung der Schwimmblase verzichtet, ist daher im Nachteil. Er muß nicht nur zu seiner Fortbewegung, sondern auch zur Erhaltung des Gleichgewichts fortgesetzt Arbeit leisten. —

§ 13. Der Auftrieb der Luft.

Mit ähnlichen Verhältnissen haben wir zu rechnen, falls wir uns im Luftmeer schwimmend erhalten wollen. Auch hier erfährt der nunmehr aber völlig im Luftmeer untergetauchte Körper einen Auftrieb, der gleich dem Gewicht der von ihm verdrängten Luftmasse ist.

Während nun aber das Wasser einen Körper, der einen Liter Wasser verdrängt, mit einer Kraft gleich 1 kg an die Oberfläche zu treiben sucht, erfährt ein Körper, der ein gleiches Volumen Luft im Luftmeer verdrängt, nur einen Auftrieb von rund 1,3 g, also einen rund 773 mal geringeren Auftrieb. Denn 1 cbm = 1000 l Luft, wiegt bei einer Temperatur von 0 Grad an der Meeresoberfläche (760 mm Barometerstand) im Mittel nur 1,293 kg. Da die Luft stets mehr oder weniger mit Wasserdampf gemischt ist, so kann der angegebene Wert als Durchschnittswert gelten.

Um den gleichen Auftrieb in Luft zu erhalten, müßten wir also ein 773 mal so großes Volumen gegenüber Wasser verdrängen. Die scheinbare Gewichtserleichterung, die der in Luft untergetauchte Körper durch den Auftrieb der verdrängten Luft erfährt, spielt praktisch keine Rolle mehr.

Die Schwimmblase (Luftballon), die uns im Luftmeer statisch schwimmend erhalten soll, hat also praktisch das ganze Gewicht auszugleichen. Aus dem Gesagten geht hervor, daß sie gewaltige Abmessungen erhalten muß, um so mehr, als wir nicht in der Lage sind, den Auftrieb der Luft voll auszunützen.

§ 14. Der Gasballon.

Die volle Auftriebskraft der verdrängten Luftmenge könnten wir nur dann nutzbar machen, wenn es gelänge, den Luftballon luftleer herzustellen. Nun übt aber die den Erdball umgebende Lufthülle vermöge ihres Gewichtes auf die Erdoberfläche einen Druck aus, der in Meereshöhe etwa 1 kg für jeden Quadratzentimeter der gedrückten Fläche ausmacht. Ein kugelförmiger Ballon, der so viel Luft verdrängt, daß der Auftrieb hinreichen würde, um nur einen Menschen über dem Erdboden schwebend zu erhalten, würde bereits eine Oberfläche von vielen Tausend Quadratzentimetern erhalten müssen. Die luftleere Hülle hätte somit einen gewaltigen Druck auszuhalten, den sie nur ertragen könnte, wenn man sie aus hinreichend widerstandsfähigem Material, etwa aus starkem Metallblech, herstellte. In diesem Falle würde aber das Gewicht der Hülle größer werden als das Gewicht der verdrängten Luftmasse. Auf diesem Wege ist also nichts zu erreichen.

Wir sind deshalb darauf angewiesen, unsere Luftballons mit einem Gase zu füllen, dessen Volumeinheit weniger wiegt als die der Luft, d. h. mit einem Gase, das spezifisch leichter ist als Luft. Dabei erhalten wir nun freilich nicht mehr das Gewicht der vom Ballon verdrängten Luft als auftreibende Kraft, sondern nur mehr die Differenz zwischen dem Gewicht der verdrängten Luft und dem Gewicht des Füllgases.

§ 15. Der Luftdruck.

Endlich wollen wir uns an dieser Stelle noch vor Augen führen, daß das über der Erdoberfläche lastende Luftmeer nicht unbegrenzt ist. Die Erdoberfläche stellt den Grund des Luftmeeres dar; über der tiefsten Stelle der Erdoberfläche, dem Meeresspiegel, d. h. über der Stelle, die dem Erdmittel am nächsten liegt, lastet die der ganzen Höhe des Luftmeeres entsprechende Luftsäule. Hier hat die Luft entsprechend dem Gewichte der darüber lastenden Luftsäule die größte Dichte und die Volumeinheit demgemäß das größte Gewicht. Entfernen wir uns von der Erdoberfläche, d. h. steigen wir in die Höhe, so nimmt mit zunehmender Entfernung von der Erdoberfläche die Höhe der über uns lastenden Luftsäule ab; entsprechend der geringeren Ausdehnung der darüber lastenden Luftschichten nimmt die Dichte der Luft ab und damit nimmt auch das Gewicht der Kubikeinheit der unter dem abnehmenden Druck gegen die Oberfläche des Luftmeeres hin stetig dünner werdenden Luft ab, wie uns das Barometer (Luftschweremesser) erkennen läßt. An den tiefsten Stellen der Erdoberfläche, dem Meeresspiegel, oder, wie wir auch sagen können, am Grunde des Luftmeeres, hält die darüber lastende Lufschicht gerade einer Quecksilbersäule von 760 mm Höhe unter normalen Verhältnissen Gleichgewicht. Da die Luft, wie schon erwähnt, nicht rein ist, sondern je nach den herrschenden Witterungsverhältnissen mehr oder weniger mit Wasserdampf durchsetzt, so ist das angegebene Höhenmaß der von der Luftsäule getragenen Quecksilbersäule, oder, wie man auch sagt, „der Barometerstand“ gewissen Schwankungen unterworfen.

§ 16. Statische Gleichgewichtslage; Auftrieb und Abtrieb.

Für das statische Schwimmen in Luft ergeben sich nun drei Grenzfälle:

I. Das Gewicht der vom Ballonkörper verdrängten Luftmasse ist gleich dem Gesamtgewicht des Ballons (d. i. Gewicht der Ballonhülle + Gewicht der Gasfüllung + Gewicht des Tauwerkes und des Korbes + Gewicht der Bemannung und Ausrüstung + Ballastgewicht). In diesem Falle schwebt der Ballon, er befindet sich in seiner statischen Gleichgewichtslage.

II. Das Gewicht der vom Ballonkörper verdrängten Luft ist größer als das Gesamtgewicht des Ballons.

Der Ballon steigt. Zufolge der vorhandenen Gewichtsdifferenz ergibt sich eine Auftriebskraft, die den Ballon so lange gegen die Oberfläche des Luftmeeres hin aufzutreiben sucht, bis er seine statische Gleichgewichtslage wieder erreicht hat. Der Ballon steigt also so lange, bis das Gewicht der von ihm verdrängten Luftmasse wiederum gleich dem Gesamtgewicht des Ballons geworden ist.

III. Das Gewicht der vom Ballonkörper verdrängten Luftmasse ist kleiner als das Gesamtgewicht des Ballons.

Der Ballon fällt. Der Kraftüberschuß, den die Schwerkraft in diesem Falle gegenüber der Auftriebskraft aufweist, zieht den Ballon so lange herab, bis er wieder seine statische Gleichgewichtslage erreicht hat. —

Im allgemeinen wird der Ballon sich im Falle II. und III. nicht sofort in seine Gleichgewichtslage einstellen. Denn in beiden Fällen wirkt der vorhandene Kraftüberschuß als beschleunigende Kraft; im II. Fall ist die beschleunigende Kraft nach aufwärts gerichtet und wirkt als Auftrieb, im III. Falle ist sie nach abwärts gerichtet und wirkt als Abtrieb. Der Ballon wird also zufolge dieser beschleunigenden Kraft in beiden Fällen in dem Augenblick, wo er seine statische Gleichgewichtslage passiert, eine gewisse Geschwindigkeit (Steig- oder Fallgeschwindigkeit) erlangt haben. Nach dem Trägheitsgesetz hat der Ballon aber das Bestreben, den einmal angenommenen Bewegungszustand beizubehalten, so lange, bis ihn eine Kraft zur Änderung seines Bewegungszustandes zwingt. Er wird also in beiden Fällen über die Gleichgewichtslage hinausschießen, wobei sich die Richtung der beschleunigenden Kraft umkehrt und ihn wieder nach abwärts treibt. Falls der Ballon sich selbst überlassen bleibt, wird er eine Zeit um die Gleichgewichtslage auf und ab pendeln, bis er sich in dieselbe einstellt.

Da sich aus dieser Erscheinung Verhaltungsmaßregeln für den Ballonführer ergeben, so werden wir bei Besprechung des Ballonfahrens noch darauf zurückkommen.

Man kann sich diese Erscheinung in sehr einfacher Weise veranschaulichen. Man nimmt einen gewöhnlichen Gummiball (Spielball), taucht ihn bis zum Boden einer gefüllten Badewanne unter und läßt ihn plötzlich los. Zufolge der durch den Auftrieb verursachten Beschleunigung steigt der Ball nicht nur bis zur Oberfläche empor, sondern springt über diese hinaus, fällt auf den Wasserspiegel zurück und pendelt so lange auf und ab, bis er in seiner statischen Gleichgewichtslage zur Ruhe kommt. —

§ 17. Der dynamische Flug.

Das dynamische Schwimmen in Luft oder Fliegen erfordert gegenüber dem dynamischen Schwimmen in Wasser die Beschleunigung von wesentlich größeren Flüssigkeitsmengen, da die Luft entsprechend ihrer geringeren Dichte auch eine geringere träge Masse besitzt. Der Trägheitswiderstand der Luft, den wir beim dynamischen Fliegen in Anspruch nehmen, kommt ebenfalls wieder durch das gleichzeitige Zusammenwirken zweier Faktoren: „Masse und Beschleunigung“ zustande.

Auch hier stehen wieder zwei Wege offen.

Einmal kann der zum Heben der Last erforderliche Trägheitswiderstand der Luft dadurch geweckt werden, daß man einer großen Luftmasse eine geringe Beschleunigung erteilt. Das führt zur Verwendung von großen Flächen, die mit verhältnismäßig geringer Geschwindigkeit gegen die Luft vorbewegt werden (Aeroplane, Drachenflieger).

Das andere Mal kann man den erforderlichen Trägheitswiderstand dadurch erzeugen, daß man kleinen Luftmassen große Beschleunigungen erteilt. Das führt zur Verwendung von kleinen mit großer Geschwindigkeit bewegten Flächen (Luftschrauben, Schraubenflieger). —

§ 18. Das tragende Luftpolster.

Wir können es an dieser Stelle nicht unterlassen, einige irrtümliche Anschauungen zu beleuchten, die immer noch auch von Leuten, die sich eingehend mit der praktischen Luftschiffahrt befassen, verbreitet werden. Zu erklären sind solche Anschauungen nur damit, daß ihren Verbreitern, das, was wir heute als gesicherten Besitzstand physikalischer Erkenntnis betrachten dürfen, vollkommen fremd geblieben ist. So finden sich in dem vom Verlag der Woche herausgegebenen 16. Sonderheft, betitelt „Aviatik“ die Sätze: „Während der Luftballon im Luftmeere schwimmt, muß die aviatische Maschine, das Flugzeug, auf einem Polster verdichteter Luft ruhen“ (Seite 11) und weiter auf Seite 12: „Der Flatterflieger wirft die Luft mit den Flügeln nach unten, und zwar unter seinen Leib und schafft dadurch mit Hilfe der eigenen Muskelkraft das tragende Luftpolster.“ —

Der fliegende Vogel braucht vor allem einen Stützpunkt, um sich in der Luft halten zu können. Diesen Stützpunkt gibt ihm die Trägheitskraft der durch seine Flügel beschleunigten Luftmassen. Da nun die Luft eine sehr elastische Flüssigkeit ist, so tritt allerdings dabei eine Verdichtung der Luft ein, die in der Nähe des beschleunigenden Körpers (hier der Flügel) am stärksten sein wird.

§ 19. Das Wesen des dynamischen Fluges.

Das Wesen des dynamischen Flugs ist aber nicht in der nebenher auftretenden Verdichtung zu suchen, sondern lediglich in dem Trägheitswiderstand der auf irgend eine Weise beschleunigten Luftmassen. Der Vogel stützt sich also mit seinen Flügeln auf die vermöge der Trägheit widerstehenden beschleunigten Luftmassen und erteilt so der Masse seines eigenen Körpers eine nach aufwärts gerichtete Beschleunigung, die der beschleunigenden Wirkung der nach abwärts gerichteten Schwerkraft so lange Gleichgewicht hält, bis mit einem neuen Flügelschlag das gleiche Spiel sich wiederholt.

Erfolgt der Flügelschlag so, daß die Resultierende der durch ihn geweckten Trägheitswiderstände gleich groß und der Resultierenden der am Vogelkörper angreifenden Schwerkräfte gerade entgegengesetzt gerichtet ist, wobei also der Vogel den zurückgeworfenen Luftmassen nur eine senkrecht nach unten gerichtete Beschleunigung zu erteilen hätte, so hält er sich in der Schwebe. Überwiegen die durch den Flügelschlag geweckten Trägheitskräfte der Luft gegenüber dem am Vogelkörper angreifenden Gewicht, so erhebt er sich in die Luft. Erteilt der Vogel vermöge der Stellung seiner Flügel den fortgeschleuderten Luftmassen eine nicht nur nach abwärts, sondern auch gleichzeitig nach rückwärts gerichtete Beschleunigung, so entsteht nicht nur eine hebende, sondern auch eine vortreibende Trägkeitskraft, er bewegt sich vorwärts.

So muß auch ein Flugapparat, der sich in der Luft halten will, die hebenden Trägheitskräfte durch fortwährende Beschleunigung von Luftmassen erzeugen. An Stelle einzelner beschleunigter Massen tritt hier ein kontinuierlicher Massenstrom, der vom Flugapparat zur Erde abfließt. Je nachdem die von den Vorrichtungen des Flugapparates beschleunigten Massen nur nach abwärts oder gleichzeitig nach rückwärts geworfen werden, wird der Flugapparat sich nur in der Schwebe halten oder auch gleichzeitig fortbewegen.

Das dynamische Luftschiff ist also dem statischen Luftschiff gegenüber im Nachteil, da es nicht nur zu seiner Fortbewegung einer fortgesetzten Kraftentfaltung bedarf, sondern auch um sich überhaupt in der Luft schwebend zu erhalten.

Wer sich einigermaßen mit den elementarsten Grundgesetzen der Mechanik vertraut gemacht hat, der wird ja leicht einsehen, daß die Phrase von dem Vogel, der sich die Luft unter den Leib wirft und sich dadurch ein tragendes Polster schafft, keinen physikalischen Sinn hat. Wer aber mit den Grundgesetzen der Mechanik nicht vertraut ist, der soll einmal versuchen, sich beim Schwimmen Wasser unter den Leib zu werfen. Er wird recht bald zu den gewohnten Schwimmbewegungen zurückkehren!

§ 20. Plus lourd que l'air.

Auch das von den Franzosen geprägte Schlagwort: „plus lourd que l'air“ und „plus leger que l'air“ hat schon zu mancher irrtümlichen Auffassung geführt, da die „abgekürzte“ Form dieser Aussagen selten in Betracht gezogen wird.

Leichter als die von ihm verdrängte Luftmasse ist das statische Luftschiff (Freiballon, Lenkballon). Mit Rücksicht auf das bereits erwähnte geringe Gewicht der Luft geht daraus hervor, daß ein statisches Luftschiff von einiger Tragfähigkeit stets sehr erhebliche Abmessungen erhalten wird.

Schwerer als die von ihm verdrängte Luftmasse ist das dynamische Luftschiff (Aeroplan, Drachenflieger, Schraubenflieger usw.). Der geringe Auftrieb, den die durch das Volumen des dynamischen Apparates verdrängte Luftmasse liefert, kommt praktisch nicht in Betracht. Hier haben die Trägheitskräfte der beschleunigten Luftmassen der Schwerkraft Gleichgewicht zu halten. Je größer die Beschleunigung ist, die man den Luftmassen erteilen kann, je größer also die zur Verfügung stehenden beschleunigenden Kräfte sind, desto kleiner kann der Apparat ausfallen.

§ 21. Erweiterter Begriff der Geschwindigkeit.

Zu einem vollkommenen Verständnis des dynamischen Fluges, insbesondere im Hinblick auf die bis heute erfolgreichen Flugmaschinen, kann man nur gelangen, wenn man sich auch noch über den Begriff der Geschwindigkeitsänderung oder Beschleunigung vollkommene Klarheit verschafft hat. Ein dem allgemeinen Trägheitsgesetz unterworfener Körper hat das Bestreben, seine augenblickliche Geschwindigkeit nicht nur der Größe nach, sondern auch der Richtung nach unverändert beizubehalten. Also, selbst, wenn ein Körper sich mit der Größe nach unveränderter Geschwindigkeit fortbewegen und nur seine Richtung ändern soll, so haben wir auch darin eine Geschwindigkeitsänderung oder Beschleunigung zu erblicken, mit der das Auftreten eines Massenwiderstandes verbunden ist.

§ 22. Das Auftreten von Massenwiderständen bei Richtungsänderungen.

Wir wollen uns das im § 21 Erläuterte an einem praktischen Beispiel klarmachen. — So wird z. B. ein Eisenbahnzug, der mit völlig gleichbleibender Geschwindigkeit aus einer geraden Strecke in eine Kurve einläuft, auch dann in seinem Beharrungsbestreben gestört, wenn er in jeder folgenden Sekunde genau die gleiche Anzahl von Metern zurücklegt oder, was dasselbe ist, seine Geschwindigkeit der Größe nach beibehält. Denn nach dem allgemeinen Trägheitsgesetz hat er das Bestreben, sich nicht nur mit gleichbleibender Geschwindigkeit, sondern auch mit unveränderter Richtung, d. h. geradlinig fortzubewegen. Der Druck, den die gekrümmte Schiene vermöge ihrer Festigkeit auf die Spurkränze der Wagenräder ausübt, zwingt den Zug fortwährend auf die gekrümmte Bahn, zwingt ihn also zu einer fortgesetzten Richtungsänderung, solange er die Kurve durchläuft. Da dieser Schienendruck den Zug nach dem Krümmungsmittelpunkt der Kurve hin zu treiben sucht, so nennt man diese Kraft Zentripetalkraft. Nach dem III. Newtonschen Satz: „Wirkung gleich Gegenwirkung“ wehrt sich aber der Wagen gegen diese Beeinflussung seines Bewegungszustandes mit einer gleich großen und entgegengesetzt gerichteten Kraft vermöge der Trägheit seiner Masse. Dieser Trägheitswiderstand wirkt nun vom Wagen aus durch Vermittlung des Spurkranzes gegen die feste Schiene und wird Zentrifugalkraft genannt, da er die Massen wieder vom Krümmungsmittelpunkt zu entfernen sucht.

§ 23. Beispiele von Zentrifugalkräften.

Man kann diese Wirkung und Gegenwirkung recht unangenehm empfinden, wenn man in dem die Kurve durchlaufenden Wagen steht, ohne sich genügend festzuhalten. Man wird sie aber beim Durchfahren der gleichen Kurve in einem langsamer fahrenden Personenzug in viel geringerem Maße empfinden als in einem schnell fahrenden Expreßzug. Die Gesamtrichtungsänderung, die der Zug in beiden Fällen erfahren hat, ist ja die gleiche; aber die Geschwindigkeit, mit der sich die Änderung vollzieht, ist beim Expreß eine viel größere und damit ist auch die hierdurch geweckte Trägheitskraft eine größere.

Wird ferner ein Luftstrom, den wir uns aus einzelnen Luftmassenteilchen zusammengesetzt denken können, aus seiner Richtung abgelenkt, so, daß alle Massenteilchen ihre Geschwindigkeit der Größe nach beibehalten, so muß durch die ablenkende Fläche eine Kraft auf die Massenteilchen des Luftstromes ausgeübt werden. Die Luftmassenteilchen haben das Bestreben, geradlinig mit unverminderter Geschwindigkeit weiterzugehen; sie wehren sich also gegen diese Richtungsänderung mit einer Trägheitskraft, die der von der ablenkenden Fläche auf sie ausgeübten Kraft entgegengesetzt gerichtet ist. Das Zusammenwirken aller dieser Massenkräfte ergibt dann den Druck, den die ablenkende Fläche erfährt. —

So wird z. B. durch die Fläche des in der Luft schwebenden Drachens der daherziehende Luftstrom abgelenkt und die hierdurch geweckten Massenkräfte der abgelenkten Luftteilchen sind es, die dem Gewichte des Drachens im Verein mit der Schnurspannung das Gleichgewicht halten. —

Zweiter Abschnitt.

Geometrische Hilfsvorstellungen.

§ 24. Die gerichtete Größe.

Die analytische Verfolgung physikalischer Vorgänge mit Hilfe der Mathematik durch Rechnung ist schwierig und setzt eine erheblich weiter gehende Beschäftigung mit den mathematischen Wissenschaften voraus als das Lehrprogramm eines Gymnasiums oder einer auf gleicher Stufe stehenden Mittelschule zuläßt. Die im folgenden erläuterten Hilfsvorstellungen ermöglichen es aber, den

Kern selbst schwierigerer Probleme zu erfassen, ohne die angedeuteten Vorkenntnisse zu fordern.

In dem Teile der Physik, den wir Mechanik nennen und den wir als die Lehre von den Bewegungen und von den Bewegungsursachen, den Kräften, charakterisieren wollen, kommen Größen vor, die durch Angabe einer benannten Zahl noch nicht völlig bestimmt sind. Wenn wir z. B. sagen, ein Schnellzug fahre mit einer Geschwindigkeit von 90 km pro Stunde zwischen Düsseldorf und Köln, so enthält diese Angabe zwei Möglichkeiten. Der Zug kann ebensowohl in der Richtung Köln fahren als auch in der Richtung Düsseldorf. Die Angabe der benannten Zahl (Zahl = 90, Benennung = km pro St.) genügt noch nicht zur Festlegung der Geschwindigkeit; wir brauchen dazu noch die Angabe der Richtung.

Wir können diese Tatsache allgemein aussprechen: Wegstrecken, Geschwindigkeiten, Beschleunigungen und Kräfte sind Größen, zu deren eindeutiger Festlegung auch die Angabe einer Richtung erforderlich ist oder wie wir auch sagen können: „Gerichtete Größen". —

§ 25. Die Strecke.

Diese gerichteten Größen lassen sich in einfacher Weise durch gerade Linien von bestimmter Länge oder, wie man auch sagt, durch Strecken darstellen. Legt man eine bestimmte Richtung als positiv fest, so kann man die Richtung in jedem Falle in einfacher Weise durch Angabe eines Vorzeichens festlegen. —

So möge beispielsweise ein Fußgänger von A nach B (Fig. 1) in gerader Linie gehen und dann denselben Weg wieder nach A zurücklegen. Die Länge des Weges möge 100 m betragen. Dann können wir die zurückgelegte Wegstrecke durch eine gerade Linie oder Strecke von 10 mm Länge graphisch, das heißt zeichnerisch darstellen, wobei in der Zeichnung die Länge 1 mm einen Weg von 10 m bedeutet. Legen wir nun noch die Richtung von A nach B als positiv fest und bezeichnen wir sie mit $+$, so erhält die Richtung von B nach A das negative Vorzeichen $-$; der Weg, den der Fußgänger im ganzen zurückgelegt hat, ist dann $+ 100$ m $- 100$ m $=$ Null. Das Resultat der Bewegung ist also gleich Null, das heißt für die Ortsveränderung des Fußgängers kommt dabei dasselbe heraus, als wenn er im Anfangspunkte der Bewegung stehen geblieben wäre; der resultierende Weg ist also in diesem Falle gleich Null.

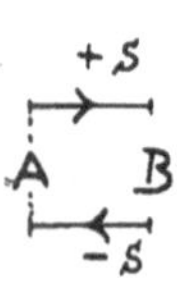

Fig. 1.

§ 26. Streckenvieleck und Resultante.

Wir betrachten nun einen Körper, der nacheinander verschiedene Wegstrecken zurücklegt, die nicht in einer Geraden liegen, sondern beliebige Winkel zueinander bilden. Am zweckmäßigsten wählen wir hier als Beispiel die Fahrt eines Dampfers auf einem See (Fig. 2). Angenommen, ein Fahrgast wünscht von der Anfangsstation nach der Endstation zu fahren, z. B. von Starnberg nach Seeshaupt. Nun hat das Schiff nicht nur die Aufgabe, Fahrgäste von der Anfangs- nach der Endstation zu befördern, sondern es wird auch auf den dazwischen liegenden Stationen Fahrgäste einnehmen oder aussetzen müssen. Der Fahrgast, der nach der Endstation fahren will, muß also den Kurs des Schiffes mitmachen, er muß der Reihe nach die Wege s_1 = Starnberg—Leoni; s_2 = Leoni—Possenhofen; s_3 = Possenhofen—Tutzing usf. zurückzulegen, um seinen Ort von Starnberg nach Seeshaupt zu verändern. Das Resultat ist aber für ihn der Weg S_r = Starnberg—Seeshaupt. Wir können diesen Weg deshalb auch den resultierenden Weg nennen. Fig. 2a zeigt, daß man diesen resultierenden Weg dadurch erhält, daß man die einzelnen Wege der Größe und Richtung nach aneinandersetzt und vom Anfangspunkt nach dem Endpunkt die Schlußlinie zieht.

§ 27. Die geometrische Summe.

In gewissem Sinne kann man nun diesen resultierenden Weg S_r auch als eine Summe aus den einzelnen Wegen auffassen. Nur erhält man sie nicht durch einfaches Zusammenzählen der Weglängen, sondern man erhält sie durch geometrisches Aneinandersetzen der einzelnen Wegstrecken. Wir nennen deshalb den resultierenden Weg die geometrische Summe aus den einzelnen Wegen und erhalten damit gleichzeitig eine Vorschrift für die Bildung der geometrischen Summe oder mit anderen Worten für das Zusammensetzen von gerichteten Größen. Die Vorschrift lautet:

Die geometrische Summe aus verschiedenen gerichteten Größen wird dadurch erhalten, daß man die einzelnen Größen der Größe und Richtung nach aneinanderfügt und die Schlußlinie vom Anfangspunkt nach dem Endpunkt zieht (Fig. 2, 2a, 2b).

Würde der Fahrgast sich in Seeshaupt nicht aufhalten, sondern wenn möglich mit dem gleichen Schiff in gerader Linie nach Starnberg zurückfahren, so würde das Resultat in bezug auf seine Ortsveränderung gleichbedeutend mit dem Verbleiben am Ausgangspunkte sein. Die geometrische Summe, der von ihm mit dem Schiff zurückgelegten Wegstrecken ist in diesem Falle gleich Null (Fig. 2b). Wir können daraus für unsere Zwecke den wichtigen Satz ableiten:

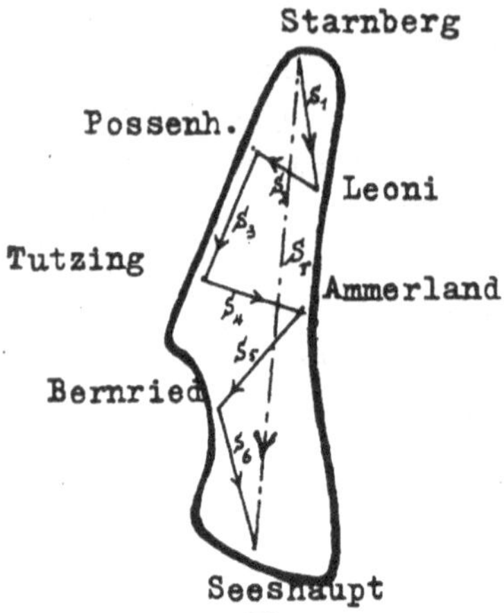

Fig. 2.

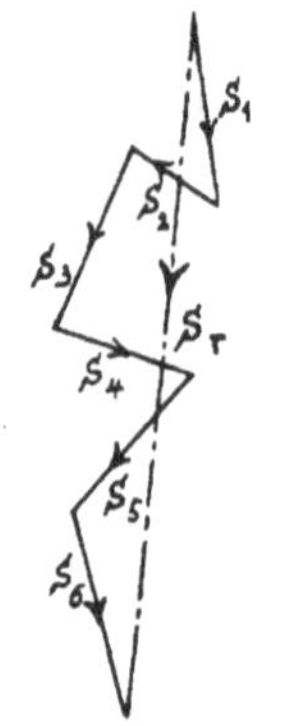

$S_1 \nrightarrow S_2 \nrightarrow S_3 \nrightarrow \cdots = \sum S = S_r$

Fig. 2a.

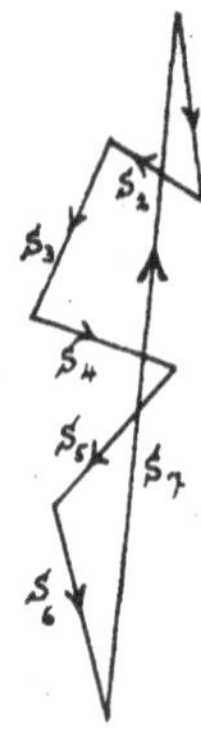

$\sum S = 0.$

Fig. 2b.

Führen beim Zusammenfügen von gerichteten Größen die Richtungspfeile der einzelnen Strecken nach dem Anfangspunkt zurück, so ist eine Resultante nicht vorhanden; die geometrische Summe ist in diesem Falle gleich Null. —

§ 28. Die Relativbewegung.

Es kann aber nun vorkommen, daß ein Körper gleichzeitig zwei oder auch mehrere Bewegungen ausführt; wenn z. B. der Fahrgast während der Fahrt des Schiffes in irgend einer Richtung quer über das Deck geht, oder wenn jemand in einem fahrenden Eisenbahnwagen quer zur Fahrrichtung durch das Abteil schreitet. Die Bewegung kann sich in diesem Falle verschieden darstellen, je nachdem man die Bewegung vom Fahrzeug aus oder von der festen Erde aus betrachtet. Von der festen Erde aus betrachtet oder wie man auch sagt, r e l a t i v zur festen Erde legt der Fahrgast beim Durchschreiten des Abteils g l e i c h z e i t i g z w e i Wege zurück. Während ihn die Fahrzeugbewegung, die er unwillkürlich mitmacht, von *A* nach *B*

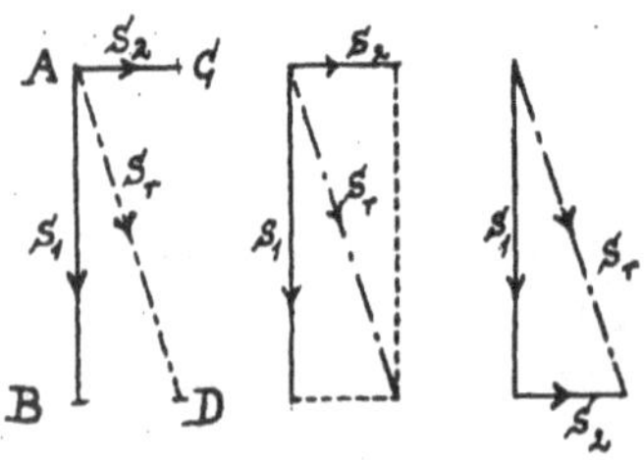

$S_1 \nrightarrow S_2 = S_r$

Fig. 3.

führt (Fig. 3), hat er zu gleicher Zeit den Weg $\overline{AC} = \overline{BD}$ zurückgelegt. Relativ zum Fahrzeug hat er nur den Weg $\overline{AC}$ zurückgelegt; relativ zur festen Erde ist er aber nach dem Punkte D gelangt, hat also das gleiche Resultat erreicht, wie wenn er von A direkt nach D gegangen wäre. Die resultierende Bewegung des Fahrgastes relativ zur festen Erde wird also durch die Wegstrecke $\overline{AD}$ dargestellt und wir erhalten diese als geometrische Summe aus der Eigenbewegung des Fahrgastes und aus der Fahrzeugbewegung, indem wir die beiden Wegstrecken der Größe und Richtung nach aneinandersetzen und vom Anfangspunkt nach dem Endpunkt die Schlußlinie der Figur ziehen.

§ 29. Geschwindigkeitsvieleck.

Hätten wir nun bei Ausführung der Seefahrt von Starnberg nach Seeshaupt (Fig. 2) die Zeitdauer festgestellt, die zum Durchfahren jeder einzelnen Teilstrecke, in Sekunden gemessen, erforderlich war und würden wir die einzelnen Strecken im Verhältnis der Zeitdauer verkürzen, dadurch, daß wir die Streckenlängen durch die Anzahl der verbrauchten Sekunden teilen, so würden die auf diesem Wege gewonnenen Strecken nicht mehr die zurückgelegten Wege, sondern die auf diesen Wegen eingehaltenen Geschwindigkeiten darstellen. Die Schlußlinie des Streckenvielecks, die Resultante, würde uns in diesem Falle die mittlere oder resultierende Geschwindigkeit angeben, d. h. die Geschwindigkeit, mit der die ganze Ortsveränderung von Starnberg nach Seeshaupt bei der Kursfahrt des Schiffes vonstatten gegangen ist. Wir verstehen ja in der Mechanik unter Geschwindigkeit das Verhältnis des zurückgelegten Weges zu der dabei verbrauchten Zeit. Da wir den Weg in Meter und die Zeit in Sekunden messen, so wird die Geschwindigkeit durch eine benannte Zahl dargestellt, deren Benennung Meter/Sek. ist. Die Benennung erinnert gleichzeitig daran, daß die neue Größe „Geschwindigkeit“ durch Division des Weges durch die Zeit erhalten wurde.

§ 30. Resultierende Geschwindigkeit.

Es lassen sich, wie aus dem Gesagten hervorgeht, die angegebenen Konstruktionen ohne weiteres auch auf Geschwindigkeiten anwenden. Wir wollen uns dies noch an einem Beispiel klarmachen. Ein Eisenbahnzug fahre mit einer Geschwindigkeit von 72 km pro Stunde. Aus einem Abteil des Zuges werde senkrecht zur Zugrichtung eine Flasche hinausgeworfen, der dabei eine Anfangsgeschwindigkeit von 15 m pro Sekunde erteilt werden möge. Die Flasche besitzt somit gleichzeitig zwei Geschwindigkeiten: die Fahrzeuggeschwindigkeit und die ihr durch den Wurf erteilte Eigengeschwindigkeit. Da man nur Größen gleicher Benennung zusammensetzen kann, so müssen wir erst die Fahrzeuggeschwindigkeit auf die Benennung der Eigengeschwindigkeit umrechnen. Wir haben uns dabei nur zu überlegen, daß 1 km = 1000 m und 1 Stunde = 3600 Sek. ist. Wir erhalten dann:

$$\frac{72\,\text{km}}{1\,\text{Stde}} = \frac{72000\ \text{m}}{3600\ \text{Sek.}} = \frac{20\ \text{m}}{\text{Sek.}}.$$

Bilden wir aus beiden Geschwindigkeiten die geometrische Summe, so ergibt die vom Anfangspunkt nach dem Endpunkt gezogene Schlußlinie die resultierende Geschwindigkeit der Größe und Richtung nach (Fig. 4). Wir erkennen aus der Figur, daß sich durch das Zusammenwirken der Geschwindigkeiten eine erhebliche Änderung der Wurfrichtung einstellt. Es geht daraus hervor, daß das Werfen von Gegenständen aus rasch fahrenden Zügen sehr gefährlich ist; die Änderung der Wurfrichtung kann leicht zur Folge haben, daß eine im Augenblick des Werfens am Bahndamme noch entfernt stehende Person unfreiwillig getroffen wird.

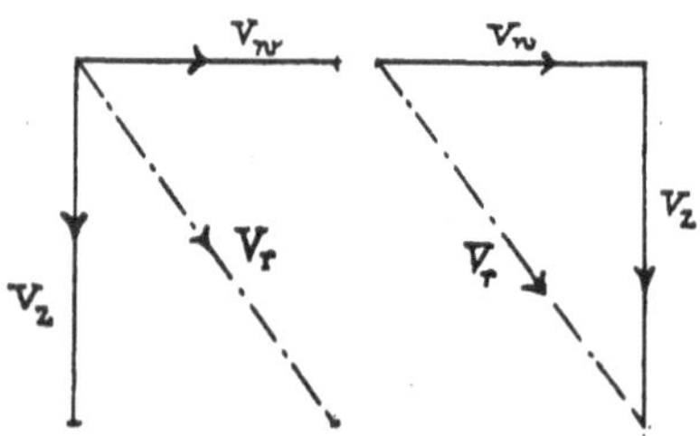

$V_r = V_z + V_w.$

Fig. 4.

§ 31. Geschwindigkeit des Freiballons bei Sturmlandung (Beispiel).

Ein weiteres Beispiel können wir uns aus der Landung eines Freiballons bei starkem Winde ableiten. Wir wollen dabei annehmen, daß der Wind bei der Landung in horizontaler Richtung mit einer Geschwindigkeit von 10 m/Sek. bläst und daß es uns durch Ventilziehen und Ballastauswurf gelungen sei, dem Ballon eine Fallgeschwindigkeit von 3 m/Sek. in vertikaler Richtung zu erteilen. Die Geschwindigkeit, die der Ballon, der dem Winde folgt, relativ zum festen Erdboden hat, erhalten wir wieder als geometrische Summe aus Fallgeschwindigkeit und Windgeschwindigkeit (Fig. 5).

Wählen wir als Maßstab: 1 m/Sek. = 4 mm, so erhalten wir als Resultierende eine Strecke von rund 4,2 mm Länge. Der Ballon wird deshalb in der gezeichneten Richtung V_r zur Erde gehen und mit der Geschwindigkeit von $10^1/_2$ m/Sek. auftreffen. Den Aufprall mit einer so großen Geschwindigkeit kann man aber im allgemeinen schlecht vertragen. Will man sich also vor Knochenbrüchen und ähnlichen sportlichen Annehmlichkeiten schützen, so muß man darauf bedacht sein, die resultierende Geschwindigkeit des zur Erde niedergehenden Ballons noch weiter zu vermindern. Dazu stehen nun zwei Wege offen Wir können durch Ballastauswurf die Vertikalkomponente des Ballons vermindern. Damit ist aber wenig gedient, denn aus der Figur ist ersichtlich, daß die Vertikalgeschwindigkeit die resultierende Geschwindigkeit nur wenig beeinflußt. Würden wir es durch Ballastauswurf selbst erreichen,

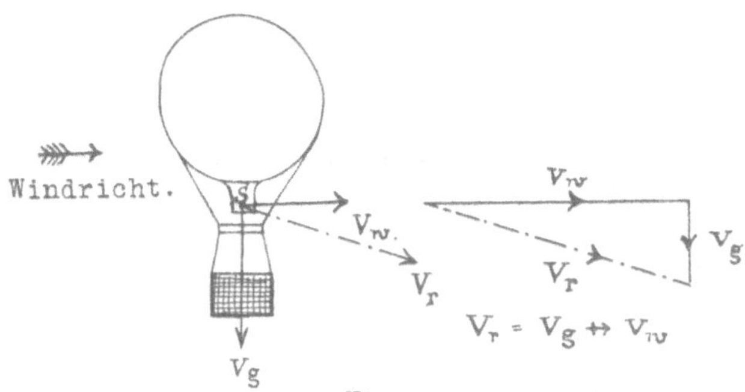

Fig. 5.

daß die Fallgeschwindigkeit des Ballons nahezu gleich Null wird, so wäre immer noch die Horizontalgeschwindigkeit in der Größe von 10 m/Sek. vorhanden. Durch Ballastauswurf erreichen wir unter den gegebenen Verhältnissen so gut wie nichts. Unser Bestreben muß vielmehr daraufhin gerichtet sein, die Horizontalgeschwindigkeit des Ballons zu vermindern. Das kann durch Auswerfen eines schweren Schleppseiles, das über den Erdboden hinstreift und durch seinen Reibungswiderstand den Ballon in horizontaler Richtung bremst, geschehen. Man wird also, falls man zu einer Sturmlandung gezwungen ist, vor allem trachten müssen, die Horizontalkomponente der Ballongeschwindigkeit zu verringern.

§ 32. Beschleunigung und Verzögerung.

Wir wenden uns nun zu der Erfahrungstatsache, daß ein Körper, an dem gleichzeitig verschiedene Kräfte wirken, nur dann nicht seinen augenblicklichen Bewegungszustand ändert, wenn die Wirkungen der an ihm angreifenden Kräfte sich gegenseitig aufheben oder wie man auch sagt, wenn die an ihm angreifenden Kräfte im Gleichgewicht sind. Sobald eine Überschußkraft vorhanden ist, sucht diese den Bewegungszustand des Körpers fortwährend zu ändern. Wirkt die Überschußkraft in der Bewegungsrichtung des Körpers, so sucht sie dessen Geschwindigkeit stetig zu vermehren, sie erteilt dem Körper eine Beschleunigung. Wirkt die Überschußkraft entgegen der Bewegungsrichtung, so sucht sie die Geschwindigkeit des Körpers stetig zu vermindern, sie erteilt ihm somit eine Verzögerung. Wenn wir die Bewegungsrichtung des Körpers positiv nennen, sie also mit einem + Vorzeichen versehen, so brauchen wir prinzipiell zwischen Beschleunigung und Verzögerung nicht zu unterscheiden, wir können die Verzögerung dann einfach als negative Beschleunigung auffassen.

§ 33. Die gleichförmig beschleunigte Bewegung.

Um uns den Begriff der Beschleunigung noch klarer zu machen, betrachten wir die Bewegung eines Körpers, dessen Geschwindigkeit in jeder Sekunde um 1 m pro Sekunde zunimmt, zunächst einmal während der Dauer von 12 Sekunden (Fig. 6). Der Körper möge bereits eine Geschwindigkeit von 6 m pro Sekunde besitzen. Wir ziehen nun zwei zueinander senkrechte Gerade X und Y, deren Schnittpunkt O den Anfang unserer Betrachtung versinnbildlichen soll. Auf der einen Geraden (X) tragen wir die einzelnen Sekunden in irgend einem Maßstab auf (z. B. $^1/_2$ cm = 1 Sek.), auf der anderen Geraden (Y) tragen wir die Geschwindigkeit auf, die der Körper nach Ablauf der betreffenden Sekunde erlangt hat (Maßstab z. B. $^1/_2$ cm = 1 m pro Sekunde). Man nennt solche Gerade in der Geometrie Achsen und wir können nun sinngemäß die Y benannte Gerade Geschwindigkeitsachse und die mit X benannte Gerade Zeitachse nennen.

Den Betrag an Geschwindigkeit, der nach Ablauf jeder Sekunde dazu kommt, nennen wir b (Anfangsbuchstabe von Beschleunigung). Dann ist die Geschwindigkeit nach Ablauf der ersten Sekunde gleich der Anfangsgeschwindigkeit plus dem Geschwindigkeitszuwachs pro Sekunde. Nach Ablauf der zweiten Sekunde kommt der Geschwindigkeitszuwachs zweimal hinzu, die Geschwindigkeit ist also um $2\,b$ gewachsen; nach Ablauf der dritten Sekunde ist die Geschwindigkeit um den dreifachen Betrag, also um $3\,b$ gewachsen und so fort. — Um das Gesetz, nach dem eine solche Bewegung, die wir eine gleichförmig beschleunigte Bewegung nennen, an Geschwindigkeit zunimmt, allgemein auszusprechen, pflegt man nun nicht gerade die Betrachtung auf eine bestimmte Anzahl von Sekunden, wie hier z. B. auf 12 Sekunden, auszudehnen, sondern auf eine beliebige Anzahl von Sekunden, etwa auf t Sekunden. Wir bedienen uns deshalb folgender Bezeichnungen:

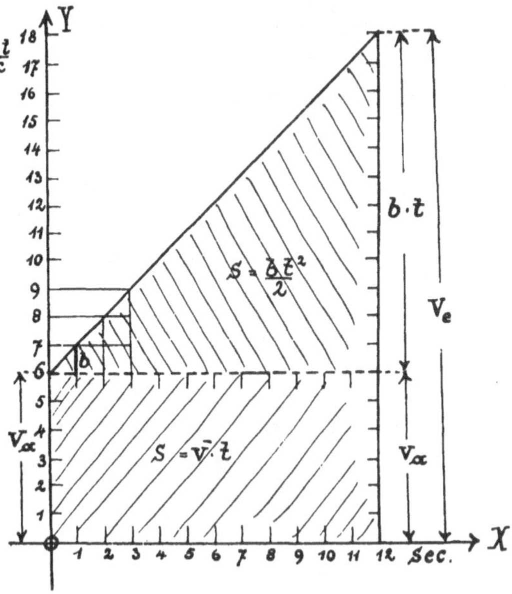

Fig. 6.

v_a = Anfangsgeschwindigkeit zu Beginn unserer Betrachtung in Meter/Sekunden;

t = Zeitdauer unserer Betrachtung in Sekunden;

b = Geschwindigkeitszuwachs pro Sekunde;

v_e = Endgeschwindigkeit nach Ablauf von t Sekunden, also am Ende der Beobachtungsdauer. Mit diesen Bezeichnungen können wir die Endgeschwindigkeit der gleichförmig beschleunigten Bewegung durch die algebraische Gleichung ausdrücken:

$$v_e = v_a + bt \tag{4}$$

oder in Worten:

Endgeschwindigkeit ist gleich Anfangsgeschwindigkeit, vermehrt um die mit der Sekundenzahl der Betrachtung multiplizierte Geschwindigkeitszunahme pro Sekunde.

§ 34. Die gleichförmig verzögerte Bewegung.

Haben wir es nicht mit einer gleichförmig beschleunigten, sondern mit einer gleichförmig verzögerten Bewegung zu tun, so brauchen wir nur die Verzögerung als eine negative Beschleunigung aufzufassen. b bekommt dann das Vorzeichen — und die algebraische Form lautet:

$$v_e = v_a - bt. \tag{5}$$

Ist die Anfangsgeschwindigkeit gleich Null, betrachten wir also den Bewegungsvorgang vom Zustand der Ruhe aus, wie das etwa beim Anfahren eines Eisenbahnzuges zutrifft, so lautet die Gleichung:

$$v = bt. \tag{6}$$

Kennen wir in diesem Falle die Endgeschwindigkeit sowie die Zeitdauer der Beschleunigung, so läßt sich die Größe der Beschleunigung durch Division der Endgeschwindigkeit durch die Zeit in einfacher Weise finden; es ist also

$$b = \frac{v}{t}. \tag{7}$$

§ 35. Die Benennung der Beschleunigung.

Nun können wir auch bestimmen, welche Benennung der Beschleunigung zukommt. Wir brauchen uns nur daran zu erinnern, daß wir die Geschwindigkeit erhalten haben durch Division des zurückgelegten Weges durch die zum Zurücklegen erforderliche Zeit. Nun erhalten wir die Beschleunigung durch Division der Geschwindigkeit durch die Zeit, oder auch dadurch, daß wir den Weg zweimal durch die Zeit teilen; es ist also:

$$[b] = \frac{v}{t} = \frac{\frac{s}{t}}{t} = \frac{s}{t^2}. \tag{8}$$

Die Benennung der Beschleunigung ist somit m/sec², oder wie man auch sagen kann: Meter pro Quadratsekunde.

§ 36. Bedeutung der Benennung (Dimension).

Beim Rechnen mit physikalischen Größen hat man sich stets durch die Benennung vor Augen zu halten, wie die einzelnen Größen auseinander abgeleitet worden sind, um Irrtümer zu vermeiden. Haben wir z. B. etwa durch Abzählen der Telegraphenstangen, die 60 m voneinander entfernt stehen, festgestellt, daß der

Zug vom Abfahrtsort aus in 1 Minute (= 60 Sekunden) 720 m zurückgelegt hat, so beträgt die Beschleunigung

$$b = \frac{720 \text{ m}}{60^2 \text{ sec}^2} \text{ oder } \frac{720}{3600} = \frac{1}{5} \frac{\text{m}}{\text{sec}^2}.$$

Die Beschleunigung des Zuges betrug somit $^1/_5$ m pro Quadratsekunde, d. h. die Geschwindigkeit des Zuges hat nach Ablauf jeder Sekunde einen Zuwachs um $^1/_5$ m pro Sekunde erfahren. Die Zeitdauer unserer Betrachtung war aber 60 Sekunden; folglich hat der Zug nach Ablauf dieser Zeit eine Geschwindigkeit gleich dem 60fachen der sekundlichen Geschwindigkeitszunahme erlangt, das ist 60 mal $^1/_5$ = 12 m pro Sekunde.

§ 37. Die geometrische Summe von Beschleunigungen.

Da nun ein Körper unter dem gleichzeitigen Einfluß von zwei oder auch mehreren Kräften stehen kann, die sich nicht Gleichgewicht halten, so kann er auch gleichzeitig zwei oder mehr Beschleunigungen erfahren.

Wir haben nun die Beschleunigung dadurch erhalten, daß wir die Geschwindigkeit durch die Zeit geteilt oder den Weg zweimal auf die Zeit bezogen haben. Es läßt sich daher leicht einsehen, daß die in Figur 2 für die Zusammensetzung von Wegen gegebene Konstruktion auch für die Zusammensetzung von Beschleunigungen gilt. Wir brauchten ja nur die einzelnen Strecken mit $\frac{1}{t}$ zu multiplizieren, dann würde das Streckenvieleck nicht mehr Wege, sondern Beschleunigungen darstellen.

§ 38. Beschleunigung einer in Luft fallenden Platte (Beispiel).

Als Beispiel betrachten wir eine am vorderen Ende beschwerte Platte, die unter den Einflüssen der Schwerkraft (d. h. ihres Gewichtes) und des Luftwiderstandes zur Erde gleitet (Fig. 7). Wir wollen dabei voraussetzen, daß die Platte vorn so belastet ist, daß die Richtungen der Schwerkraft und des Luftwiderstandes durch den Schwerpunkt der Platte gehen. Außerdem können wir im vorliegenden Beispiel die Richtung des Luftwiderstandes senkrecht zur gleitenden Platte annehmen; auf die kleine Abweichung, die zufolge der Luftreibung gegenüber der senkrechten Richtung tatsächlich besteht, brauchen wir hier nicht zu achten. Die

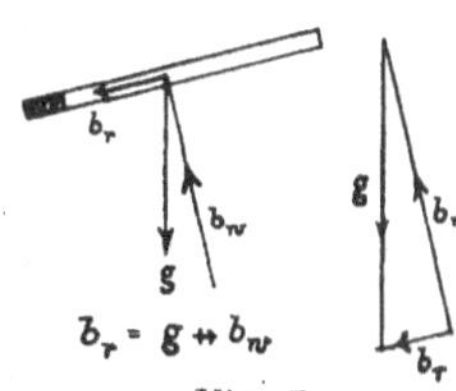

Fig. 7.

Schwerkraft erteilt der Platte eine Beschleunigung senkrecht nach unten, während der Luftwiderstand eine senkrecht zur Platte gerichtete Beschleunigung hervorruft. Bilden wir nun durch Zeichnen des Beschleunigungsdreieckes (Maßstab z. B. $^1/_2$ cm = 1 m pro Quadratsekunde) die geometrische Summe aus den beiden Beschleunigungen, so sehen wir, daß die resultierende Beschleunigung in der Richtung der Fläche wirkt und ein Abgleiten verursacht, das nur durch die Luftreibung und den Stirnwiderstand der Platte (die Platte drängt ja auch durch ihre Vorderkante Luftmassen zurück) verzögert wird.

§ 39. Die geometrische Summe von Kräften.

Wir gehen nun einen Schritt weiter und erinnern uns an den in Abschnitt I erläuterten zweiten Newtonschen Erfahrungssatz, den wir als dynamische Grundgleichung ansprechen wollen:

Kraft = Masse mal Beschleunigung oder

$$K = m \cdot b. \tag{3}$$

Multiplizieren wir nun die Strecken in unserem Beschleunigungsdreieck in Fig. 7 mit der Masse der Platte, so wird daraus ein Kräftedreieck. Die bisher für Wege, Geschwindigkeiten und Beschleunigungen abgeleiteten Konstruktionen der geometrischen Summe gelten also auch ohne weiteres für das Zusammensetzen von Kräften (Fig. 8a). Als Einheit nehmen wir den Zug, den die Schwerkraft auf 1 cdm (Liter) destillierten Wassers von größter Dichte (d. i. bei einer Temperatur des Wassers von 4° C) ausübt und nennen diesen 1 kg. Die Benennung der Kraft ist somit Kilogramm.[1]

[1] Daß das Wasser im Gegensatz zu allen anderen Körpern die Eigentümlichkeit hat, sich bei Abkühlung bis auf 4° zusammenzuziehen und bei weitergehender Abkühlung bis 0° wieder auszudehnen, ist ein Beweis für die weise Fürsorge der Natur. Ein bestimmtes Gewicht Wasser nimmt bei 4° C den kleinsten Raum ein; das Wasser hat hier die größte Dichte. Streicht nun ein kalter Wind über einen See, so kühlt sich zunächst die oberste Schicht ab, die Dichte der oberen Wasserschichten nimmt zu. Die Folge davon ist, daß jeder Kubikdezimeter der oben liegenden kälteren Wasserschichten ein größeres Gewicht hat als ein Kubikdezimeter der darunter liegenden wärmeren Schichten. Das größere Einheitsgewicht (spez. Gewicht) der oben liegenden Schichten veranlaßt nun ein Zubodensinken der oberen und damit ein Hinaufdrängen der unten befindlichen wärmeren und deshalb spezifisch leichteren Schichten. Es entsteht somit ein Kreislauf so lange, bis der ganze Wasserinhalt des Sees die Temperatur 4° angenommen hat. Bei weiterer Abkühlung der Oberfläche unter 4° dehnt sich aber das Wasser wieder aus; die oberste Schicht ist nun spezifisch leichter als die darunterliegende und bleibt daher

§ 40. Kräfteparallelogramm.

Die Zulässigkeit der für die Zusammensetzung von Kräften angegebenen Konstruktion läßt sich durch den Versuch mit Hilfe des sogenannten Kräfteparallelogrammes beweisen.

Wir schlagen z. B. in ein Reißbrett drei Brettstifte *A*, *B* und *C* ein und hängen an diese drei Federwagen. Die an den anderen Enden der Federwagen befestigten Schnüre ziehen wir durch den

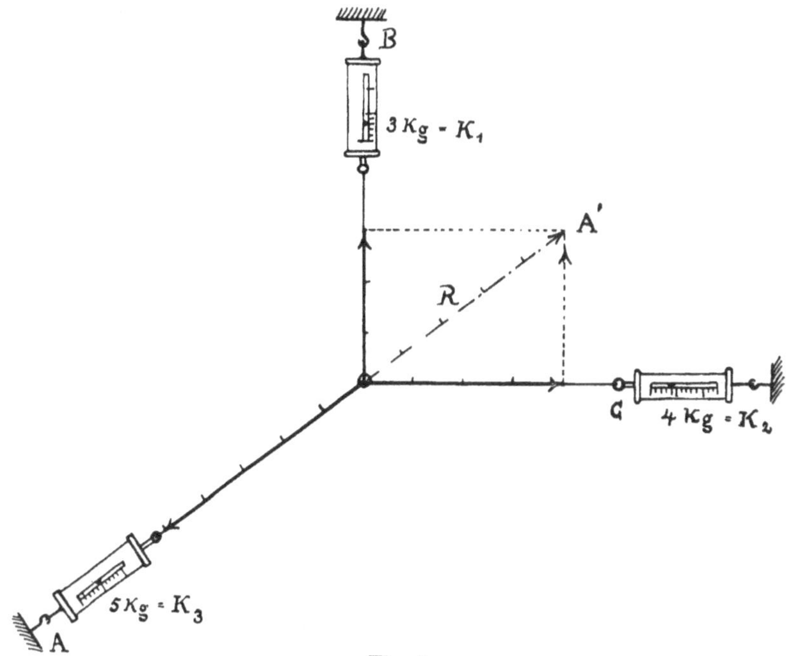

Fig. 8.

Ring *O* und spannen sie so lange an, bis die Federwage bei *A* 5 kg, die bei *B* 3 kg und die bei *C* 4 kg anzeigt. Dann binden wir die Schnüre in dieser Stellung an dem Ringe fest. Die Schnüre haben sich dann in der gezeichneten Richtung (Fig. 8) eingestellt. Nun zeichnen wir etwa auf ein darunter gelegtes Papier die beiden Kräfte

liegen. Es entsteht nun so lange eine Schichtenbildung, bis die oberste auf 0° abgekühlte Schicht gefriert, wobei die unterste Schicht am Grunde die Temperatur 4° behalten kann. Das Einfrieren des Sees erfolgt daher von obenher. Die entstandene Eisdecke bildet aber einen guten Schutz gegen weitere Abkühlung. Dieses Verhalten des Wassers ist sehr wichtig für die Existenz der Fische.

$\overline{OA}$ und $\overline{OC}$ der Größe und Richtung nach als Strecken auf, wobei wir als Maßstab 1 cm = 1 kg wählen mögen. Bilden wir nun mit diesen beiden Kraftstrecken ein Parallelogramm, so zeigt sich, daß die Diagonale des Parallelogrammes in der Richtung der Kraft $\overline{OA}$ liegt und eine Länge von 5 cm zeigt. Sie repräsentiert also eine Kraft von 5 kg, die an O angreift und in entgegengesetzter Richtung wie die Kraft $\overline{OA}$ wirkt, mit anderen Worten, sie stellt die Resultante oder geometrische Summe aus den beiden Kräften $\overline{OB}$ und $\overline{OC}$ dar.

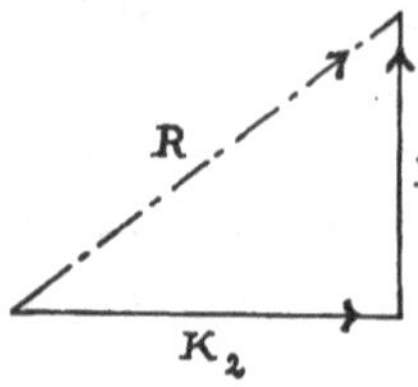

$R = K_1 \vec{+} K_2$

Fig. 8a.[1]

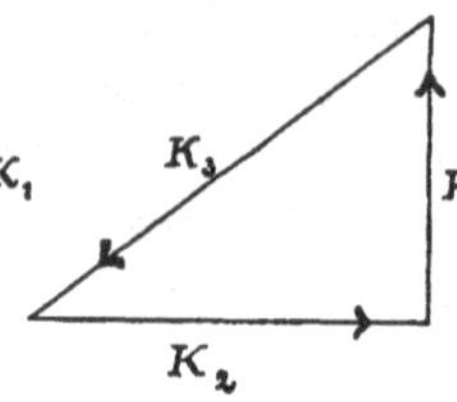

$K_1 \vec{+} K_2 \vec{+} K_3 = 0$

Fig. 8b.

§ 41. Das Kräftedreieck.

Nun brauchen wir nicht immer das ganze Parallelogramm zu zeichnen, sondern können uns, wie Fig. 8a zeigt, auch mit der Hälfte begnügen. Wir zeichnen also statt des Kräfteparallelogramms das Kräftedreieck. Wir gelangen so zu derselben Konstruktion, die wir uns für die Bildung einer geometrischen Summe von gerichteten Größen schon auf anderem Wege zurecht gelegt haben.

Die Bedeutung der Resultante oder geometrischen Summe ist im vorliegenden Falle die, daß wir durch sie die gegebenen Teilkräfte oder Komponenten ersetzt denken können oder auch wirklich ersetzen können, ohne daß in dem Bewegungszustand des Körpers oder Punktes, an dem sie angreifen, eine Änderung eintritt. Wir könnten daher an Stelle des Fremdwortes Resultante ebensogut das Wort Ersatzkraft wählen.

§ 42. Das Kräftevieleck.

Die Ersatzkraft von verschiedenen an einem Punkte angreifenden Kräften, die nicht in einer Richtungslinie liegen, läßt sich also ebenfalls durch geometrische Summierung finden. Das heißt, wir finden die Ersatzkraft dadurch, daß wir die einzelnen Teilkräfte der Größe und Richtung nach aneinanderfügen und vom Anfangspunkt nach dem Endpunkt des Streckenvieleckes die Schluß-

[1] Das mit dem Richtungspfeil versehene Pluszeichen wird „plus geometrisch" gelesen.

linie ziehen. Daß das Streckenvieleck auch für Kräfte gilt, kann man sich durch wiederholte Anwendung des Kräfteparallelogrammes leicht klar machen. Man vereinigt zuerst zwei Kräfte mit Hilfe des Parallelogrammes zu einer Resultierenden; dann setzt man die Resultante mit der nächsten Kraft wieder mit Hilfe eines neuen Kräfteparallelogrammes zu einer neuen Resultierenden zusammen und sofort. Man kommt auf diesem Wege zu dem gleichen Resultat, wie mit der angegebenen geometrischen Summierung.

§ 43. Der Gleichgewichtsfall.

Gelangt man nun beim Aneinanderfügen der einzelnen Kräfte an den Anfangspunkt zurück, erhält man einen geschlossenen Kräftezug, so ist eine Resultierende nicht vorhanden oder mit anderen Worten: die Kräfte halten sich Gleichgewicht. Der Gleichgewichtszustand ist somit dadurch gekennzeichnet, daß die geometrische Summe aus den Teilkräften oder Komponenten zu Null wird. Man erhält bei der zeichnerischen Summierung in diesem Falle immer ein geschlossenes Dreieck (oder bei mehreren Kräften ein Vieleck).

Fügt man daher in Figur 8 die beiden Kräfte $\overline{OA}$ und $\overline{OC}$ nicht zu der Ersatzkraft $\overline{OA'}$ zusammen, so läßt sich das Kräftespiel auch als Gleichgewichtszustand auffassen, der zwischen den drei Kräften $\overline{OA}$, $\overline{OB}$ und $\overline{OC}$ besteht. Wir erhalten in diesem Falle bei der geometrischen Summierung das geschlossene Kräftedreieck Figur 8b.

§ 44. Kräftegleichgewicht am Luftdrachen.

Als Beispiel für den Gleichgewichtszustand von drei Kräften, die an einem Punkte angreifen, können wir das Kräftespiel an einem in der Luft ruhig schwebenden Drachen untersuchen (Fig. 9). Auf den Drachen, der hier als ebene Fläche gedacht ist, wirken drei Kräfte: das Gewicht des Drachens, der Zug der gespannten Schnur und der Winddruck. Da das Vorbeiströmen der Luft an der Drachenfläche in Wirklichkeit nicht reibungslos erfolgt, so wird der Winddruck tatsächlich nicht genau lotrecht zur getroffenen Fläche stehen, sondern um einen kleinen Winkel von der Senkrechten abweichen Für die vorliegende Betrachtung genügt es aber, den Winddruck senkrecht zur vom Wind getroffenen Fläche anzunehmen. Aus dem Gleichgewichtsdreieck Figur 9a können wir ablesen, daß der Winddruck bei den eingezeichneten Kraftrichtungen größer als das Gewicht der Platte ausfällt. Figur 9b lehrt uns, daß der Schnurzug um so kleiner zu werden braucht, je kleiner der Winkel zwischen Platte und Richtung des Schnurzuges ausfällt. Dieser Winkel fällt aber um so kleiner aus, je höher der Drache in

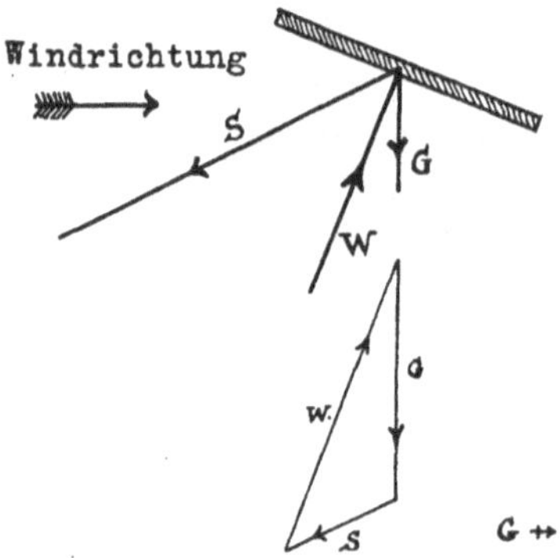

Fig. 9a.

$G + W + S = 0$

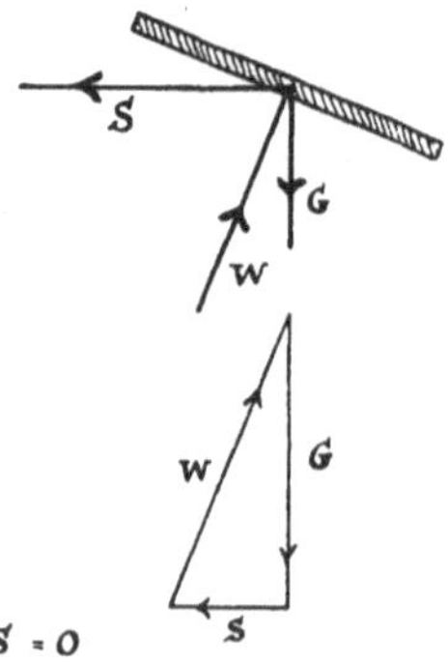

Fig. 9b.

der Luft steht und je weiter der Drache von dem Standpunkt des festgehaltenen Schnurendes entfernt ist. Bei sehr langer Schnur genügt schließlich das Gewicht der freischwebenden Leine, um die für den Gleichgewichtszustand erforderliche Zugkraft auszuüben.

§ 45. Die Relativgeschwindigkeit.

Wir wollen diesen Abschnitt mit einigen wichtigen Betrachtungen aus der Theorie der Relativbewegung abschließen.

Ein Freiballon, der in bewegter Luft im statischen Gleichgewicht schwebt, nimmt sehr bald gegenüber dem festen Erdboden die Geschwindigkeit der umgebenden Luft an, er treibt mit dem Winde. Das trifft auch für ein im Winde fahrendes Luftschiff bei Stillstand der Maschinen zu.

Die Fahrzeuggeschwindigkeit ist in diesem Falle gleich der Windgeschwindigkeit. Es entsteht nun die Frage, in welcher Weise verspüren die Insassen des Fahrzeuges den Wind oder welche Geschwindigkeit hat der Wind relativ zu dem bewegten Fahrzeug?

Um die Relativgeschwindigkeit V_r des Windes gegenüber dem Fahrzeug zu bestimmen, müssen wir überlegen, daß das Fahrzeug selbst bereits eine Geschwindigkeit gegenüber der festen Erde hat, die von der Windgeschwindigkeit abzuziehen ist. Wir erhalten somit die Relativgeschwindigkeit V_r als Differenz aus der Windgeschwindigkeit V_w und der Fahrzeuggeschwindigkeit V_f:

$$V_w - V_f = V_r. \tag{9}$$

Da im vorliegenden Falle die Windgeschwindigkeit gleich der Fahrzeuggeschwindigkeit ist, so wird

$$V_w - V_f = 0.$$

Die Insassen eines mit dem Winde oder, wie man auch sagt, im Winde treibenden Fahrzeuges werden also vom Winde nichts verspüren; sie werden selbst bei stärkstem Winde den Eindruck vollkommener Windstille haben, da die Relativgeschwindigkeit gegenüber dem Fahrzeug im Falle des Treibens im Winde gleich Null ist.

Wird aber das Fahrzeug durch Maschinenkraft mit einer Geschwindigkeit von etwa 10 m pro Sekunde gegen die mit etwa 5 m pro Sekunde strömende Luft vorgetrieben, so erhalten wir wiederum die Relativgeschwindigkeit als Differenz aus Windgeschwindigkeit und Fahrzeuggeschwindigkeit. Nur müssen wir in diesem Falle auf die Richtungszeichen der Geschwindigkeiten achten. Geben wir also der Windgeschwindigkeit das positive Vorzeichen, so müssen wir für die entgegengesetzte Bewegungsrichtung des Fahrzeuges das negative Vorzeichen wählen. Wir erhalten in diesem Falle:

$$V_w - (-V_f) = V_r = V_w + V_f = 5 + 10 = 15 \text{ m/sec},$$

wobei wir von dem algebraischen Satze Gebrauch gemacht haben, daß eine negative Größe subtrahiert wird, indem man sie mit entgegengesetztem Vorzeichen addiert.

Die Insassen werden den Wind nun so verspüren, als ob das Luftschiff gegen die ruhende Luft mit einer Geschwindigkeit von 15 m pro Sekunde fahren würde. Besitzt das Luftschiff eine Eigengeschwindigkeit von 15 m pro Sekunde, das heißt, kann es gegen ruhende Luft mit einer Geschwindigkeit von 15 m pro Sekunde fahren, so werden die Maschinen im vorliegenden Falle mit voller Kraft arbeiten müssen, obgleich das Schiff gegenüber der festen Erde nur eine Geschwindigkeit von 10 m pro Sekunde besitzt.

In beiden Fällen war vorausgesetzt, daß Windgeschwindigkeit und Fahrzeuggeschwindigkeit in ein und derselben Richtungslinie wirken.

§ 46. Die geometrische Differenz.

Bilden beide Geschwindigkeitsrichtungen zueinander einen Winkel, so finden wir die Relativgeschwindigkeit als geometrische Differenz aus der Windgeschwindigkeit und der Fahrzeuggeschwindigkeit. Die Bildung der geometrischen Differenz können wir nach der gleichen Konstruktion vornehmen, die wir uns für die Bildung der geometrischen Summe abgeleitet haben. Der oben angeführte algebraische Satz läßt sich hier ohne weiteres übertragen: wir können auch eine geometrische Größe subtrahieren dadurch, daß wir sie negativ addieren; nur daß das negative Vorzeichen hier einer Richtungsänderung gleichkommt.

Für die Bildung einer geometrischen Differenz ergibt sich hieraus die Regel: Eine gerichtete Größe wird geometrisch subtrahiert, indem man sie mit umgekehrtem Richtungspfeil addiert.

§ 47. Relativer Wind im fahrenden Luftschiff.

Wir betrachten hierzu das Beispiel eines Luftschiffes, das sich in der Richtung V_f (Fig. 10) mit einer Geschwindigkeit $V_f = 10$ m pro Sekunde bewegt, während der Wind mit einer Geschwindigkeit $V_w = 10$ m pro Sekunde in der Richtung V_w blasen möge. Bilden wir entsprechend der gegebenen Vorschrift die geometrische Differenz zwischen Windgeschwindigkeit und Fahrzeuggeschwindigkeit, so erhalten wir aus dem Geschwindigkeitsdreieck (Fig. 10b) die Relativgeschwindigkeit V_r der Größe und Richtung nach. Wie aus Fig. 10a ersichtlich, werden die Insassen des Luftschiffes nun den Wind schräg von vorn mit einer Stärke von 9 m pro Sekunde verspüren. —

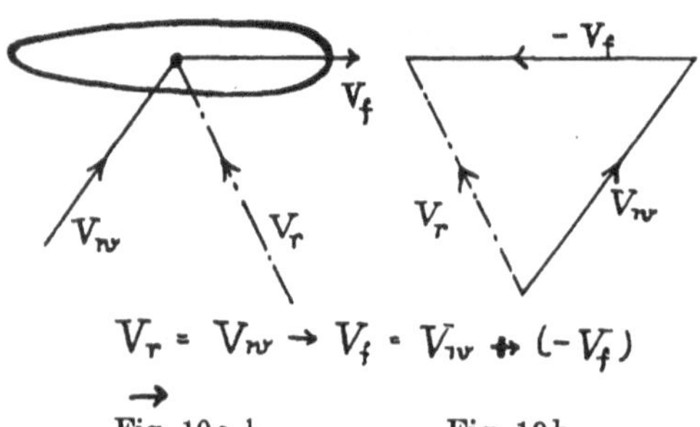

Fig. 10a.[1] Fig. 10b.

§ 48. Fahrzeugbeschleunigung bei Verschiebungen.

Von besonderer Bedeutung ist die Theorie der Relativbewegung für die Entscheidung der Frage, welche Bewegungen Körper, die sich selbst auf einem bewegten Fahrzeug befinden, gegen das Fahr-

[1] Das mit dem Pfeil versehene Minuszeichen wird „minus geometrisch“ gelesen.

zeug ausführen, wenn auf das Fahrzeug bestimmte beschleunigende Kräfte wirken.

Zur Vereinfachung der Betrachtung kann man von etwaigen Drehbewegungen des Fahrzeuges absehen und eine Parallelbewegung zugrunde legen, d. h. eine Verschiebung im Raum, bei der alle Punkte des Fahrzeuges sich auf gleichen parallelen Bahnen bewegen. Alle Punkte des Fahrzeuges haben dann gleiche Geschwindigkeit, so daß man von der Geschwindigkeit eines beliebigen Punktes als von der Fahrzeuggeschwindigkeit sprechen kann. Wie sich Relativgeschwindigkeiten mit Hilfe der geometrischen Differenz finden lassen, haben wir uns durch Fig. 10 klar gemacht.

Eine gleiche Konstruktion gilt nun auch für die Bestimmung der Relativbeschleunigung bei Verschiebungen.

Wir finden die Relativbeschleunigung durch Zeichnen eines Beschleunigungsdreiecks als geometrische Differenz aus der Absolutbeschleunigung und der Fahrzeugbeschleunigung oder was auf das gleiche hinauskommt, als geometrische Summe aus der Absolutbeschleunigung und der negativen Fahrzeugbeschleunigung.

Die Vorschrift für die Bildung des Beschleunigungsdreiecks lautet somit: Man trage die Absolutbeschleunigung des mit dem Fahrzeug bewegten Körpers der Größe und Richtung nach als Strecke auf und füge die Fahrzeugbeschleunigung mit umgekehrtem Pfeil an. Die vom Anfang nach dem Ende der Figur gezogene Schlußlinie stellt die Relativbeschleunigung der Größe und Richtung nach dar.

§ 49. Relativbewegung eines Pendels zum fliegenden Aeroplan.

Wir folgen hier den Ausführungen von Professor Dr. L. Prandtl (Zeitschrift f. Flugtechnik und Motorluftschiffahrt, 1910, Heft 1 u. 2, S. 3 u. 4) und betrachten einen Aeroplan, an dessen Gestell ein Pendel aufgehängt ist (Fig. 11).

Es entsteht nun die Frage, welche Lage das Pendel relativ zum Aeroplan einnehmen wird, wenn das Gleichgewicht des Flugzeuges gestört wird.

Wir betrachten einen Aeroplan, der in der Hauptsache aus einer annähernd ebenen Fläche besteht und nicht mit erheblichen Vertikalflächen ausgestattet ist. Die Resultante der Luftkräfte wird dann annähernd senkrecht zur Aeroplanfläche stehen. Das Fahrzeug erfährt somit zwei Beschleunigungen, eine senkrecht nach abwärts durch die Schwerkraft, die andere senkrecht zur Aeroplanfläche durch die Luftkräfte; aus diesen beiden ergibt sich durch geometrische Summierung die Fahrzeugbeschleunigung (Fig. 11a). Das Pendel im Innern des Fahrzeugs erfährt eine Absolutbeschleunigung $= g$ durch die Schwerkraft; die Fahrzeugbeschleunigung wird durch das Gestell und die Aufhängung auf das Pendel übertragen. Bilden wir nun an dem Pendelkörper die geometrische Summe aus der Absolutbeschleunigung und der negativen Fahrzeugbeschleunigung, so ergibt sich als Relativbeschleunigung eine Beschleunigung, die der Beschleunigung der Luftkräfte gleich groß und entgegengesetzt gerichtet ist (Fig. 11b).

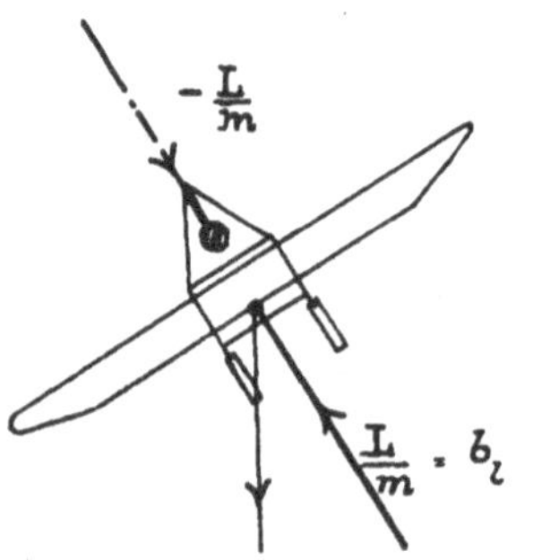

Fig. 11.

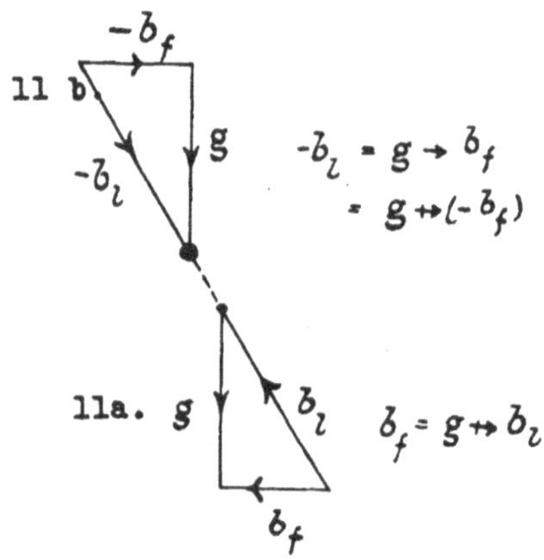

Fig. 11a u. b.

Das Pendel würde also in diesem Falle — von einigen unregelmäßigen Schwankungen abgesehen — fast unbeweglich seine Lage zum Aeroplan beibehalten, auch wenn der Aeroplan starke Seitenneigungen in der Längsrichtung oder auch in der Fahrtrichtung annähme. Erst wenn die auf die Vertikalflächen des Aeroplans wirkenden Luftkräfte die entstehende Seitenbewegung abzubremsen beginnen, werden im Aeroplan deutliche Ausschläge des Pendels bemerkbar sein. Sie werden um so früher eintreten, je ausgedehnter die senkrechten Flächen des Aeroplans sind, da in diesem Falle eintretende Seitenbewegungen früher abgefangen werden. Diese Ausschläge entsprechen aber dann nicht den Neigungen des Apparates. Die in Erfinderkreisen häufig auftauchende Idee, durch die Ausschläge eines Pendelmechanismus die Steuerorgane des Flugzeuges automatisch so zu beeinflussen, daß die entstehenden Seitenneigungen wieder aufgehoben werden, mit anderen Worten, die Idee einer automatischen Seitenstabilisierung mit Hilfe eines Pendels beruht auf falschen Voraussetzungen.

§ 50. Relativbewegung eines mechanischen Systems.

Prandtl faßt das Ergebnis dieser Betrachtung in folgenden Satz zusammen:

„Für die Relativbewegung eines mechanischen Systems innerhalb eines freibewegten Fahrzeuges ist die Schwere ausgeschaltet; an ihre Stelle tritt eine Beschleunigung von der Größe $\frac{K}{m}$ und einer Richtung entgegengesetzt K, wobei K die Resultierende aller übrigen äußeren Kräfte und m die Gesamtmasse ist.“

§ 51. Physiologische Wirkung der Relativbeschleunigung.

Wir können nun auch den Piloten selbst als solches mechanisches System innerhalb eines freibewegten Fahrzeuges auffassen und den Satz auf ihn anwenden. Da bei eintretenden Seitenneigungen die Kraft, die den Piloten auf den Sitz drückt, ihre Richtung nicht ändert, so ist auch der Pilot nicht in der Lage, aus seinen persönlichen Gefühlen Schlüsse auf die Größe der Seitenneigung zu ziehen oder sie überhaupt nur auf Grund des Gefühles festzustellen. Er wird lediglich einen Wechsel in der Stärke seiner scheinbaren Schwere verspüren, ähnlich wie man das beim Auf- und Abfahren in einem Lift im Momente des Anfahrens verspürt. Sobald die Luftkräfte durch zu große Geschwindigkeit oder durch Aufkippen des Apparates größer als das Gewicht des Flugzeuges geworden sind, erfolgt eine Beschleunigung nach aufwärts: der Pilot fühlt sich stärker in den Sitz gedrückt, während er sich im umgekehrten Falle fast von dem Sitze abgehoben fühlen kann. —

Ähnliche Beobachtungen kann man bei einer Fahrt in der zwischen Vohwinkel und Barmen verkehrenden Schwebebahn machen. Auch hier ist der Fahrgast, der etwa bei Nacht fährt und die Umgebung nicht beobachten kann, nicht in der Lage, aus seinen Gefühlen Seitenneigungen des Fahrzeuges zu bestimmen, solange der Wagen nach der Seite frei ausschwingen kann, da auch in diesem Falle die auf ihn einwirkende Relativbeschleunigung noch senkrecht zum Wagenboden wirkt. Erst wenn z. B. auf einer Station die Seitenneigung durch die Schleifbretter abgefangen wird, fühlt er sich entgegen der nun dazukommenden Kraft vom Sitze abgeschoben. —

Dritter Abschnitt.

Bewegung auf gekrümmter Bahn. Zentripetalbeschleunigung.

§ 52. Der materielle Punkt.

Solange ein Körper nur eine Verschiebung im Raum erfährt, wobei sich die einzelnen Punkte, in die man sich den Körper zerlegt denken kann, auf gleichen und parallelen Bahnen bewegen, ist es gleichgültig, welchen Punkt des Körpers man bei der Bewegung ins Auge faßt. Das trifft auch dann noch zu, wenn zwar einzelne Teile des betrachteten Körpersystems sich nicht mehr auf gleichen und parallelen Bahnen bewegen und Drehbewegungen ausführen, wenn aber doch die Hauptbewegung des ganzen Systemes eine fortschreitende ist und wir uns bei unserer Betrachtung gerade für diese Hauptbewegung des Körpersystemes interessieren.

So können wir z. B. an einem fahrenden Eisenbahnzug verschiedene Bewegungen beobachten, die nicht mehr auf parallelen Bahnen verlaufen, z. B. das Hin- und Herschwanken der Wagenkasten gegeneinander, die Drehbewegung der Räder; es werden also an dem Körpersystem eines Eisenbahnzugs verschiedene Punkte angegeben werden können, die sehr verschiedene Geschwindigkeiten sowohl der Größe als auch der Richtung nach besitzen. Wenn wir dabei trotzdem im bürgerlichen Leben die Bewegung des Eisenbahnzuges durch die Angabe einer einzigen Geschwindigkeit zu charakterisieren pflegen, so drücken wir damit aus, daß uns eben in diesem Falle nur die Hauptbewegung des Körpersystems, die Verschiebungsbewegung, interessiert.

Für die erste Einführung in die Mechanik pflegt man die Betrachtungen dadurch zu vereinfachen, daß man sich den bewegten Körper unter dem Bilde eines schweren Punktes (materieller Punkt) denkt und dann nur mit den Geschwindigkeiten oder Beschleunigungen dieses einen Punktes arbeitet.

§ 53. Die Bewegung des Schwerpunktes.

Die Mechanik lehrt, daß sich für jeden Körper ein besonderer Punkt, der sogenannte Schwerpunkt, angeben läßt, in dem man sich die Masse des ganzen Körpers vereinigt denken kann. Die Bewegung des Körperschwerpunktes erfolgt dann so, als wenn alle äußeren Kräfte, die an einzelnen Punkten des Körpers angreifen, in gleicher Richtung und Größe am Schwerpunkt angebracht wären.

Es ist deshalb auch bei den verwickeltsten Bewegungen, die ein Körper auszuführen vermag, noch zulässig, sich den Körper unter dem Bilde eines Punktes, des Körperschwerpunktes, vorzustellen, solange es sich dabei nur um die Bestimmung der Schwerpunktsbewegung handelt. Sobald aber auch über Drehungen, die der Körper daneben um Achsen, die durch den Schwerpunkt gehen, ausführt, Aufschlüsse erwartet werden, genügt es nicht mehr, sich die Masse des Körpers im Schwerpunkt vereinigt zu denken. — Nach dem Trägheitsgesetz behält nun der Schwerpunkt den einmal angenommenen Bewegungszustand so lange bei, bis äußere Kräfte eine Änderung verursachen.

§ 54. Die Zentripetalbeschleunigung.

Wir betrachten nun eine Bewegung, bei der der Schwerpunkt des Körpers seine Geschwindigkeit zwar der Größe nach, aber nicht der Richtung nach beibehalten kann. Der Körper sei ursprünglich in gerader gleichförmiger Bewegung begriffen und werde nun durch äußere Kräfte gezwungen, seine Bewegungsrichtung zu ändern. Wir wählen als Beispiel ein Luftteilchen, das sich mit der Geschwindigkeit v in gerader Richtung fortbewegt und durch eine kreisförmig gekrümmte Fläche (Fig. 12a) aus seiner Richtung abgelenkt werden möge, wobei aber die Geschwindigkeit v des Luftteilchens unverändert bleiben soll. Nach Ablauf der Zeit t hat der Schwerpunkt des Luftteilchens den Bogen AB durchmessen; die Geschwindigkeit des Luftteilchens hat die Richtung v_1 angenommen. Nach Ablauf der Zeit $= t_2$ ist der Schwerpunkt des Teilchens nach C gelangt, die Geschwindigkeit hat die Richtung v_2 angenommen usf.

Trägt man nun die Geschwindigkeiten der Größe und Richtung nach von einem Punkt aus auf (Fig. 12b), so müssen die Endpunkte der einzelnen Geschwindigkeitsstrecken auf einer Kreislinie liegen, da ihre Längen gleich sind. Die Figur 12b belehrt uns gleichzeitig, daß die Geschwindigkeit v zwar der absoluten Größe nach gleich geblieben ist, aber dennoch einen Zuwachs erfahren hat, nämlich den geometrischen Zuwachs b_n. Wir könnten also schreiben:

$$v_1 = v \mathbin{+\!\!\succ} b_n, \tag{10}$$

wobei das Symbol $+\!\!\succ$ nur darauf hinweisen soll, daß die neue Geschwindigkeit v_1 durch geometrische Summierung aus v und dem

Geschwindigkeitszuwachs b_n entstanden ist. Auch lehrt die Figur 12b, daß der geometrische Geschwindigkeitszuwachs senkrecht zu der Geschwindigkeit oder nach dem Krümmungsmittelpunkt der Bahn hin gerichtet ist. Der geometrische Geschwindigkeitszuwachs, der bei der Richtungsänderung der Geschwindigkeit auftritt, führt deshalb auch den Namen Normal- oder Zentripetalbeschleunigung.

Auch die algebraische Größe dieser Zentripetalbeschleunigung läßt sich in einfacher Weise aus den beiden Figuren 12a und b ablesen. Wir wollen dabei annehmen, das Luftteilchen lege den Weg AB in 1 Sekunde zurück; dann stellt die Bogenlänge AB direkt der Größe nach die Geschwindigkeit des Luftteilchens dar. Da ferner die beiden Winkel AOB und aob gleich sind, so gilt die Beziehung:

$$\frac{\text{Bogen } ab}{v} = \frac{b}{v} = \frac{\text{Bogen } AB}{r} = \frac{v}{r} \tag{11}$$

oder

$$b = \frac{v^2}{r}. \tag{11a}$$

Die Zentripetalbeschleunigung ist somit direkt verhältnisgleich dem Quadrate der Geschwindigkeit des Körpers und indirekt verhältnisgleich dem Krümmungsradius der Bahn.[1]

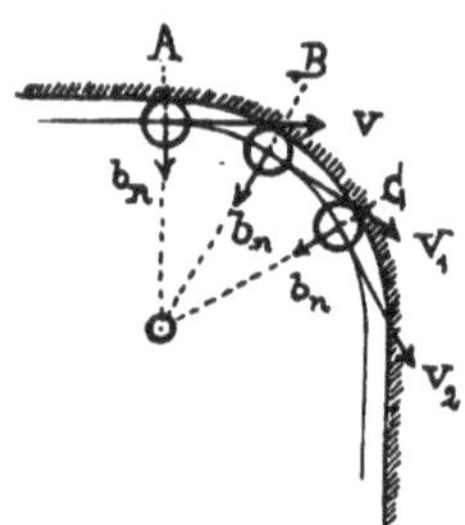

Fig. 12a.

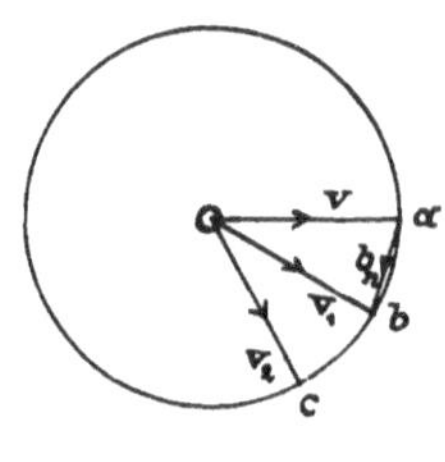

Fig. 12b.

Um diese Beschleunigung hervorzuheben, wollen wir ihren Buchstaben noch durch ein angehängtes n (Index) kennzeichnen. Wir schreiben daher:

$$\text{Zentripetalbeschleunigung} = b_n = \frac{v^2}{r}. \tag{12}$$

[1] Wir haben uns bei dieser Betrachtung eine kleine Vernachlässigung erlaubt, die bei mathematischen Betrachtungen häufig begangen wird und immer zulässig ist, sobald es sich um sehr kleine Winkel handelt. Eigentlich ist die Sehne $ab = b$ und nicht der Bogen. Da es sich aber bei solchen Betrachtungen immer um sehr kleine Winkel handelt, so ist es zulässig, die Sehne mit dem Bogen zu verwechseln.

§ 55. Die Zentripetalkraft.

Nun haben wir früher eine Kraft als eine Ursache einer Beschleunigung definiert; wir müssen nun rückwärts von dem Auftreten einer Beschleunigung auf das Vorhandensein einer Kraft schließen. Diese Kraft ist leicht gefunden; es ist die Kraft, die die Bahn vermöge ihrer Festigkeit auf das Luftmassenteilchen, das vermöge seiner Trägheit den geraden Weg fortsetzen möchte, ausübt. Die Kraft, mit der die feste Bahn das Luftmassenteilchen zu einer Richtungsänderung zwingt, hat die Richtung der Normalbeschleunigung und führt deshalb auch den Namen Normal- oder Zentripetalkraft.

Auch die algebraische Größe der Zentripetalkraft findet sich leicht aus der Überlegung, daß nach dem dynamischen Grundgesetz sich die Kraft als Produkt aus Masse und Beschleunigung darstellt. Bezeichnen wir die Masse des Luftteilchens mit m, so ist die von der Bahn auf das Luftteilchen ausgeübte

$$\text{Zentripetalkraft} = C_n = \frac{mv^2}{r}. \tag{13}$$

§ 56. Die Zentrifugalkraft.

Nach dem Wechselwirkungsgesetz entspricht aber jeder Kraftwirkung eine gleichgroße und entgegengesetzte Gegenwirkung.[1] Auch das Luftmassenteilchen setzt der Zentripetalkraft einen gleichgroßen Widerstand entgegen, der aber nun von dem Luftmassenteilchen nach der Bahn hin gerichtet, also vom Krümmungsmittelpunkt weg gerichtet ist und deshalb den Namen Zentrifugalkraft führt.

Diese Zentrifugalkraft ist eine wirklich vorhandene Kraft, die sich durch Deformationen der Bahn kenntlich machen kann, falls die Bahn nicht fest genug ist. Sie greift aber nicht an dem abgelenkten Körper an, sondern sie wirkt von dem abgelenkten Körper aus auf das ablenkende Hindernis.

Wir müssen auf diese Festlegung besonderen Wert legen, da wir später das Wort „Zentrifugalkraft“ auch in einem von diesem wesentlich verschiedenen Sinne gebrauchen können.

§ 57. Luftwiderstand einer Platte (Beispiel).

Als Beispiel betrachten wir hier noch eine Platte, gegen die ein Luftstrom bläst (Fig. 13). Es ist üblich geworden, in einem solchen Falle von einem Stoß der Luft gegen die Platte zu reden.

[1] Vergl. § 11.

Es mögen sich wohl zu Beginn des Vorganges stoßartige Erscheinungen abspielen; man kann aber annehmen, daß sich nach einiger Zeit ein Beharrungszustand einstellt, der mit einem eigentlichen Stoßvorgang nichts mehr gemein hat. Fassen wir nun einen Schnitt durch die von der Luft senkrecht getroffene Platte ins Auge, so sehen wir, daß die Luft nach beiden Seiten hin abgelenkt wird. In der Mitte möge sich ein Staukegel ausbilden, dessen Luftinhalt in beliebig wirbelnder Bewegung sein mag. Die Zentripetalkräfte,

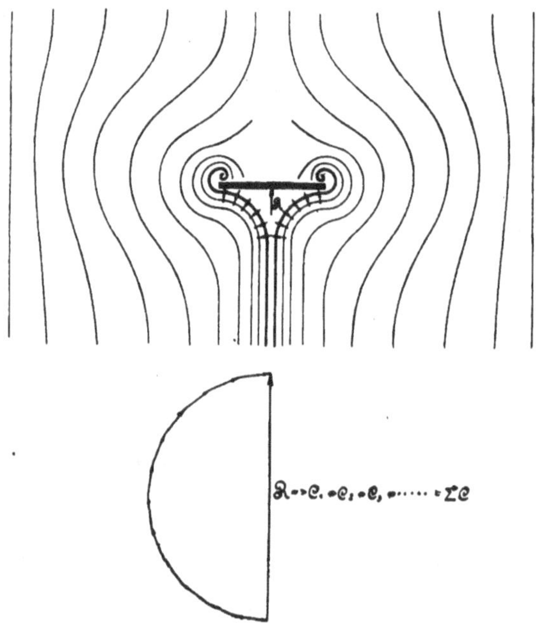

Fig. 13.

die hier die Ablenkung der einzelnen Luftmassenteilchen bewirken, mögen von der im Stau befindlichen Luft ausgeübt werden. Die von den Luftmassenteilchen ausgehenden zentrifugalen Reaktionen setzen sich nun geometrisch zu der Kraft zusammen, die gegen die Platte in der Strömungsrichtung drückt. —

Auf die Vorgänge hinter der Platte wollen wir an anderer Stelle eingehen. Hier soll nur noch gesagt sein, daß die Kraft, welche die Platte in der Strömungsrichtung fortzutreiben sucht, sich aus dem Druckunterschied auf der Vorder- und Rückseite der Platte ergibt.

Vierter Abschnitt.

Kräftepaar und statisches Moment.

§ 58. Das Kräftepaar.

Es erübrigt noch eine Kräftezusammenstellung zu betrachten, die wir bereits erwähnten und für die sich eine geometrische Summe nicht bilden läßt.

An einem beliebigen Körper mögen zwei gleichgroße, parallele und entgegengesetzt gerichtete Kräfte $+K$ und $-K$ angreifen. Nach einem in der Mechanik bewiesenen Satze bewegt sich der Schwerpunkt eines Körpers so, als ob alle auf den Körper einwirkenden äußeren Kräfte am Schwerpunkt angriffen. Verlegen wir nun die beiden Kräfte $+K$ und $-K$, deren Verein man Kräftepaar nennt, in den Schwerpunkt des Körpers, so halten sie sich dort Gleichgewicht. Ein Kräftepaar vermag somit eine Bewegung des Schwerpunktes nicht hervorzubringen, dagegen übt es auf den Körper einen Drehzwang aus, das heißt es sucht den Körper um den Schwerpunkt zu drehen.

Als Maß für die Größe des durch ein Kraftepaar hervorgerufenen Drehzwanges wählt man das Produkt aus der Kraftgröße und dem senkrechten Abstand der beiden Kraftrichtungen und nennt dies das statische Moment oder Drehmoment des Kräftepaares:

$$M = Ka \tag{14}$$

Da die Größe der Kraft in Kilogramm und der Weg oder die Länge in Metern gemessen wird, so führt das statische Moment die Benennung Meterkilogramm (mkg).

§ 59. Das statische Moment.

Es ist jedoch in der Mechanik noch eine andere Ausdrucksweise üblich, deren wir hier Erwähnung tun wollen.

Wir betrachten beispielsweise einen Körper, der durch eine an ihm befestigte Achse so festgehalten ist, daß er nur eine Drehung um diese Achse ausführen kann. Wir sagen dann, die am Ende der Kurbel wirkende Kraft K übe ein Drehmoment in bezug auf den Drehpunkt oder Momentenpunkt 0 auf die Kurbel aus, dessen Größe gleich der Größe der wirkenden Kraft mal dem senkrechten Abstand der Kraft vom Drehpunkt ist.

Von dem Gewicht der Kurbel, das heißt von der Schwerkraft, können wir zur Vereinfachung unserer Betrachtung hier absehen, da dieser Kraft durch die Festigkeit des Kurbelwellenlagers Gleichgewicht gehalten wird. Wir verlegen nun die am Kurbelende angreifende Kraft parallel zu sich selbst nach dem Drehpunkt 0 dadurch, daß wir im Drehpunkt eine der Kraft gleichgroße und gleichgerichtete Kraft $+ K$ und eine der Kraft K gleichgroße und entgegengesetzt gerichtete Kraft $- K$ anbringen. Die Anbringung dieser Kräfte ist statthaft, da sie sich im Drehpunkt Gleichgewicht halten, mithin also an dem Kräftespiel des Systems nichts ändern. Die Kraft $+ K$ im Drehpunkt gibt nun den Druck an, den die Achse unter dem Einfluß der am Kurbelende wirkenden Kraft auf das Kurbelwellenlager ausübt; die Kraft $+ K$ am Ende des Hebelarmes bildet mit der Kraft $- K$ im Drehpunkt (dem Widerstande des Kurbelwellenlagers) zusammen das Kräftepaar, das den Drehzwang ausübt.

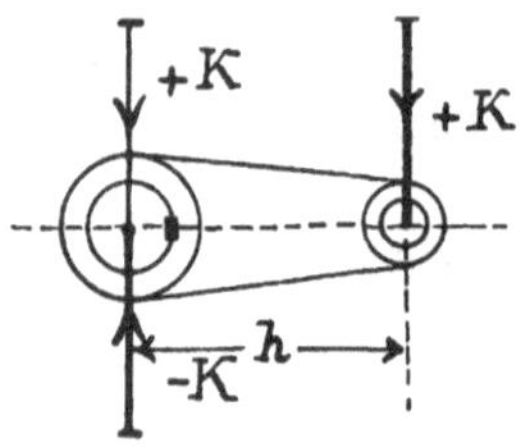

Fig. 14.

Die in der Mechanik übliche Aussage, daß eine Kraft, die an einem unterstützten Körper in einer gewissen Entfernung vom Unterstützungspunkt angreift, auf diesen Körper in bezug auf den Unterstützungspunkt (Momentenpunkt) ein statisches Moment ausübe, läßt sich somit auf das Auftreten eines Kräftepaares zurückführen.

§ 60. Der Satz vom statischen Moment.

Wirken nun auf einen Körper mehrere Kräfte, die alle in ein und derselben Ebene liegen, so beweist die Mechanik für einen beliebigen, in dieser Ebene als fest angenommenen Punkt den Satz:

Das Moment der Resultierenden ist gleich der algebraischen Summe der Momente der Einzelkräfte, bezogen auf den gleichen Punkt.

§ 61. Erweiterter Begriff des statischen Momentes.

Dieser Satz läßt sich auf beliebige Kräftesysteme ausdehnen, sobald man den Begriff des statischen Momentes erweitert, das heißt, wenn man das Produkt aus Kraftgröße und dem senkrechten Abstand des Momentenpunktes von der Kraftrichtung nicht bloß als absolute Größe betrachtet, sondern diesem Produkte auch eine Richtung gibt.

Man versteht dann unter dem **statischen Moment** einer **Kraft**, bezogen auf einen beliebigen Punkt, eine **Strecke**, die senkrecht zu der durch den Momentenpunkt und die Kraftstrecke bestimmten Ebene steht; die **Länge** der Strecke wird in einem passenden Maßstab (z. B. 1 mm = 1 mkg) gleich der Anzahl der in dem Produkte aus Kraftgröße und senkrechtem Abstand vom Momentenpunkte enthaltenen Einheiten (mkg) gewählt; die **Richtung** der **Momentenstrecke** wird nach der Seite hin abgetragen, von der aus gesehen die Kraft um den Momentenpunkt im Uhrzeigersinn zu drehen sucht.

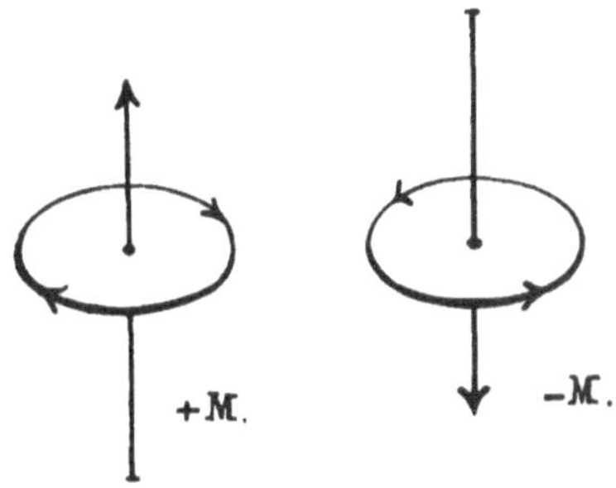

Fig. 15a. Fig. 15b.

Betrachtet man den Drehsinn der Kraft im Zusammenhang mit der Richtung der Momentenstrecke, so kann man auch sagen, der Drehsinn des Kräftepaares oder der Kraft muß zusammen mit der Richtung der Momentenstrecke den Bewegungssinn einer **links-gängigen** Schraube darstellen. —

§ 62. Der allgemeine Momentensatz.

Für diesen allgemeineren Begriff des statischen Momentes leitet die Mechanik ebenfalls einen **Satz vom statischen Moment** ab: „Werden beliebige Kräfte durch andere ersetzt, so ist stets die geometrische Summe der statischen Momente der Ersatzkräfte gleich der geometrischen Summe der statischen Momente der gegebenen Kräfte, bezogen auf einen beliebigen Punkt.“

Der Satz enthält die folgenden drei Sonderfälle:

I. Die geometrische Summe der statischen Momente von Kräften, die in einer Ebene liegen, bezogen auf einen beliebigen Punkt außerhalb dieser Ebene, ist gleich dem statischen Moment der Resultierenden.

II. Die geometrische Summe der statischen Momente von Kräften, die an einem Punkte angreifen, ist gleich dem statischen Moment der Resultierenden.

III. Sind beliebige Kräfte im Gleichgewicht, so muß die geometrische Summe der statischen Momente aller Kräfte, bezogen auf irgend einen Punkt, gleich Null sein.

Es lassen sich also mit Hilfe dieser erweiterten Auffassung in verschiedenen Ebenen wirkende Momente als Strecken mit Hilfe eines Momentenparallelogrammes oder Momentenvieleckes geometrisch summieren. Die geometrische Darstellung des Momentes ist dabei eine ähnliche wie die geometrische Darstellung der Winkelgeschwindigkeit. Siehe Fig. 16 S. 53.

§ 63. Moment, bezogen auf eine Achse.

In ähnlicher Weise kennt die Mechanik auch noch die Verbindung einer Kraft mit einer festen Geraden oder Achse. Sie nennt das Produkt aus der Projektion der Kraft auf eine zur Achse senkrechte Ebene und dem kürzesten Abstand der Kraftrichtung von der Achse das statische Moment der Kraft in bezug auf diese Achse. Der kürzeste Abstand ist in diesem Falle der senkrechte Abstand der Projektionsstrecke P' von dem Punkt, in dem die Achse die Projektionsebene durchstößt.

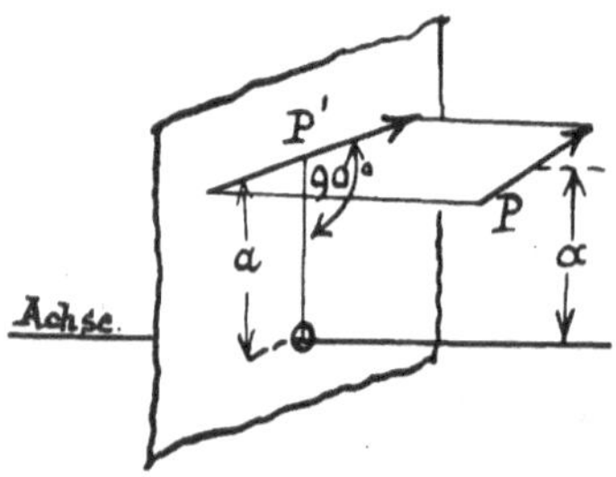

Fig. 15c.

Auch hierfür gelten die im vorstehenden angeführten Sätze vom statischen Moment, nur daß hier die geometrische Summe in die algebraische übergeht.

Wir müssen uns hier aber mit diesen Andeutungen begnügen. —

Fünfter Abschnitt.

Winkelgeschwindigkeit und Winkelbeschleunigung.

§ 64. Die Winkelgeschwindigkeit.

Wir betrachten eine kreisförmige Scheibe, die sich um eine senkrecht durch den Mittelpunkt gesteckte Achse drehen möge. Wenn wir sagen, irgend ein Punkt der Scheibe bewege sich z. B. mit einer Geschwindigkeit von 10 m pro Sekunde, so ist damit die Drehbewegung der Scheibe keineswegs festgelegt. Es fehlt noch die Angabe, wie weit der betrachtete Punkt von dem Mittelpunkt der Scheibe entfernt ist. Geben wir dagegen die Umdrehungszahl oder Tourenzahl der Scheibe in der Zeiteinheit an, so ist damit die Bewegung eines jeden einzelnen Punktes der Scheibe gekennzeichnet.

Es ist deshalb bei Drehbewegungen auch nicht üblich, die Umfangsgeschwindigkeit eines bestimmten Punktes des sich drehenden Körpers anzugeben; man kennzeichnet in der Technik die Drehbewegung durch Angabe der Anzahl der vollen Umdrehungen in einer Minute oder durch die Tourenzahl pro Minute.

Die Mechanik bezieht aber ihre Bewegungsangaben auf die Sekunde und nennt deshalb die Anzahl der Umdrehungen pro Sekunde Winkelgeschwindigkeit.

§ 65. Gradmaß und Bogenmaß.

Zur genaueren Festlegung des Begriffes der Winkelgeschwindigkeit bedarf es einer Festlegung des in der Mechanik üblichen Winkelmaßes. In der Trigonometrie pflegt man den Kreisumfang in 360 Teile zu teilen und den Winkelraum, den zwei von Anfang und Ende eines Teiles nach dem Kreismittelpunkt gezogene Radien einschließen, einen Grad (1^0) zu nennen. Einer vollen Umdrehung entspricht dann ein Winkel von 360^0, einer halben ein solcher von 180^0, einer viertel Umdrehung ein Winkel von 90^0 usf.

Der bei einer Drehbewegung von einem nach einem beliebigen Punkte gezogenen Radius überstrichene Winkelraum läßt sich auch eindeutig festlegen durch das Verhältnis der von einem beliebigen Punkte zurückgelegten Bogenlänge zu der Entfernung des Punktes vom Kreismittel, d. i. zum Radius.

Die Bogenlänge, die ein Punkt im Abstand r vom Kreismittel bei einer vollen Umdrehung zurücklegt, ist gleich $2r\pi$, wobei π, die Ludolphsche Zahl, den Wert 3,14.. hat. Das Verhältnis des bei einer Umdrehung zurückgelegten Bogens zu dem zugehörigen Radius ist gleich

$$\frac{2r\cdot\pi}{r} = 2\pi.$$

Für einen Punkt im Abstande r_1 ist die Bogenlänge bei einer Umdrehung gleich $2r_1\cdot\pi$ und $\frac{2r_1\pi}{r_1}$ ist ebenfalls $= 2\pi$. Wir sehen also, daß sich der einer vollen Umdrehung entsprechende Winkel anstatt durch 360^0 auch durch die Zahl 2π ausdrücken läßt und nennen 2π zum Unterschied vom trigonometrischen Maß (Gradmaß) das Bogenmaß des Winkels. Einer halben Umdrehung $= 180^0$ würde im Bogenmaß ein Winkel $= \pi$, einer Viertelsdrehung von 90^0 ein Winkel $= \frac{\pi}{2}$ entsprechen usf.

Der Drehwinkel wird daher in der Mechanik definiert durch die Gleichung:

$$\text{Drehwinkel} = \frac{\text{Bogenlänge in Meter}}{\text{Radius in Meter}} \quad \text{oder:} \quad \alpha = \frac{s}{r} \tag{15}$$

Ist der Drehwinkel im Bogenmaß gegeben und wird für einen beliebigen Punkt im Abstande r vom Drehpunkt die Bogenlänge s gesucht, so ergibt sich diese aus obiger Gleichung wie folgt:

$$\left.\begin{array}{l}\text{Bogenlänge} = \text{Drehwinkel im Bogenmaß mal Radius} \\ \text{oder:} \quad s = \alpha \cdot r\end{array}\right\} \tag{16}$$

Mit diesen Festsetzungen können wir die Winkelgeschwindigkeit definieren als den in der Zeiteinheit zurückgelegten Drehwinkel. Es ist also:

$$\left.\begin{array}{l}\text{Winkelgeschwindigkeit} = \dfrac{\text{Drehwinkel im Bogenmaß}}{\text{Zeit in Sekunden}} \\ \text{oder:} \quad \omega = \dfrac{\alpha}{t}\end{array}\right\} \tag{17}$$

Da der Drehwinkel durch eine absolute, d. i. unbenannte Zahl gemessen wird, so ist die Benennung der Winkelgeschwindigkeit Eins geteilt durch Sekunden oder $\frac{1}{\text{sec}}$.

§ 66. Winkelgeschwindigkeit und lineare Geschwindigkeit.

Der Übergang von der Winkelgeschwindigkeit zu der uns bereits bekannten linearen Geschwindigkeit eines beliebigen Punktes im Abstande r von der Drehachse ergibt sich nun einfach:

$$\text{Lineare Geschwindigkeit} = \frac{\text{Bogenlänge}}{\text{Zeit}} = \frac{\text{Drehwinkel mal Radius}}{\text{Zeit}}$$
$$= \text{Winkelgeschwindigkeit mal Radius}$$

oder:

$$v = \frac{s}{t} = \frac{\alpha \cdot r}{t} = \omega \cdot r \tag{18}$$

§ 67. Geometrische Darstellung der Winkelgeschwindigkeit.

Auch die Winkelgeschwindigkeit ist eine gerichtete Größe und kann durch eine Strecke dargestellt werden. Die Darstellung ist der für die Momente der Kräftepaare in den Figuren 15 und 16 gegebenen ähnlich. Wir stellen die Winkelgeschwindigkeit dar durch eine Strecke senkrecht zu der Ebene der Drehung. Blicken wir auf die Drehebene und kommt bei Drehrichtung im Uhrzeigersinn der Richtungspfeil auf uns zu, so heißt die Winkelgeschwindigkeit positiv, im anderen Falle negativ. Es geht daraus hervor, daß sich auch Winkelgeschwindigkeiten ebenso wie Kräfte geometrisch summieren lassen. Wir brauchen nur einen passenden Maßstab, z. B. $1 \text{ cm} = \frac{1}{\text{sec}}$, zu wählen, dann läßt sich die in Figur 16 für die Zusammensetzung von Momenten gegebene Konstruktion ohne weiteres für die Bestimmung der resultierenden Winkelgeschwindigkeit verwenden. (Siehe auch Fig. 17).

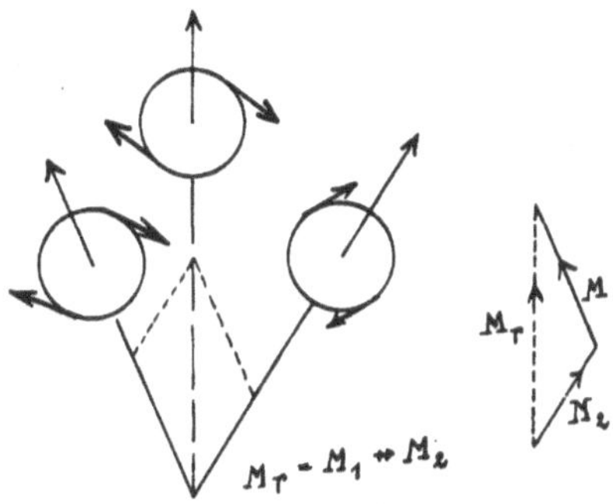

Fig. 16.

§ 68. Die Winkelbeschleunigung.

Hat die Winkelgeschwindigkeit ω_a eines Körpers sich nach Ablauf von t Sekunden auf den Wert ω_e verändert, so definieren wir die mit der Zeit eingetretene Änderung der Winkelgeschwindigkeit als Winkelbeschleunigung. Es ist somit:

$$\text{Winkelbeschleunigung} = \frac{\text{Änderung der Winkelgeschwindigkeit}}{\text{Zeit}}$$

oder:

$$\varepsilon = \frac{\omega_e - \omega_a}{t} \tag{19}$$

Die Winkelbeschleunigung ist eine Größe, die ähnlich wie die lineare Beschleunigung durch wiederholtes Beziehen auf die Zeit gewonnen wurde; ihre Benennung ist daher Eins durch Quadratsekunden oder $\frac{1}{\text{sec}^2}$.

Die Winkelbeschleunigung läßt sich in analoger Weise wie die Winkelgeschwindigkeit als gerichtete Größe durch eine Strecke darstellen; es gelten daher für die Vereinigung von Winkelbeschleunigungen ebenfalls die für die geometrische Summe angeführten Konstruktionen.

§ 69. Winkelbeschleunigung und lineare Beschleunigung.

Der Übergang von der Winkelbeschleunigung zur linearen Beschleunigung eines Punktes im Abstande r von der Drehachse ergibt sich ähnlich wie bei der Winkelgeschwindigkeit:

Lineare Beschleunigung = Winkelbeschleunigung mal Radius

oder:
$$b = \varepsilon \cdot r \tag{20}$$

§ 70. Änderung der Drehachse.

Es kann nun leicht eingesehen werden, daß auch eine Änderung in der Lage der Drehachse eines rotierenden Körpers einer Änderung der Winkelgeschwindigkeit gleichkommt, selbst wenn die Zahl der sekundlichen Umdrehungen des Körpers unverändert bleibt. Der Zuwachs an Winkelgeschwindigkeit ist allerdings in diesem Falle ein geometrischer (siehe Fig. 17). Schon aus dieser Betrachtung läßt sich folgern, daß die Achse eines rotierenden Kreisels, dessen Winkelgeschwindigkeit unverändert bleibt, ihre Lage nur unter dem Einfluß von Kräften ändern kann. Wir dürfen uns dabei nur daran erinnern, daß jeder Geschwindigkeitszuwachs in der Zeit, d. h. jede Beschleunigung nach unseren Erfahrungen eine Wirkung darstellt, als deren Ursache wir das Auftreten einer Kraft erkennen.

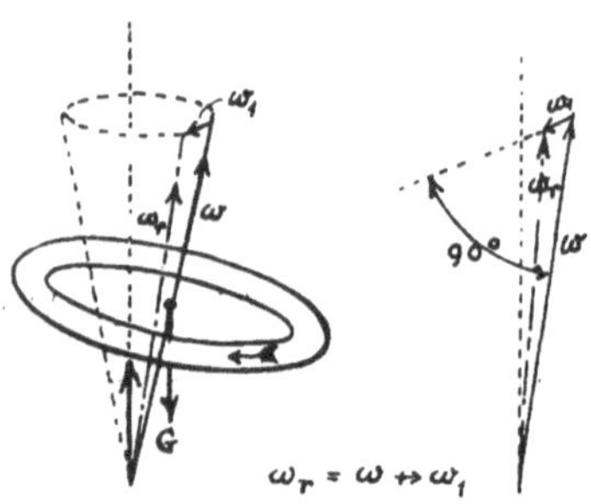

Fig. 17.

§ 71. Tourenzahl und Winkelgeschwindigkeit.

Wie schon erwähnt, pflegt man in der Technik bei rotierenden Körpern nicht die lineare Geschwindigkeit irgend eines Punktes, sondern die Umdrehungszahl oder Tourenzahl pro Minute anzugeben. Angenommen, eine Welle vollführe n Touren pro Minute, so entspricht dies einem Drehwinkel von n mal 2π pro Minute. Da wir unter Winkelgeschwindigkeit den Drehwinkel pro Sekunde verstanden, so ergibt sich der Zusammenhang zwischen Tourenzahl und Winkelgeschwindigkeit wie folgt:

$$\omega = \frac{n \cdot 2 \cdot \pi}{60} = \frac{n \cdot \pi}{30} \tag{21}$$

Sechster Abschnitt.

Bewegungsgröße, Impuls und Trägheitsmoment.

§ 72. Bewegungsgröße und Impuls.

Durch algebraische Umformung der dynamischen Grundgleichung: $K = mb$ lassen sich noch folgende Sätze gewinnen, die andere aber für verschiedene Anwendungen zweckmäßigere Aussageformen der dynamischen Grundgleichung darstellen.

Erinnern wir uns daran, daß wir unter der Beschleunigung b die Änderung der Geschwindigkeit in der Zeit verstanden haben und bezeichnen wir die Geschwindigkeit zu Anfang unserer Beobachtung mit v_a und zu Ende der t Sekunden dauernden Beobachtung mit v_e, so können wir schreiben:

$$b = \frac{v_e - v_a}{t} \tag{22}$$

und

$$K = mb = \frac{mv_e - mv_a}{t} \tag{23}$$

Das Produkt Masse mal Geschwindigkeit (mv) führt in der Mechanik den Namen Bewegungsgröße.

Die letzte Gleichung sagt uns, daß die Änderung der Bewegungsgröße in der Zeit gleichwertig ist der wirkenden Kraft.

Beginnt die Bewegung vom Ruhezustand aus, ist also die Anfangsgeschwindigkeit $v_a = 0$, so können wir schreiben:

$$K = \frac{m \cdot v}{t} \tag{24}$$

Multiplizieren wir beide Seiten der Gleichung mit t, so erhalten wir die neue Form:

$$K \cdot t = m \cdot v \tag{25}$$

Das Produkt $K \cdot t$ auf der linken Seite führt den Namen „Impuls“ oder „Antrieb“, während auf der rechten Seite der Gleichung die Bewegungsgröße steht.

Eine Kraft von der Größe K, die während der Zeit $= t$ Sekunden auf einen Körper von der Masse $= m$ einwirkt, erteilt der Masse den Impuls $= K \cdot t$; der Körper erlangt dabei die Bewegungsgröße $= m \cdot v$.

§ 73. Drehbewegung und Trägheitsmoment.

Wirkt auf einen Körper, der sich um einen festgehaltenen Punkt O drehen kann, eine Kraft K, deren Richtungslinie nicht durch den Drehpunkt geht, so übt diese Kraft auf den Körper einen Drehzwang von der Größe $K \cdot r$ = Kraft mal Hebelarm aus. Verlegen (Fig. 14) wir die Kraft parallel zu sich selbst, so sehen wir, daß $-K$ zusammen mit $+K$ ein Kräftepaar bildet, dessen Moment $= K \cdot r$ ist, während im Drehpunkt noch eine Kraft $+K$ verbleibt, die den Druck auf das Lager darstellt. Interessiert nur die Drehbewegung und nicht auch die Beanspruchung der Drehachse, so braucht man auf das Kräftepaar nicht einzugehen. Man denkt sich dann einfach den Drehpunkt festgehalten und sagt, die Kraft K übe ein Drehmoment $M = K \cdot r$ auf den Körper in bezug auf den Momentenpunkt O aus. Der Hebelarm r wird dabei immer lotrecht vom Momentenpunkt auf die Kraftrichtung gezogen.

Wirken mehrere Kräfte an dem Körper, deren Richtungslinien nicht durch den Momentenpunkt gehen, so lehrt, wie bereits erwähnt, ein Satz der Mechanik, daß das statische Moment (oder Drehmoment) der Resultierenden dieser Kräfte gleich der Summe der Momente der einzelnen Kräfte, bezogen auf den gleichen Momentenpunkt ist. Wir betrachten nun einen Körper, der sich unter dem Einfluß eines Kräftepaares um den Punkt O drehen möge und denken uns den Körper in einzelne Massenteilchen von der Größe m zerlegt. An jedem Massenteilchen greife senkrecht zum Radius die Kraft K an, so daß ein Massenteilchen in bezug auf den Momentenpunkt O das Drehmoment $= K \cdot r$ erfahre. Wir haben dann nach der dynamischen Grundgleichung für ein Massenteilchen:

$$K \cdot r = \frac{m \cdot v \cdot r}{t} \tag{26}$$

oder, wenn wir berücksichtigen, daß $v = \omega \cdot r$ ist:

$$\Sigma K \cdot r = M = \Sigma \frac{m \cdot v \cdot r}{t} = \Sigma \frac{m \omega \cdot r^2}{t} = \frac{\omega}{t} \Sigma m r^2 \tag{27}$$

Wir bilden diese Werte nun für alle Massenteilchen des Körpers und summieren diese. Die Summe $\Sigma K \cdot t$ auf der linken Seite der Gleichung ergibt nach dem obigen Satz das Moment der Resultierenden aller einzelnen Kräfte oder das Moment des auf den Körper wirkendeu Kräftepaares; auf der rechten Seite der Gleichung tritt ein Glied $\Sigma m \cdot r^2$ auf, das wir mit J bezeichnen wollen und das in der Mechanik den Namen Trägheitsmoment führt. Es ist dies eine Größe, die lediglich von der Art der Verteilung der einzelnen Massenpunkte in bezug auf die Drehachse abhängig ist, also ein Wert, der gewissermaßen von der Form des Körpers abhängig ist. Auf die Berechnung der Trägheitsmomente kann hier nicht eingegangen werden. Angaben darüber finden sich hinreichend in technischen Taschenbüchern (z. B. Hütte, Des Ingenieurs Taschenbuch u. a.).

Wir erhalten so die Gleichung:

Drehmoment = Trägheitsmoment mal Winkelbeschleunigung

$$M = J \cdot \frac{\omega}{t} = J \cdot \varepsilon \tag{28}$$

Die Gleichung entspricht in ihrem Aufbau dem dynamischen Grundgesetz und stellt dessen Aussage für die Drehbewegung dar. An Stelle der Kraft tritt hier das Moment des Kräftepaares, an Stelle der Masse das Trägheitsmoment und an Stelle der Beschleunigung die Winkelbeschleunigung.

Siebenter Abschnitt.

Arbeit und Leistung.

§ 74. Die mechanische Arbeit.

Wirkt eine Kraft K auf einen Körper ein, der während ihrer Einwirkung den Weg s zurücklegt, so sagen wir, die Kraft habe die mechanische Arbeit $= K \cdot s$ geleistet. Wir definieren somit:

$$\text{Arbeit} = \text{Kraft mal Weg} \quad \text{oder} \quad A = K \cdot s. \tag{29}$$

Da die Kraft in Kilogramm und der Weg in Meter gemessen wird, so führt die Arbeit die Benennung Meterkilogramm (mkg). Die Richtung der Kraft ist dabei in der Wegrichtung auszumessen. Bilden Kraft- und Wegrichtung zusammen einen Winkel, so kommt für die Bildung des Arbeitsproduktes nur die in Richtung des Weges wirkende Teilkraft (Komponente) in Betracht, die aus dem Parallelogramm oder dem Kräftedreieck leicht gefunden werden kann. In dem Beispiel der Figur 18 leistet also nur die Seitenkraft K_s Arbeit, während die Seitenkraft K_g eine Gewichtserleichterung des Körpers hervorbringt. Man

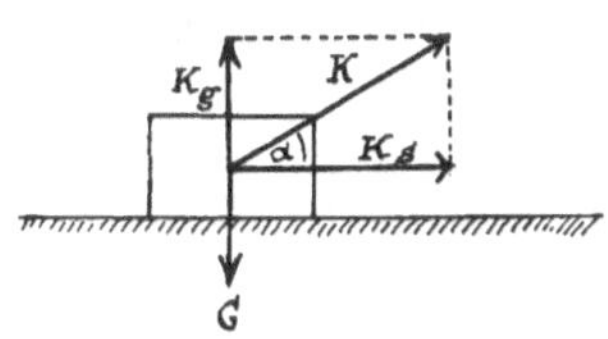

Fig. 18.

sieht aus der Figur, daß die Arbeit leistende Komponente durch Projektion der Kraft auf die Wegrichtung erhalten wird. Da die Projektion unter dem Winkel α auf die dem Winkel anliegende (Cosinuskathete) Kathete des Kräftedreiecks erfolgt, so wird:

$$K_s = K \cos \alpha \tag{30}$$

Wir können daher allgemein schreiben:

$$A = K \cdot s \cdot \cos \alpha \tag{31}$$

Für $\alpha = 0$ wird aber $\cos \alpha = 1$; fällt also die Kraftrichtung mit der. Wegrichtung zusammen, so ist $A = K \cdot s$. Für $\alpha = 90^0$ wird $\cos \alpha = 0$ und somit auch $A = 0$. Eine zur Wegrichtung senkrecht stehende Kraft bringt somit nur einen Druck oder Zug auf die Unterstützungsfläche hervor, leistet aber keine Arbeit. —

§ 75. Die Leistung.

Die in der Zeiteinheit (Sekunde) verrichtete Arbeit heißt Arbeitsstärke oder Leistung.

$$\text{Arbeitsstärke} = \frac{\text{Arbeit}}{\text{Zeit}} = \frac{\text{Kraft mal Weg}}{\text{Zeit}}$$
$$= \text{Kraft mal Geschwindigkeit.}$$

$$L = \frac{A}{t} = K \cdot \frac{s}{t} = K \cdot v \tag{32}$$

Sie führt die Benennung Meterkilogramm pro Sekunde (mkg/sec). Für technische Rechnungen ist diese Einheit zu klein; es ist deshalb üblich geworden, das 75fache als Einheit zu wählen.

§ 76. Die Pferdestärke.

Da ein mittelstarkes Pferd in der Lage ist, dauernd eine Leistung von 75 mkg/sec zu vollbringen, so nennt man diese Einheit 1 Pferdestärke = 1 PS.

$$\text{Leistung in PS} = N = \frac{L}{75} = \frac{A}{t \cdot 75} = \frac{K \cdot s}{t \cdot 75} = \frac{K \cdot v}{75} \tag{33}$$

Ein Mensch, der zusammen mit einer ihm aufgelegten Last 75 kg wiegt und in 1 Sekunde auf einer senkrechten Leiter 1 m hoch klimmt, hat in dieser Sekunde auch 1 PS geleistet; er wird aber dazu nur vorübergehend imstande sein.

§ 77. Die Arbeitsfläche.

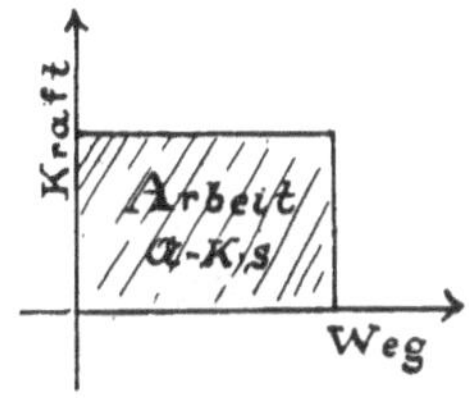

Fig. 19.

Trägt man die Kraft und den Weg in der in Figur 19 angegebenen Weise auf zwei zueinander senkrechten Geraden auf, so stellt der Inhalt der so gewonnenen Fläche die Arbeit dar.

§ 78. Leistung der Explosionsmotoren.

Die in der Luftschiffahrt gebräuchlichen Explosionsmotoren arbeiten in der Regel im sogenannten Viertakt. Bei dem ersten Kolbenhub saugt der Motor ein Gemisch aus Luft und Benzin an, beim zweiten Kolbenhub wird das Gemisch auf den Explosionsraum zusammengedrückt, worauf die Explosion durch Zündung erfolgt.

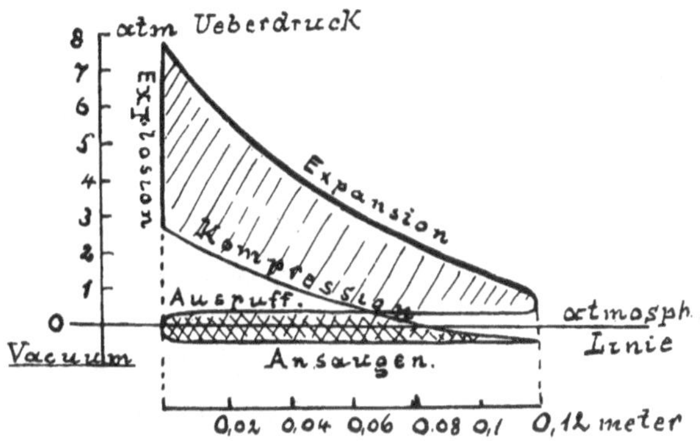

Fig. 20.

Also erst beim dritten Kolbenhub wird durch die Ausdehnung des explosiblen Gemisches Arbeit geleistet. Beim vierten Kolbenhub werden die verbrannten Gase ausgestoßen, worauf das Spiel von neuem beginnt. Es kommt somit auf zwei volle Umdrehungen der Motorenwelle ein Arbeitshub.

Die Kraft der Explosionsgase bleibt aber während des Arbeitshubes nicht konstant, da die Spannung der Gase mit dem durch den herausgeschleuderten Kolben zunehmenden Zylindervolumen abnimmt. Mißt man die Spannung der Explosionsgase während eines Arbeitshubes, so ergibt sich annähernd das Bild der Figur 20.[1]

[1] Die für Ansaugen des Gasgemisches und Ausstoßen der Verbrennungsgase aufzuwendende Arbeit kommt bei Berechnung der Nutzarbeit in Abzug. Diese Verlustarbeit ist in Fig. 20 durch die kleine doppelt schraffierte Fläche (die sogenannte Bodenschleife) dargestellt.

Verwandelt man die so gewonnene Arbeitsfläche in ein Rechteck, so stellt die Höhe dieses Rechteckes den sogenannten mittleren indizierten Druck dar, das heißt, man würde die gleiche Arbeitsleistung erhalten, wenn die Explosionsgase von Anfang bis Ende des Kolbenhubes mit dieser mittleren Spannung arbeiten würden. Diese Arbeitsfläche kann mit Hilfe des in der Figur 21 angedeuteten Apparates (Indikator) gewonnen werden.

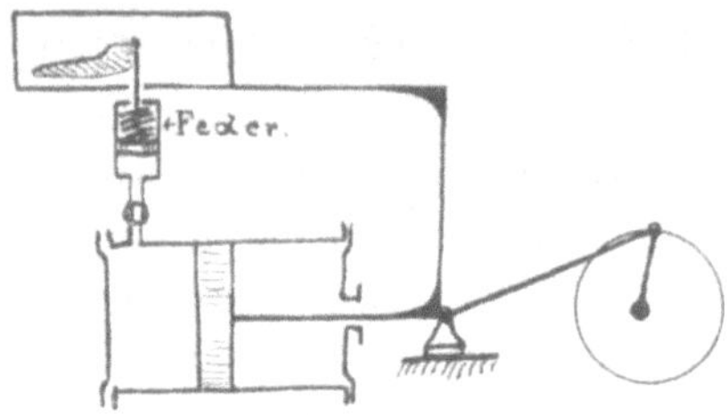

Fig. 21.

Ist nun die Bohrung eines Einzylindermotors $= d$ in Zentimetern und die mittlere indizierte Spannung $= p_m$ in Kilogramm pro Quadratzentimeter (Atmosphären), so wirkt während des Arbeitshubes auf die Kolbenfläche $\frac{d^2\pi}{4}$ der mittlere Druck $\frac{d^2 \cdot \pi}{4} \cdot p_m$.

Diese Kraft wirkt während des Arbeitshubes $= l$, der in Meter gemessen werden muß (Benennung der Arbeit = Meterkilogramm). Ist die Tourenzahl des Motors $= n$ Touren/Minute, so wird die Arbeit $\frac{n}{2}$ mal in der Minute oder $\frac{n}{2 \cdot 60}$ mal in der Sekunde geleistet. Wir erhalten so die Arbeit des einzylindrigen Motors in Meterkilogramm pro Sekunde. Um sie in PS. zu erhalten, müssen wir noch durch 75 dividieren und erhalten die Gleichung:

$$N = l \cdot \left(\frac{d^2 \cdot \pi}{4}\right) \cdot p_m \cdot \frac{n}{2 \cdot 60 \cdot 75} \tag{34}$$

Bei mehrzylindrigen Motoren ist der Wert noch mit der Zylinderzahl zu multiplizieren.

§ 79. Der Wirkungsgrad.

Der auf diesem Wege errechnete Wert stellt die indizierte Leistung dar. Da innerhalb der Maschine durch Reibung usw. Arbeitsverluste auftreten, so erhalten wir an der Welle eine erheblich kleinere Leistung, die wir die effektive Leistung nennen. Das Verhältnis der effektiven Leistung zur indizierten Leistung heißt Wirkungsgrad.

Allgemein gesprochen hat jede Maschine die Aufgabe, ein Arbeitsvermögen oder, wie wir auch sagen, eine Energieform in eine andere umzuwandeln. Die Dampfmaschine oder auch der Explosionsmotor wandelt die Energieform der Wärme in mechanische Energie um, die Dynamomaschine wandelt mechanische Energie in elektrische um. Dabei treten überall Verluste auf. Es gelingt nicht, eine Energieform verlustlos in eine andere überzuführen. Wir können deshalb den Wirkungsgrad ganz allgemein definieren:

$$\left.\begin{aligned}\text{Wirkungsgrad} &= \frac{\text{Wiedergewonnene Energie}}{\text{Aufgewendete Energie}}\\ &= \frac{\text{Nutzarbeit}}{\text{Aufgewendete Arbeit}} = \eta\end{aligned}\right\} \qquad (35)$$

Da die Nutzbarbeit wegen der unvermeidlichen Verluste stets kleiner ist, so ist der Wirkungsgrad stets ein echter Bruch, also stets kleiner als 1 oder kleiner als 100 %.

Physikalisch genommen geht bei unseren technischen Energieumwandlungen nach dem Erfahrungssatz, den wir Prinzip von der Erhaltung der Energie nennen, nichts verloren. Nur geht ein Teil der aufgewendeten Energie in Formen über, die wir nicht zu verwerten vermögen. So können wir z. B. nicht alle der Kohle innewohnende Wärmeenergie dem Wasser in unseren Dampfkesseln zuführen; wir können es z. B. nicht vermeiden, daß ein Teil ungenutzt zum Schornstein entweicht. Aber selbst, wenn wir verlustlose Energieumwandlungen ausführen könnten, so würden wir nach dem Erfahrungssatz von der Erhaltung der Energie immer nur einen höchsten Wirkungsgrad von 100 % erzielen können.

Trotz dieser Erkenntnis gibt es immer noch „Erfinder“, die sich mit dem „Perpetuum mobile“ abquälen, d. h. Leute, die eine Maschine mit einem Wirkungsgrad von über 100 % konstruieren wollen.

Auch auf der Internationalen Luftschiffausstellung zu Frankfurt (1909) paradierte eine solche höchst seltsame Maschine. Sie hatte nur den einen Fehler, den sie alle haben — sie ging nicht.

§ 80. Arbeitsvermögen oder Wucht (kinetische Energie).

Multiplizieren wir beide Seiten unserer dynamischen Grundgleichung mit dem Wege s, so erhalten wir:

$$K \cdot s = m \cdot b \cdot s \qquad (36)$$

Trägt man auf zwei zueinander senkrechten Achsen die Zeit in Sekunden sowie die Geschwindigkeit in Meter/Sekunden in irgendeinem Maßstab auf, so ergibt sich für die gleichförmige Bewegung $s = vt$ gleich dem Inhalt der aus v und t gebildeten Rechtecksfläche. Auch für die gleichförmig beschleunigte Bewegung läßt sich der zurückgelegte Weg als Fläche darstellen, wie Fig. 6 zeigt. Der Flächeninhalt des Trapezes ist aber gleich der halben Summe der Parallelseiten multipliziert mit der Grundlinie; folglich können wir für s schreiben:

$$s = \frac{v_e + v_a}{2} \cdot t \tag{37}$$

Für b können wir nach unseren früheren Festlegungen schreiben:

$$b = \frac{v_e - v_a}{t} \tag{38}$$

Setzen wir die Werte für b und s in die obige Gleichung ein, so folgt:

$$K \cdot s = m \frac{v_e - v_a}{t} \cdot \frac{v_e + v_a}{2} \cdot t \tag{39}$$

oder

$$K \cdot s = \frac{m v_e^2}{2} - \frac{m v_a^2}{2} \tag{40}$$

Den Ausdruck $\frac{mv^2}{2}$ nennen wir das Arbeitsvermögen oder die Wucht der Masse m. Die Gleichung besagt also in Worten: Die Arbeit einer Kraft auf dem Wege s bewirkt für die Masse m einen Zuwachs an Arbeitsvermögen.

War die Masse zu Beginn unserer Beobachtung in Ruhe, so wird $v_a = 0$ und wir können schreiben:

$$K \cdot s = \frac{mv^2}{2} \tag{41}$$

Dividieren wir noch beide Seiten der Gleichung mit s, so gewinnt die Gleichung die folgende anschauliche Form:

$$K = \frac{m \cdot v^2}{2s} \tag{42}$$

§ 81. Stoßwirkung.

Es läßt sich aus Gl. 42 ablesen, daß die Kraft K um so größer ausfällt, je kleiner der Weg genommen wird, auf dem die einmal erlangte Wucht wieder abgebremst wird. Wird z. B. ein mit einer Geschwindigkeit von 90 km/Stunde dahersausendes Automobil durch ein plötzliches Hindernis auf sehr kurzem Wege durch volles Anziehen der Bremsen gezwungen zu halten, so treten dabei meistens Kräfte auf, die zu einer Katastrophe führen (Stoßwirkung).

Man sucht daher überall da, wo es gilt, eine große Wucht aufzunehmen, den Weg, auf dem das Arbeitsvermögen aufgebraucht wird, künstlich zu verlängern. Diesen Zweck verfolgen z. B. die Sandschüttungen und hydraulischen Prellböcke an Kopfstationen der Eisenbahn; diesen Zweck verfolgt man auch, wenn man beim Auftreffen nach einem Sprung tief in die Kniebeuge geht.

§ 82. Prinzip der Erhaltung der Energie.

Nach dem Satz von der Erhaltung der Energie muß eben die gleiche Arbeit, die verbraucht wurde, um ein Arbeitsvermögen zu erzeugen, wieder aufgewendet werden, um der bewegten Masse das gleiche Arbeitsvermögen wieder zu entziehen. Nur die auftretenden Kräfte können dabei recht verschieden ausfallen, je nachdem das Arbeitsvermögen auf einem größeren oder kleineren Wege (oder was dasselbe ist innerhalb einer größeren oder kleineren Zeit: siehe Impulssatz) wieder entzogen wurde.

Fällt z. B. ein Körper von einer Höhe h herab und schlägt x Meter tief ins Wasser ein, so gilt, wenn G das Gewicht des Körpers und W der mittlere Wasserwiderstand ist:

$$Gh = Wx \tag{43}$$

Die Schwerkraft hat somit dem Körper auf dem Wege h ein Arbeitsvermögen verliehen, das durch den Wasserwiderstand auf dem Wege x wieder entzogen wurde.

§ 83. Arbeitsvermögen der Drehbewegung.

In ähnlicher Weise, wie wir die dynamische Grundgleichung für die Drehbewegung aufgestellt hatten, können wir nun auch den Arbeitssatz für die Drehbewegung ableiten. Wir erhalten:

$$K \cdot s = K \cdot r \cdot \alpha = M\alpha = \frac{J\omega_e^2}{2} - \frac{J\omega_a^2}{2} \tag{44}$$

An Stelle der Kraft tritt hier das Moment, an Stelle des Weges der Drehwinkel, an Stelle der Geschwindigkeit die Winkelgeschwindigkeit und an Stelle der Masse das Trägheitsmoment. Lassen wir also ein Moment, etwa durch ein Kräftepaar, auf einen Körper einwirken, während dieser eine Drehung um den Winkel α erfährt, so ist der Erfolg ein Zuwachs an Arbeitsvermögen.

§ 84. Wirkung der Schwungmassen.

Von dem in rotierenden Massen aufgespeichertem Arbeitsvermögen wird in der Technik in Form des Schwungrades Gebrauch gemacht. Das von der Schubstange einer Dampf- oder Gaskraftmaschine auf die Kurbelwelle ausgeübte Drehmoment ist im doppelten Sinne veränderlich. Einmal verändert sich die Kolbenkraft während des Hubes, das andere Mal verändern sich die Hebelarme der Schubstangenkraft. Das Moment der arbeitenden Kräfte ist daher vorübergehend kleiner und vorübergehend größer als das meist gleichbleibende Moment der widerstehenden Kräfte, d. h. des Nutzwiderstandes, der an der Kurbelwelle überwunden werden muß. Diese entstehende Ungleichförmigkeit auszugleichen, ist das Schwungrad berufen. Leistet die Maschine mehr Arbeit, als an der Welle verbraucht wird, so nimmt die Winkelgeschwindigkeit des Schwungrades zu, wodurch das Arbeitsvermögen der Schwungmassen vermehrt wird; reicht die Kraftleistung der Maschine nicht aus, so erfolgt eine Verzögerung. Die Schwungmassen unterstützen nun die Maschine durch Abgabe von Arbeitsvermögen. Man kann sich also ein Schwungrad als Energiespeicher vorstellen, in den die Energie nach Bedarf ein- und auswandert.

Bei der Lokomotivmaschine ist ein Schwungrad in diesem Sinne nicht erforderlich, da hier die Masse der sich fortbewegenden Lokomotive und schließlich auch die Masse des Zuges den Energiespeicher vertritt.

In ganz besonders augenfälliger Weise tritt die Wirkung der Schwungmassen überall da zutage, wo sehr erheblich Energieschwankungen auftreten, wie z. B. bei Walzwerkstraßen. In dem Augenblick, in dem der auszuwalzende Block in die Walze einfährt, ist der Kraftbedarf ein so erheblicher, daß er durch die Kraftmaschine allein nicht gedeckt werden könnte. Das hohe Trägheitsmoment, das man den Schwungrädern der Walzwerkmaschinen gibt, läßt aber schon bei geringer Verzögerung der Winkelgeschwindigkeit ein erhebliches Arbeitsvermögen frei werden, das dann den Block durch die Straße ziehen hilft.

Wo es sich also um die Ausgleichung von großen Ungleichförmigkeiten in der Kraft bzw. Arbeitsleistung handelt oder überall da, wo die Ungleichförmigkeiten der Arbeitsleistung auf ein unmerkliches Maß ausgeglichen werden sollen, wie z. B. beim Antrieb von elektrischen Maschinen, müssen Schwungräder mit erheblichen

Trägheitsmomenten gewählt werden. Wie man aber aus der mathematischen Form des Trägheitsmomentes $J = \Sigma m r^2$ ablesen kann, läßt sich ein hohes Trägheitsmoment entweder durch kleine, sehr schwere Schwungräder oder durch große leichtere, d. h. solche, bei denen die rotierenden Massen weit vom Drehpunkt abliegen, erreichen.[1]

Achter Abschnitt.

Etwas vom Kreisel.

§ 85. Drehimpuls und Drall.

Der Kreisel ist, wie Prof. Prandtl (Zeitschrift für Flugtechnik und Motorluftschiffahrt, 1910, Heft 1 u. 2, S. 4) sagt, ein „merkwürdiges Ding".

Wir wollen nun versuchen, uns sein Verhalten an einem einfachen Beispiel klar zu machen.

Eine genau kreisförmige und gut zentrierte Scheibe drehe sich mit der Winkelgeschwindigkeit ω um eine feste Achse unter dem Einflusse der Kräfte K_1, K_2, K_3, die an den Massenpunkten m_1, m_2, m_3, in die wir uns die Scheibe zerlegt denken wollen, angreifen mögen.

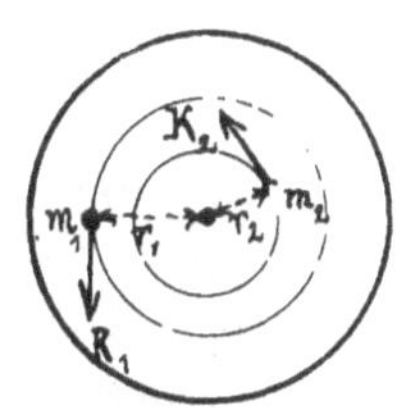

Fig. 22.

Wir greifen nun einen beliebigen Massenpunkt m heraus und betrachten die an ihm angreifenden Kräfte. In Figur 22 möge sich die Scheibe als Kreis und die Achse als dessen Mittelpunkt projizieren. Zur Vereinfachung der Betrachtung sei noch angenommen, daß die Kraft K senkrecht zum Abstand des Massenpunktes m vom Drehpunkt wirken möge. Der Massenpunkt sucht sich nun unter dem Einfluß der äußeren Kraft K von dem Mittelpunkt 0 zu entfernen; durch die Festigkeit der Scheibe wird aber eine innere Kraft (Spannung) geweckt, die den Massenpunkt auf die Kreisbahn zwingt. Der Massenpunkt reagiert vermöge seiner Trägheit gegen diese nach dem Mittelpunkt gerichtete Kraft mit einer gleichgroßen,

[1] An Stelle des Wortes Arbeitsvermögen wird gelegentlich auch der Ausdruck „Lebendige Kraft" gebraucht. Er wurde aber hier vermieden, da die Wucht eine Größe von anderer Benennung ist, als die Kraft. Das Arbeitsvermögen hat die Benennung Meterkilogramm, ist also nicht als Kraft, sondern als Arbeit aufzufassen.

entgegengesetzt gerichteten Kraft C, der Fliehkraft (oder Zentrifugalkraft). Die Trägheitsreaktionen sind also an allen einzelnen Massenpunkten der Scheibe mit den inneren Kräften (Spannungen) der Scheibe im Gleichgewicht, vermögen somit nichts zur Bewegung des Schwerpunktes beizutragen. Da die Richtungen dieser Kräfte durch den Drehpunkt (Momentenpunkt) gehen, so ist ihr Hebelarm = Null und damit auch ihr Moment = Null; sie vermögen somit auch nichts zu dem Drehmoment der Scheibe beizutragen. Es verbleiben somit für unsere Betrachtung nur die äußeren Kräfte K_1, K_2, K_3 . . . .

Nach dem Satz vom Antrieb war der Impuls, den eine t Sekunden lang wirkende Kraft K einer Masse m erteilte:

$$Kt = mv_e - mv_a, \tag{45}$$

also gleich dem Zuwachs an Bewegungsgröße.

Zur weiteren Vereinfachung der Betrachtung denken wir uns die Bewegung von der Ruhelage ausgehend; dann ist $v = 0$ und die Gleichung geht über in die Form:

$$K \cdot t = m \cdot v. \tag{46}$$

Multiplizieren wir beide Seiten der Gleichung mit r = dem senkrechten Abstand der Kraftrichtung vom Drehpunkt, so wird:

$$K \cdot t \cdot r = m \cdot v \cdot r. \tag{47}$$

$K \cdot t \cdot r$ stellt das statische Moment des Kraftimpulses dar; die Größe $m \cdot v \cdot r$ ist das statische Moment der Bewegungsgröße und läßt sich ebenso wie das Moment einer Kraft als gerichtete Größe durch eine Strecke darstellen. Schreiben wir nun die Gleichung (47) für alle einzelnen Massenpunkte an und summieren jeweils die rechten und linken Seiten der Gleichung, so erhalten wir:

$$\sum Ktr = Mt = \sum m \cdot v \cdot r. \tag{48}$$

Die linke Seite stellt die Summe der Impulse der Drehmomente der Kräfte K_1, K_2, K_3 . . . oder den Impuls des resultierenden Drehmomentes, das auf die Scheibe wirkt, dar; die rechte Seite gibt das statische Moment der Bewegungsgröße der ganzen Massengruppe, d. h. der Scheibe. Wir wählen dafür den von Professor Foeppl vorgeschlagenen Namen und nennen es den Drall der Scheibe.

§ 86. Der Satz vom statischen Moment der Bewegungsgröße.

Die Gleichung (48) läßt sich auch in folgender Form schreiben:

$$\sum Kr = M = \frac{\sum m \cdot v \cdot r}{t} \tag{49}$$

und besagt dann, daß die auf die Zeiteinheit bezogene Änderung des statischen Momentes der Bewegungsgröße der Scheibe gleich der Summe der statischen Momente der äußeren Kräfte, gleich dem resultierenden Moment der äußeren Kräfte, ist.

Der hier für einen besonderen Fall abgeleitete Satz heißt in der Mechanik: Satz von den Momenten der Bewegungsgröße und lautet in der allgemeinsten Fassung:

„Für jeden beliebigen Momentenpunkt ist die auf die Zeiteinheit bezogene geometrische Änderung des statischen Momentes der Bewegungsgröße einer Massengruppe gleich der geometrischen Summe der statischen Momente der äußeren Kräfte."

Das resultierende Moment der auf die Scheibe wirkenden Kräfte bringt somit eine Änderung des Dralles der Scheibe hervor; da der Drall aber selbst wieder eine gerichtete Größe ist, so kann diese Änderung auch in einer Richtungsänderung, also in einer rein geometrischen, bestehen. Diese letzte Aussage ist besonders wichtig für das Verständnis des Verhaltens eines Kreisels.

§ 87. Gyroskop.

Wir bringen nun die Scheibe in schnelle Umdrehung und setzen sie in der skizzierten Weise (Fig. 23) mit Hilfe einer geeignet aus-

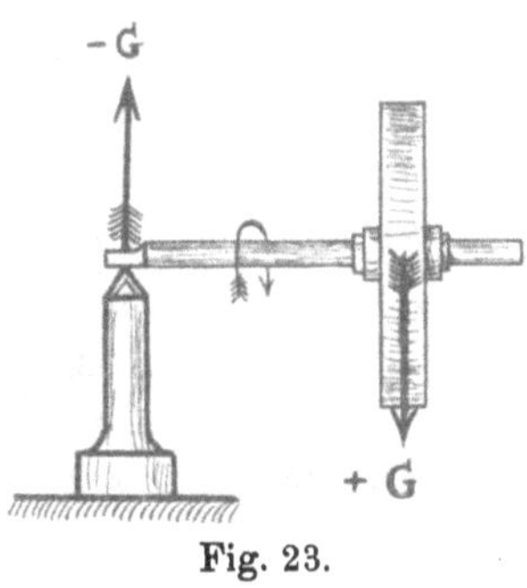

Fig. 23.

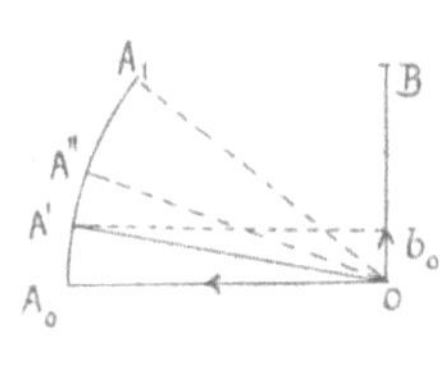

Fig. 23a.

gebildeten Achse einseitig auf eine Unterstützung. Bei hinreichend großer Winkelgeschwindigkeit fällt die Scheibe nun nicht herab, sondern kreist langsam um den Unterstützungspunkt. Streng genommen erfolgt ein geringes Absenken des freien Endes der Kreiselachse, so daß die Kreiselachse sich nicht genau in einer Horizontalebene bewegt. Das freie Ende der Kreiselachse bewegt sich vielmehr auf einer Kurve (Radlinie), wie in Figur 23b angedeutet. Man nennt diese Anordnung des Kreisels Gyroskop.

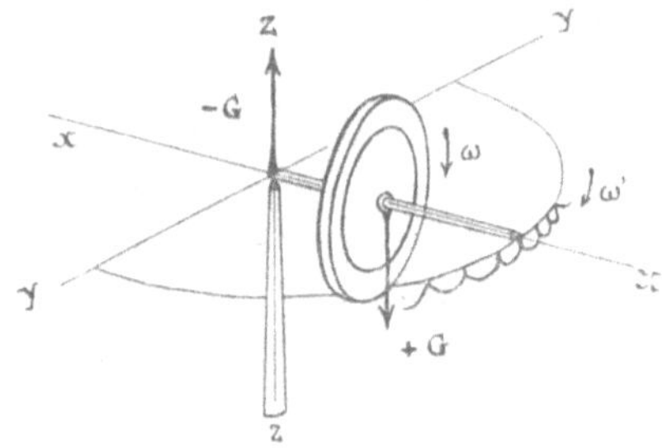

Fig. 23b.

Bei hinreichend großer Winkelgeschwindigkeit des Kreisels ist aber die Abweichung von der Bewegung in einer Ebene nur gering und wir können für unsere Zwecke die Betrachtung dadurch weiter vereinfachen, daß wir eine solche hinreichende Winkelgeschwindigkeit annehmen. Wir können in diesem Falle annehmen, daß sich die Achse des Kreiselrades in einer Horizontalebene bewegt.

§ 88. Die Präzession.

Den langsamen Umlauf der Kreiselachse in dieser Ebene nennt man Präzession. Die eigentümliche Erscheinung der Präzession beruht nun auf dem Zusammenwirken von zwei Drehungen.

Durch das im Schwerpunkt der Kreiselscheibe angreifende Gewicht $= + G$, zusammen mit der Auflagerreaktion des Lagers $= - G$, entsteht ein Kräftepaar, das mit dem Moment $M = G \cdot a$ die Scheibe nach rechts zu drehen sucht (Fig. 23).

Wir tragen nun in irgend einem passenden Maßstab den anfänglichen Drall des Kreiselrades der Größe und Richtung nach als Strecke $\overline{OA_0}$ auf (Fig. 23a). Das Kräftepaar sucht dem Rade eine Drehung um eine zu der Drallstrecke senkrechte Achse zu erteilen. Wirkt das Kräftepaar während eines sehr kleinen Zeitintervalles t, so ist der Impuls seines Momentes $= M \cdot t$. Dieser Drehimpuls läßt sich im gleichen Maßstab durch die Strecke $\overline{A_0 A'}$ darstellen. Nach Ablauf des Zeitintervalles t hat somit der Drall des Kreiselrades den geometrischen Zuwachs $\overline{A_0 A'}$ erfahren;

der resultierende Drall nach Ablauf von t wird nun nach Größe und Richtung durch die Strecke $\overline{OA'}$ dargestellt. Da wir die Änderung nur innerhalb eines sehr kleinen Zeitintervalles ins Auge gefaßt haben, so ist der geometrische Zuwachs $\overline{A_0 A'}$ sehr klein und die Strecke $\overline{A_0 A'}$ kann gleich dem Bogen $\widehat{A_0 A'}$ gesetzt werden. Die Wirkung des Kräftepaares besteht daher lediglich in einer Richtungsänderung des Dralles und da in unserem Falle die Drallstrecke mit der Kreiselachse zusammenfällt, in einer Richtungsänderung der Kreiselachse.

Nach Ablauf eines eine Sekunde langen Zeitintervalles t finden wir auf gleichem Wege als neue Lage der Drallstrecke $\overline{OA_1}$; nehmen wir den nach Ablauf einer Sekunde eingetretenen geometrischen Zuwachs des Dralles dem Zahlenwert nach gleich der Größe des Momentes $M = Ga$, so kann dieser Zuwachs dargestellt werden durch die Bogenlänge $\widehat{A_0 A_1}$. Die Lage der Drallachse ist dann nach Ablauf einer Sekunde gleich $\overline{OA_1}$.

Endlich sei die Winkelgeschwindigkeit der Präzession gleich w, dann ist w dem Zahlenwert nach gleich dem Winkel AOA, also gleich

$$w = \frac{\text{Bogen } A_0 \cdot A}{\text{Radius } \overline{O \cdot A_0}} = \frac{G \cdot a}{\sum m \cdot v \cdot r}. \tag{50}$$

Berücksichtigen wir ferner, daß wir für $v = \omega \cdot r$ schreiben konnten, dann läßt sich auch setzen:

$$\sum mvr = \sum m\omega rr = \sum mr^2 \cdot \omega = J\omega. \tag{51}$$

Die Gleichung (50) nimmt somit die Form an:

$$w = \frac{Ga}{J \cdot \omega} \quad \text{oder} \quad Ga = J \cdot \omega \cdot w, \tag{52}$$

wobei J das Trägheitsmoment des Kreiselrades bedeutet.

Die Gleichung gilt für den Fall, daß die Winkelgeschwindigkeit ω des Kreiselrades groß bleibt gegen die Winkelgeschwindigkeit w der Präzession.

Ähnlich liegen die Verhältnisse bei dem bekannten Spielkreisel, den wir uns wie in Figur 17 als einfachen Kreisring denken wollen. Das im Schwerpunkt angreifende Gewicht und der Gegendruck, den die Kreiselachse durch die feste Unterlage erfährt, bilden zusammen das Kräftepaar. Die Kreiselachse beschreibt während ihrer Präzession einen Kegelmantel.

§ 89. Die freie Achse.

Bei den Kreiselapparaten, die uns interessieren, haben wir es immer mit ringförmigen, genau zentrierten Körpern, oder mechanisch gesprochen, mit Körpern zu tun, die sich um eine freie Achse drehen. Die Bedingung für eine freie Achse ist, daß die Drallstrecke mit der Strecke der Winkelgeschwindigkeit gleichgerichtet ist. Für den Fall, daß die Drehachse eine freie Achse ist, gibt also die Winkelgeschwindigkeit gleichzeitig die Richtung des Dralles an. Wir konnten daher unter dieser Voraussetzung im Falle der Figur 17 die neue Lage der Kreiselachse und damit die Fortschreitrichtung der Präzession einfach durch geometrische Summierung der Winkelgeschwindigkeiten ω und ω_1 bestimmen.

§ 90. Erzwungene Rotation.

Der Vollständigkeit halber fügen wir hier eine kurze Betrachtung eines Falles an, in dem die Drehachse keine freie Achse ist, in dem also die Winkelgeschwindigkeit einen beliebigen Winkel mit der Drallstrecke bilden möge. Ein solcher Fall liegt vor bei einem schief aufgekeilten Schwungrad (Fig. 24). Das Schwungrad werde durch die Festigkeit der Zapfenlager gezwungen, sich mit der gleichförmigen Winkelgeschwindigkeit ω um eine mit ω zusammenfallende Achse zu drehen. Solange nun die Winkelgeschwindigkeit ω konstant bleibt, bleibt auch der Drall relativ zum Radkörper konstant. Damit dies nun wiederum der Fall ist, muß aber die Drallstrecke fortwährend im Raum eine andere Lage annehmen; sie beschreibt einen Kreiskegelmantel mit der Strecke der Winkelgeschwindigkeit als Achse.

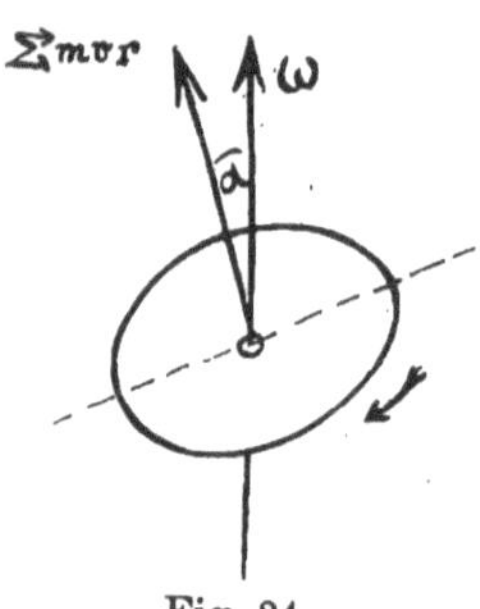

Fig. 24.

Nun wissen wir aus unseren vorausgehenden Betrachtungen, daß auch eine geometrische Änderung des Dralles nur durch das Auftreten eines Kraftmomentes erfolgen kann. Da aber der Drall sich geometrisch stetig ändert, so müssen auch die durch die Zapfenlager ausgeübten Kräfte, die das Rad zur Drehung um die aufgezwungene Achse veranlassen, ihre Lage stetig ändern. Die Ebene des den äußeren Zwang darstellenden Kräftepaares rotiert gewissermaßen mit dem Radkörper herum und das gleiche gilt auch von den in den Lagern übertragenen Zapfendrucken. Mit dieser Betrachtung läßt sich das Rütteln in den Lagern erklären, das bei schief aufgekeilten Rädern, also bei Drehung um eine aufgezwungene Achse auftritt.

§ 91. Das Verhalten des Kreisels.

Wir kehren nun zurück zu unserer Betrachtung des Gyroskops und des Spielkreisels und können auf Grund dieser allgemein aussprechen:

Ein auf einen rasch rotierenden Kreisel einwirkendes Kräftepaar hat nicht ein Umwerfen des Kreisels im Sinne der wirkenden Kraft zur Folge, sondern ein Ausweichen der Kreiselachse rechtwinklig zur Ebene des wirkenden Kräftepaares.

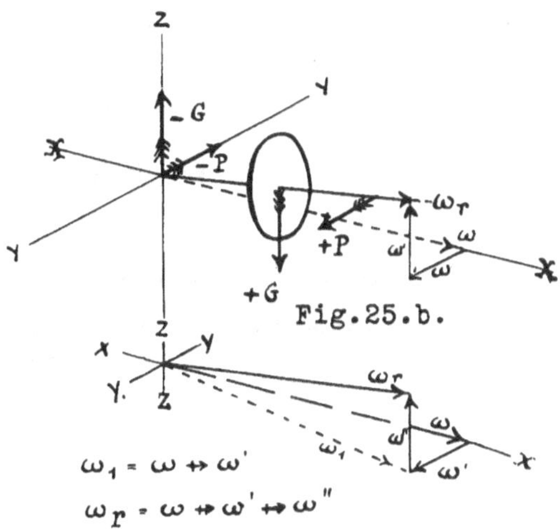

Fig. 25a u. b.

Die Richtung, nach der die Kreiselachse ausweicht, läßt sich, wie schon erwähnt, unter Voraussetzung einer Bewegung um eine freie Achse durch geometrische Summierung zweier Winkelgeschwindigkeiten leicht bestimmen.

Vermindern wir nun die Winkelgeschwindigkeit der Präzession unseres Gyroskops, so können wir bemerken, daß sich die Kreiselachse senkt. Wird die Präzessionsbewegung etwa durch einen Anschlag gehemmt, so fällt der Kreisel herab, genau, wie er das tun würde, wenn das Kreiselrad etwa nicht in schneller Bewegung wäre.

Umgekehrt können wir aber auch ein Heben der Kreiselachse beobachten, sobald wir irgendwie die Winkelgeschwindigkeit der Präzession vermehren. Wir können diesen Vorgang durch die geometrische Summe von drei Drehungen erklären. Das Kreiselrad habe zunächst die Winkelgeschwindigkeit ω; durch die Einwirkung des Kräftepaares $+G$, $-G$ erfährt diese Winkelgeschwindigkeit den geometrischen Zuwachs ω'. Das Rad geht also, wie uns schon bekannt, in die neue Lage ω_1 über und hat nun die augenblickliche Winkelgeschwindigkeit ω_1. Nun kommt durch die Winkelbeschleunigung der Präzession ein neuer Zuwachs an Winkelgeschwindigkeit ω'' hinzu, der zu ω_1 senkrecht gerichtet ist. Durch diesen geht die Kreiselachse in die Lage ω_r über und nimmt die Winkelgeschwindigkeit ω_r an (Fig. 25a und b). Die hiermit gegebene Regel ist für praktische Fälle insofern gut verwendbar, als man mit ihr ohne weiteres bestimmen kann, welcher Art die Störungen sein können, die durch Kreiselwirkungen etwa erwartet werden dürfen. Jeder Flugapparat besitzt in der rasch umlaufenden Schraube einen Kreiselapparat. Durch geometrische Summierung der Winkelgeschwindigkeiten kann man nun leicht entscheiden, ob die Kreiselwirkung der Schraube bei Wendungen des Flugzeuges Hebungen oder Senkungen des Apparates hervorbringen kann.

§ 92. Die Einschienenbahn.

Durch künstliche Beschleunigung der Winkelgeschwindigkeit der Präzession kann also ein Aufrichten des Kreisels und eines damit verbundenen Apparates oder Wagens erzielt werden. Man machte davon praktisch Gebrauch bei der Einschienenbahn, die von Brennan und Scherl bereits praktisch vorgeführt wurde. Wie wir an einer späteren Stelle noch besprechen werden, könnte man von dieser Eigentümlichkeit auch bei Flugapparaten Gebrauch machen. Die vom Apparat aus betätigte Beschleunigung der Präzessionsbewegung eines entsprechend angebrachten Kreisels könnte ein Wiederaufrichten des durch einen Windstoß geneigten Apparates veranlassen.

§ 93. Das Selbstaufrichten des Spielkreisels.

Es sei an dieser Stelle noch bemerkt, daß auch das bekannte beim Spielkreisel beobachtbare Wiederaufrichten auf einer Beschleunigung der Präzessionsbewegung beruht. Hervorgerufen wird hier die Beschleunigung durch das Kräftepaar, das durch die Reibung der Kreiselspitze auf der Unterlage entsteht.

§ 94. Der Schiffskreisel von Schlick.

Die praktische Verwertung der Kreiseleigenschaften für Flugapparate ist noch aus einem anderen Gesichtspunkte möglich, aus dem gleichen Gesichtspunkte, aus dem Schlick den Kreisel für Schiffe zu verwerten suchte.

Bei der Einschienenbahn handelt es sich darum, ein Körpersystem, das normal nicht im Gleichgewicht ist, künstlich ins Gleichgewicht zu bringen und bei Gleichgewichtsstörungen, wie solche beim Durchfahren von Kurven auftreten, im Gleichgewicht zu erhalten.

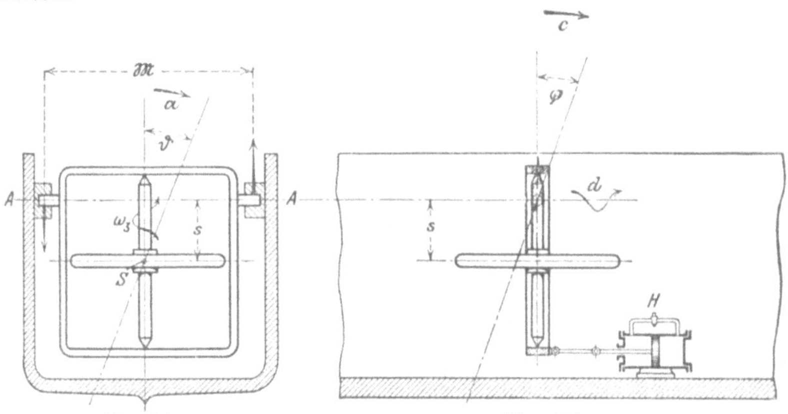

Fig. 26a. Fig. 26b.

S = Schwerpunkt des Kreisels; s = Abstand des Kreiselschwerpunkts von der Aufhängeachse AA; H = Bremsvorrichtung.

Flugapparate sind aber ebenso wie Schiffe bei normaler Fahrt ohnehin in einem gewissen Gleichgewichtszustand. Es handelt sich hier mehr darum, durch Wind- oder Wellenstöße eintretende Gleichgewichtsstörungen auf ein normales, ungefährliches Maß abzudämpfen. Durch den einfachen Einbau eines Kreisels in ein Schiff, wie etwa in Fig. 26[1] angedeutet, läßt sich eine solche Dämpfung noch nicht erzielen.

Würde das Schiff zum Beispiel durch den Seegang zum Rollen gezwungen, so daß es um die Mittellage AA nach rechts und links hin und her schwankt, so würde dies einen Ausschlag der Kreiselachse in der Längsrichtung des Schiffes nach vor- und rückwärts zur Folge haben. Der Kreisel würde dabei hin und her pendeln. Das Arbeitsvermögen, das in der Rollbewegung des Schiffes steckt, oder kurz gesagt, die Rollenergie des Schiffes würde sich in die Pendelenergie des Kreisels umsetzen und diese sich wieder in die

[1] Aus Hort, Technische Schwingungslehre. Berlin 1910.

Rollenergie des Schiffes zurückverwandeln. Das käme nur auf eine Energiewanderung zwischen Schiffskörper und Kreisel hinaus. Soll eine Dämpfung der Rollbewegung erzielt werden, dann muß die Kreiselenergie durch eine Bremse, wie in Figur 26b angedeutet, vernichtet werden. Der Kreisel allein könnte bei geeigneter Wahl höchstens die Rollbewegungen des Schiffes verlangsamen. Zu einer wirksamen Abdämpfung des Rollens ist aber der Einbau einer Bremse erforderlich.

Die Wirkungen des Kreisels lassen sich auch hier wieder in der bereits gezeigten Weise durch geometrische Summierung von Drehungen erläutern.

§ 95. Die Bewegungsgröße des Kreisels.

Es erübrigt noch darauf hinzuweisen, daß das Verhalten des Kreisels nur deshalb befremdend erscheint, weil man sich in der Regel nicht Klarheit darüber verschafft, daß in einem rasch umlaufenden Kreisel im Verhältnis zu seiner Masse eine sehr erhebliche Bewegungsgröße steckt. Es wird daher im allgemeinen das Moment des aus Gewicht und Auflagerreaktion gebildeten Kräftepaares im Verhältnis zu dem Drall des Kreisels nur sehr klein sein; demgemäß ist auch der geometrische Zuwachs, den der Drall durch dieses Moment erfährt, ein geringer, und ein hinreichend rasch umlaufender Kreisel wird unter dem Einfluß dieses Momentes seine Achsenrichtung nur wenig ändern. Geringen oder nur kurz dauernden Einwirkungen von störenden Kräften gegenüber kann daher der geometrische Zuwachs des Dralls so klein ausfallen, daß es den Anschein hat, als ob der Kreisel seine Lage im Raum zu behaupten suche.

Wirken aber hinreichend starke oder auch geringe Kräfte hinreichend lange auf die Kreiselachse ein, so ändert sich die Lage der Kreiselachse rechtwinklig zu der Ebene des wirkenden Kräftepaares in beliebig erheblichem Maße.

Der in der Praxis vielverbreitete Satz, „daß der Kreisel die Richtung seiner Achse im Raume zu erhalten suche", trifft daher nur angenähert zu, so lange die auftretenden störenden Momente gegenüber dem Drall des Kreisels vernachlässigbar klein sind oder solange der Drehimpuls Mt gegenüber dem Drall $\sum mvr$ vernachlässigbar klein bleibt.

Von der großen Bewegungsgröße, die vermöge der hohen Geschwindigkeiten der einzelnen Massenteile in einem rasch umlaufenden Kreisel von geringer Masse steckt, kann man sich durch einen einfachen Versuch eine anschauliche Vorstellung machen. Man nehme einen kleinen Kreisel (der in Spielwarengeschäften unter dem Namen Wunderkreisel käufliche eignet sich sehr gut hierzu) so in die Hand, daß die Achse des Kreisels sich auf die Spitzen des Daumens und Zeigefingers stützt. Nun vollführe man eine rasche Drehung um die Achse des Unterarmes. Bei hinreichender Winkelgeschwindigkeit des Kreisels verspürt man in den Fingerspitzen deutlich das auftretende Kräftepaar senkrecht zu der vorgenommenen Drehung. Wird die Drehung schnell genug ausgeführt, so kann es passieren, daß die Kreiselachse senkrecht zu der Drehebene aus den Fingerspitzen gerissen wird.

Wir müssen uns an dieser Stelle mit den gebrachten Andeutungen begnügen. Weitergehende Erläuterungen finden sich, außer in den bekannten Lehrbüchern der Mechanik (z. B. Föppl, Dynamik; Lorenz, Dynamik starrer Systeme) in den Aufsätzen von:

Dr. L Prandtl, Einige für die Flugtechnik wichtige Beziehungen aus der Mechanik, Zeitschrift für Flugtechnik und Motorluftschiffahrt, 1910. Heft 1, 2 und 3.

Fuchs und Katzmayr, Eine neue Theorie des Kreisels und seine Anwendung in der Technik. Zeitschrift des Vereines Deutscher Ingenieure. 1910. Heft 37 und 38.

Eine sehr gute Behandlung der Kreiseltheorie in der Maschinentechnik findet sich auch in der empfehlenswerten Arbeit:

Dr. W. Hort, Technische Schwingungslehre. Springer, Berlin 1910. Kapitel VIII.

Siehe auch: A. Föppl, Zur Theorie des Kreiselwagens der Einschienenbahn. Elektrotechnische Zeitschrift. 1910. Heft 4. S. 83/84.

Neunter Abschnitt.

Gleichgewicht und Stabilität schwimmender Körper.

§ 96. Die drei Gleichgewichtsfälle.

Ein ganz oder auch nur teilweise in eine Flüssigkeit eingetauchter Körper befindet sich im allgemeinen im Gleichgewicht, wenn sein Gewicht gleich dem Gewicht der durch ihn verdrängten Flüssigkeitsmasse ist (vgl. Abschnitt I).

Dabei gibt es aber noch drei Möglichkeiten, die wir uns an dem Beispiel eines schwimmenden Schiffes erläutern wollen.

Figur 27a deutet den Querschnitt eines Schiffskörpers an, der etwa durch einen Wellenstoß in die gezeichnete schräge Lage geraten sein möge. Wir sehen, daß bei den gezeichneten Verhältnissen der Auftrieb zusammen mit dem im Schwerpunkt angreifenden Gewicht ein Kräftepaar bildet, das den Schiffskörper in die ursprüngliche gerade Lage zurückzudrehen sucht, d. h. ihn so lange zu drehen sucht, bis die Richtungslinien des Auftriebes und des Gewichtes zusammenfallen.

In allen Fällen, in denen bei Störungen der Gleichgewichtslage ein Kräftepaar entsteht, das den Körper in die ursprüngliche

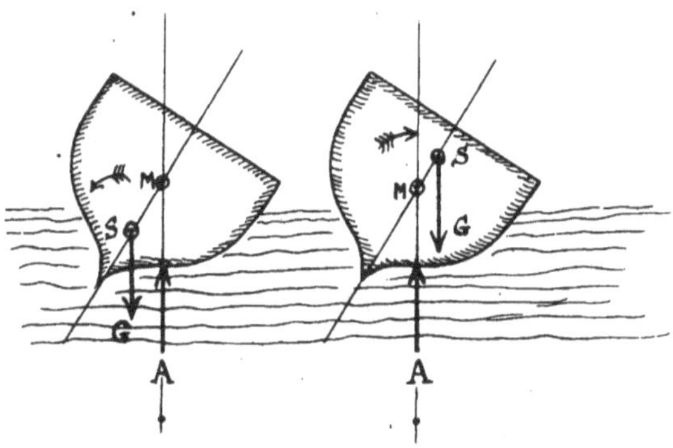

Fig. 27a. Fig. 27b.

Gleichgewichtslage zurückzuführen sucht, nennen wir das Gleichgewicht des Körpers ein sicheres oder stabiles. Würden die Verhältnisse — etwa durch ungünstige Belastung des Schiffes — sich so geändert haben, daß der Schwerpunkt des Schiffskörpers in die in Figur 27b gezeichnete Lage kommt, dann entsteht ein Kräftepaar, das den Körper noch weiter von der ursprünglichen Gleichgewichtslage zu entfernen sucht und im vorliegenden Falle zu einem völligen Umkippen führen wird. Entsteht also bei Gleichgewichtsstörungen eines Körpers ein Kräftepaar, das den Körper von der ursprünglichen Gleichgewichtslage immer weiter zu entfernen und ihn in eine neue stabile Gleichgewichtslage überzuführen sucht, so sprechen wir von einem unsicheren, instabilen oder labilen Gleichgewichtszustand. Es läßt sich nun noch eine dritte Lage des Schwerpunktes denken, so daß bei jeder Gleichgewichtsstörung die Richtungslinie des Auftriebes durch den Schwerpunkt geht. Das Schiff würde dabei in jeder neuen Lage im Gleichgewicht sein, da die Richtungslinien der Schwerkraft und des Auftriebes nun für jede Lage zusammenfallen, ein Kräftepaar also nicht entsteht.

In einem solchen Falle, in dem die Unterstützungslinie durch den Schwerpunkt geht, spricht man von einem unentschiedenen oder indifferenten Gleichgewichtszustand.

Das indifferente Gleichgewicht bildet somit den Grenzfall zwischen dem stabilen und dem instabilen Gleichgewichtszustand. Für die Schwimmsicherheit oder Stabilität eines Schiffes ist es erforderlich, daß sich die Verhältnisse möglichst weit von dem indifferenten Gleichgewicht nach der stabilen Seite hin entfernen, daß also das entstehende Kräftepaar, das den Schiffskörper in die ursprüngliche Lage zurückzuführen sucht, von vornherein möglichst groß ausfällt.

§ 97. Die metazentrische Höhe und die Stabilität.

Beim Schiffskörper lassen sich die Verhältnisse durch Angabe der sogenannten metazentrischen Höhe leicht übersehen. Man nennt hier den Schnittpunkt der Richtungslinie des Auftriebes mit der Symmetrieachse (Mittellinie) des Schiffsquerschnittes das Metazentrum. Liegt das Metazentrum höher als der Schiffsschwerpunkt, so schwimmt das Schiff stabil; kommt dagegen das Metazentrum tiefer zu liegen als der Schiffsschwerpunkt, so wird die Gleichgewichtslage instabil oder labil und das auftretende Kräftepaar veranlaßt ein Kentern des Schiffes.

Je näher bei einem ursprünglich stabil schwimmenden Schiff das Metazentrum an den Schwerpunkt heranrückt, desto geringer wird die Stabilität des Schiffes. Man sucht daher beim Auftreten starker gleichgewichtsstörender Kräfte (Sturm) durch Änderung der Belastung (Entfernen der Decklasten, Kappen der Masten) die Schwerpunktslage herabzuziehen und dadurch die erforderliche größere Stabilität zu erreichen.

§ 98. Stabilität von Luftfahrzeugen.

Auch bei in der Luft schwimmenden Körpern, bei den Luftfahrzeugen, läßt sich diese statische Betrachtungsweise verwenden. Man kann auch hier bei einer Richtungsablenkung des Luftfahrzeuges die auftretenden Kräfte statisch zu bestimmen suchen und zusehen, ob durch ihre Wirkung eine Rückkehr in die ursprüngliche Gleichgewichtslage oder eine Entfernung von dieser eintritt. Freilich ist namentlich bei Flugapparaten die Bestimmung der Resultierenden der Luftmassenkräfte, d. h. die Bestimmung der Richtungslinie des dynamischen Auftriebes schwierig und unsicher.

§ 99. Stabilitätsuntersuchungen.

Einen vollständigen Aufschluß über die Stabilität eines Systemes vermag aber die statische Betrachtungsweise nicht zu geben, da sie nur Aufschluß über das Verhalten des Fahrzeuges in der allernächsten Zeit gibt. Auch bei Systemen, die nach der statischen Betrachtungsweise als stabil erscheinen, besteht die Möglichkeit, daß die bei Gleichgewichtsstörungen entstehenden Ausschläge dauernd anwachsen. Die bei Gleichgewichtsstörungen solcher Systeme auftretenden Schwingungen können sich so steigern, daß das System in letzter Linie doch als labil angesehen werden muß. Denn stabil wird man nur ein System nennen können, bei dem jede anfängliche kleine Störung des Gleichgewichtszustandes Bewegungen hervorruft, die dauernd unter einer gewissen Grenze bleiben. Immerhin können durch die statische Methode bei vorsichtiger Anordnung nützliche Aufschlüsse gewonnen werden.

Zuverlässige Schlüsse lassen sich nur auf Grund der dynamischen Methode erlangen, die den Charakter der bei Gleichgewichtsstörungen auftretenden Schwingungserscheinungen untersucht.

Die Durchführung dieser Untersuchungen überschreitet indessen den Rahmen unserer Betrachtungen, da sie einen nicht unerheblichen mathematischen Apparat erfordert.

Solchen, die mit Differentialgleichungen umzugehen wissen, empfehlen wir daher den Aufsatz von Professor Prandtl[1], dem wir für unsere Zwecke noch einiges entnehmen, nachzulesen, sowie die Arbeit von Dr. Deimler[2] über Stabilitätsuntersuchungen an symmetrischen Gleitfliegern.

Wir wollen hier nur noch anführen, daß zur Lösung der Aufgabe die beiden allgemein gültigen Beziehungen führen:

I. Die Bewegung des Schwerpunktes eines starren Körpers (oder auch eines Systems von Körpern) erfolgt gerade so, als wenn alle Massen in ihm vereinigt wären und alle äußeren Kräfte des Systems an ihm angriffen.

[1] Prandtl, Stabilitätsfragen. Zeitschrift für Flugtechnik und Motorluftschiffahrt. 1910 S. 27.

[2] Dr. W. Deimler, Stabilitätsuntersuchungen über symmetrische Gleitflieger. Zeitschrift für Flugtechnik und Motorluftschiffahrt. 1910, Heft 5. 6. 8. 9.

II. Die Drehbewegung des starren Körpers um seinen Schwerpunkt (bzw. die resultierende Drehung des Körpersystemes um den Systemschwerpunkt) erfolgt unter der Wirkung der Drehmomente der äußeren Kräfte bezüglich des Schwerpunktes so, als ob der Schwerpunkt festgehalten wäre.

Es erübrigt noch an dieser Stelle ein Wort über den Begriff: „äußere und innere Kräfte“ zu sagen.

Wir nennen äußere Kräfte alle die, die aus der Wechselwirkung der Massen des betrachteten Systemes mit fremden (also dem System nicht angehörigen Massen) entspringen, also Schwerkräfte, Stütz- oder Auflagerkräfte, Luftkräfte.

Innere Kräfte sind dagegen Kräfte, die aus der Wechselwirkung der Massen des Systemes entspringen, also die Druck-, Zug-, Schub- und Torsionsspannungen im Innern der Konstruktionsteile, ferner Motorkräfte, Getriebekräfte. Die inneren Kräfte fallen nach dem Prinzip der Wirkung und Gegenwirkung aus den angegebenen beiden Beziehungen heraus. Sie haben daher keinen direkten Einfluß auf die Bewegung des Schwerpunktes und auf die allgemeine Drehung um den Schwerpunkt.

Bei dem Problem der Schwingung eines Luftschiffkörpers entsteht, wie Prandtl in dem bereits erwähnten Aufsatz ausführt, eine Verkoppelung der Aussagen der beiden Sätze I. und II. dadurch, daß seitliche Bewegungen des Schwerpunktes den Einfallswinkel des Luftstromes und damit das verdrehende Kräftepaar verändern und außerdem bei schnellen Drehungen durch die Stabilisierungsflächen Seitenkräfte ausgeübt werden.

Die mathematische Behandlung derartiger Bewegungen bedient sich mit Vorteil der „Methode der kleinen Schwingungen“. Das Wesen dieser Methode liegt in der Vereinfachung der Betrachtung dadurch, daß man zunächst nur kleine Bewegungen dieser Art untersucht. Die hierdurch erzielte Vereinfachung des mathematischen Ausdruckes läßt auch in verwickelteren Fällen eine Lösung zu.[1] Da sich nun der Charakter der Bewegung, den die kleinen Schwingungen aufweisen, auch bei größeren Schwingungsbewegungen annähernd wiederfindet, so kann aus der Untersuchung der kleinen Schwingungen mit einigem Vorbehalt auf das Verhalten endlicher Schwingungen geschlossen werden. Immerhin erfordert diese Methode einen größeren

[1] Welcher Art die Vereinfachungen sind, die sich aus der Betrachtung kleiner Winkelabweichungen ergeben, geht aus Anmerkung 1 zu Seite 44 hervor.

mathematischen Apparat als wir hier zur Verfügung haben. Wir müssen uns daher mit den gegebenen Hinweisen begnügen.

§ 100. Die sechs Freiheitsgrade.

Endlich soll noch darauf hingewiesen werden, daß ein frei in der Luft schwebendes Fahrzeug im allgemeinen sechs verschiedene Arten von Schwingungen ausführen kann oder wie man auch sagt, „sechs Freiheitsgrade" der Bewegung hat. Wir folgen hier den Vorschlägen Prandtls in bezug auf die Benennung der einzelnen Bewegungen und trennen diese in zwei Gruppen:

I. Schwerpunktsbewegungen, das sind Schwingungen, die der Schwerpunkt des Fahrzeuges nach drei zueinander senkrechten Richtungen hin ausführen kann.

II. Drehungen, das sind Drehungsschwingungen, die das Fahrzeug um drei zueinander senkrechte, durch den Schwerpunkt gehende, Achsen ausführen kann.

§ 101. Störende Bewegungen bei Eisenbahn, Wasser und Luftfahrzeugen.

Ein Vor- und Zurückweichen des Fahrzeuges in der Fahrtrichtung kann durch Geschwindigkeitsschwankungen verursacht werden. Bei Lokomotiven wird eine solche Bewegung durch die hin und her gehenden Massen der Lokomotivmaschine (Kreuzkopf, Kolben) hervorgerufen; man nennt sie dort „Zucken". Bei Luftfahrzeugen kann diese Bewegung durch böige Gegenwinde sowie durch Tourenschwankungen des Motors und dadurch bedingte Schwankungen des Propellervortriebes erzeugt werden. Prandtl schlägt für diese Bewegung die Bezeichnung „Stoßen" vor.

Seitliche Luftströmungen können eine Parallelverschiebung des Fahrzeuges in der Horizontalen veranlassen, die „Abtreiben" genannt werden soll. Da bei Eisenbahnfahrzeugen der Wagenkasten mit dem Fahrgestell federnd verbunden ist, so können derartige Bewegungen nur in sehr beschränktem Maße auftreten, nur insoweit, als das Federspiel ein solches seitliches Abtreiben zuläßt. Immerhin können die durch Unregelmäßigkeiten in der Gleislage hervorgerufenen Schwingungen dieser Art, die allerdings meist mit Drehungen verkoppelt sind, sehr fühlbar werden. Um sie abzudämpfen, bringt man Gegenfedern, die sogen. Schwungarreten an.

Parallelverschiebungen in vertikaler Lage, das sogen. „Wogen", können bei Eisenbahnfahrzeugen ebenfalls nur soweit es das Federspiel zuläßt, eintreten. Bei Schiffen kann das Wogen in erheblichem Maße auftreten, wenn das Schiff auf einen Wellenberg gehoben wird und in das Wellental absinkt. Bei Luftfahrzeugen soll diese Bewegung ebenfalls „Wogen" genannt werden. Sie kann bei Flugapparaten ebenfalls durch Geschwindigkeitsschwankungen bei geeigneter Stellung des Höhensteuers eintreten; sie wird hier meist mit dem Stoßen gekoppelt sein. Das Wogen ist besonders bei Flugapparaten nach Mitteilungen des Fliegers Dipl.-Ing. Thelen keine seltene Erscheinung und für den Fahrer nicht erfreulich, da sie ein seekrankheitartiges Gefühl hervorruft.

An Drehbewegungen kann zunächst eine Drehung um eine in der Fahrtrichtung liegende Achse auftreten. Beim Schiff nennt man diese Bewegung „Rollen", beim Eisenbahnfahrzeug „Wanken". Für Luftfahrzeuge behalten wir zunächst die bei Schiffen übliche Bezeichnung bei und nennen diese Art der Drehschwingung „Rollen". Man begegnet ihr, wie wir später noch erläutern wollen, bei Luftfahrzeugen auch mit ähnlichen Mitteln wie bei Schiffen. Der Schlingerkiel bei Seeschiffen oder das Schwert bei Segelbooten spielt, wie hier bereits hervorgehoben werden möge, in bezug auf die Dämpfung der Rollbewegung eine ähnliche Rolle, wie die Stabilisierungsfläche beim Luftfahrzeug.

Eine Drehschwingung in der Vertikalebene um eine zur Fahrt senkrechte Achse nennt man bei Eisenbahnfahrzeugen „Nicken" oder „Galoppieren", bei Schiffen „Stampfen". Für Luftfahrzeuge schlägt Prandtl hier die Bezeichnung „Kippen" vor. Ein solches Kippen oder Stampfen wurde bei Luftschiffen zuerst bei gewissen kritischen Geschwindigkeiten von Renard als eine Folge von Resonanzerscheinungen beobachtet. Zur Abdämpfung wurden Stabilisierungsflächen in Form der bekannten „Befiederung" (ähnlich wie die Befiederung des Pfeiles) angebracht.

Endlich kann auch noch eine Drehung in der Horizontalebene um eine zur Fahrtrichtung senkrechte Achse eintreten, die eine Kursabweichung darstellt. Bei Eisenbahnfahrzeugen heißt diese Drehung „Schlingern", bei Schiffen „Gieren"; bei Luftfahrzeugen soll sie die Bezeichnung „Drehen" erhalten.

§ 102. Zusammenstellung und Benennung der störenden Bewegungen bei Luftfahrzeugen.

Mit Rücksicht auf Figur 28 ergibt sich folgende Zusammenstellung der möglichen Schwingungen, wobei wir die von Herrn

Dr. ing. Bendemann[1] vorgeschlagenen von den Prandtlschen etwas abweichenden Benennungen wählen wollen:

I. Schwerpunktsbewegungen (ohne Drehungen; die Flugachse bleibt zu sich selbst parallel).

in Richtung der *X*-Achse (Fahrtrichtung):
Geschwindigkeitsschwankungen. Benennung: Stoßen;

in Richtung der *Y*-Achse (quer zur Fahrtrichtung):
Seitenverschiebungen. Benennung: Rücken;

in Richtung der *Z*-Achse (im Lot zur Fahrtrichtung):
Höhenverschiebungen. Benennung: Wogen.

II. Drehungen

um die *X*-Achse (φ)
Seitenneigung um Fahrtachse. Benennung: Schlingern;

um die *Y*-Achse (ψ)
Längsneigung um wagerechte Querachse. Benennung: Stampfen;

um die *Z*-Achse (ϑ)
Kursschwankungen um lotrechte Achse. Benennung: Gieren.

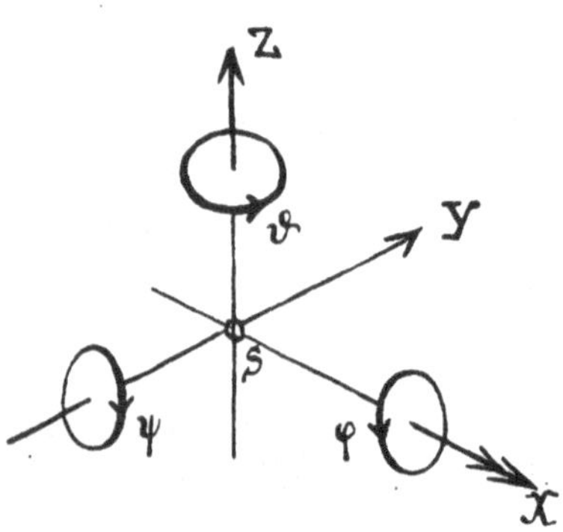

Fig. 28.

Mit Rollen sollen nach Bendemanns Vorschlag gleichzeitige Schwingungen verschiedener Art (verkoppelte Schwingungen, insbesondere eine Verkoppelung von Schlingern und Stampfen) bezeichnet werden.

Die Schwingungen treten meist gleichzeitig auf, da, wie schon erwähnt, im allgemeinsten Falle die sechs Freiheitsgrade miteinander verkoppelt sind. Man wird es meist mit einer resultierenden Schwingung zu tun haben. Aufgabe des Versuches sowie der analytischen Untersuchung wird es daher sein, die Einzelschwingungen für sich zu untersuchen und den Anteil zu bestimmen, den jede Einzelschwingung an der Gesamtschwingung hat, um die Mittel wählen zu können, die dazu führen, die Schwingungen in zulässigen Grenzen zu halten.

[1] Dr. ing. Bendemann, Vorschläge für einheitliche Fachausdrücke in der Flugtechnik. Zeitschr. f. Flugtechnik u. Motorluftschiffahrt. 1910 S. 266.

Zweites Buch.

Aus der Physik der Atmosphäre.

Erster Abschnitt.

Das physikalische Verhalten der Gase.

§ 103. Definition des Gasbegriffes.

Die gasförmige Hülle, die die Weltenkörper umgibt, nennen wir Atmosphäre (ἀτμή = Dampf; Atmosphäre = Dampfkugel). Die Erdatmosphäre oder atmosphärische Luft rechnete man früher zu den sogenannten permanenten Gasen. Man verstand darunter Gase, deren Verflüssigung auf keine Weise möglich war. Da es aber mittlerweile durch Anwendung von hohem Druck und tiefen Temperaturen gelungen ist, auch sogenannte permanente Gase zu zu verflüssigen, so verliert diese Unterscheidung ihre Berechtigung.

Wir bezeichnen heute einen gasförmigen Körper dann als Gas, wenn angenommen werden darf, daß sein Verhalten mit hinreichender Genauigkeit durch die Boyle-Gay-Lussacsche Zustandsgleichung dargestellt werden kann.

§ 104. Gesetze von Boyle und Gay-Lussac-Dalton.

Das Boylesche Gesetz belehrt uns über den Zusammenhang von Druck und Rauminhalt (Volumen) der Gase. Es sagt aus, daß sich die Drucke zweier Gase umgekehrt verhalten wie ihre Rauminhalte oder:

„Die Produkte zusammengehöriger Werte von Druck und Raum sind gleich groß.“

Bezeichnen wir die Rauminhalte mit v_1, v_2 und die Drucke mit p_1, p_2, so lautet die algebraische Form:

$$\frac{p_1}{v_2} = \frac{v_2}{v_1} \quad \text{oder} \quad p_1 v_1 = p_2 v_2 \tag{53}$$

Das Gay-Lussac-Daltonsche Gesetz zeigt den Zusammenhang zwischen Rauminhalt und Temperatur der Gase. Zur Temperaturmessung benutzt man nach Celsius zwei festliegende Temperaturen, die Temperatur des schmelzenden Eises und die Temperatur des unter dem Drucke einer Atmosphäre siedenden Wassers. Der Eispunkt wird als Null Grad (0°) bezeichnet, der Siedepunkt als 100°. Unter dem Eispunkt liegende Temperaturen erhalten dann negatives Vorzeichen.

§ 105. Der Ausdehnungskoeffizient.

Gay-Lussac und Dalton haben nun gleichzeitig festgestellt, daß alle Gase innerhalb des Temperaturintervalles von 0° bis 100° ihren Raum gleichförmig in dem Verhältnis 1 : 1,367 ändern.[1]

Die Ausdehnung (oder Zusammenziehung) bei der Erwärmung von 0° auf 100° (oder bei Abkühlung von 100° auf 0°) beträgt somit 0,367 des ursprünglichen Volumens. Auf 1° Temperaturänderung trifft somit der 100. Teil = 0,00367 = $^1/_{273}$ = α. Den Wert α nennen wir den Ausdehnungskoeffizienten der Gase.

Bezeichnet man das Volumen bei der Temperatur t mit v_t, das Volumen beim Eispunkt mit v_0, so lautet die algebraische Aussage:

$$v_t = (1 + \alpha t) v_0 \tag{54}$$

Will man die Ausdehnung zwischen zwei beliebigen Temperaturen t und t' haben, so rechnet man das bei der Temperatur t beobachtete Volumen durch Division mit der Größe $1 + \alpha t$ auf das Volumen bei der Normaltemperatur 0° um und erhält die Gleichung:

$$\frac{v_t}{1 + \alpha t} = \frac{v_{t'}}{1 + \alpha t'} = v_0 \tag{55}$$

Das Gay-Lussacsche Gesetz läßt sich daher etwa wie folgt in Worte kleiden:

„Ändert sich die Temperatur eines Gases um 1°, so ändert sich das Volumen des Gases um 0,00367 oder um $^1/_{273}$."

[1] W. Ostwald, Grundlinien der anorganischen Chemie. Leipzig 1904 Seite 73 f

§ 106. Geltungsbereich beider Gesetze.

Wir müssen nun noch einige stillschweigende Voraussetzungen besprechen, die bei den vorstehenden Erörterungen gemacht worden sind. Da sowohl Druck als auch Temperatur das Volumen eines Gases beeinflussen, so kann ein für den Einfluß einer der beiden Veränderlichen ausgesprochenes Gesetz nur Gültigkeit haben unter der Voraussetzung, daß die andere Veränderliche sich nicht ändert, also konstant bleibt.

Das Boylesche Gesetz gilt also nur für konstante Temperatur, das Gay-Lussacsche Gesetz nur für konstanten Druck.

§ 107. Der Druckkoeffizient.

Es bleibt nun noch zu untersuchen, was erfolgt, wenn ein Gas in einem geschlossenen Raume erwärmt wird, so daß also eine Veränderung des Volumens verhindert wird. Angenommen, das Gas hat bei der Temperatur 0^0 und dem Druck $= p_0$ das Volumen v_0 und werde auf t^0 bei gleichbleibendem Druck erwärmt, so vergrößert sich das Volumen nach dem Gay-Lussacschen Gesetz auf $v_t = v_0 (1 + \alpha t)$. Wollen wir das Gas auf den ursprünglichen Raum v_0 zurückführen, so kann dies nur durch Druckvergrößerung geschehen. Die erforderliche Drucksteigerung ergibt sich aus dem Boyleschen Gesetz zu $p_t = p_0 (1 + \alpha t)$. Es erfolgt somit eine Drucksteigerung bei gleichbleibendem Volumen in demselben Verhältnis, wie eine Raumänderung bei gleichbleibendem Druck erfolgt wäre. Der Ausdehnungskoeffizient kann daher auch als Druckkoeffizient angesprochen werden. Auf Grund der gleichzeitigen Geltung der beiden Gasgesetze läßt sich nun aussagen: „Wird ein Gas bei gleichbleibendem Volumen um 1^0 erwärmt, so ändert sich der Druck um $0{,}00367 = {}^1/_{273}$ des ursprünglichen Druckes.“

§ 108. Absolute Temperatur und absoluter Nullpunkt.

Wir rechnen nun nach der Gleichung $v = v_0 (1 + 0{,}00367\, t)$ unter der Voraussetzung gleichbleibenden Druckes für verschiedene Temperaturen innerhalb desselben Intervalles von 0^0 bis 100^0 die zugehörigen Raumwerte aus und erhalten so die Tabelle:

t	v
0^0	1,000
10	1,037
20	1,073
50	1,184
100	1,367

Dann tragen wir auf zwei zueinander senkrechten Geraden und zwar auf der X-Achse die Temperaturen und auf der Y-Achse die Volumina in einem entsprechenden Maßstabe auf. Die Endpunkte der als Ordinaten aufgetragenen Volumina liegen auf einer Geraden (Fig. 29). Nach den Lehren der analytischen Geometrie läßt sich eine Gerade durch die allgemeine Gleichung $y = ax + b$ ausdrücken, wobei a und b Konstante sind. Die Bedeutung von b ergibt sich, wenn man die Ordinate y für die Abszisse $x = 0$ bestimmt. Setzt man also in der Gleichung $x = 0$, so wird $y = b$. Die Konstante b stellt sich also dar durch die Strecke, die die Gerade auf der Y-Achse abschneidet und ist in unserem Falle gleich dem Volumen des Gases bei der Temperatur 0.

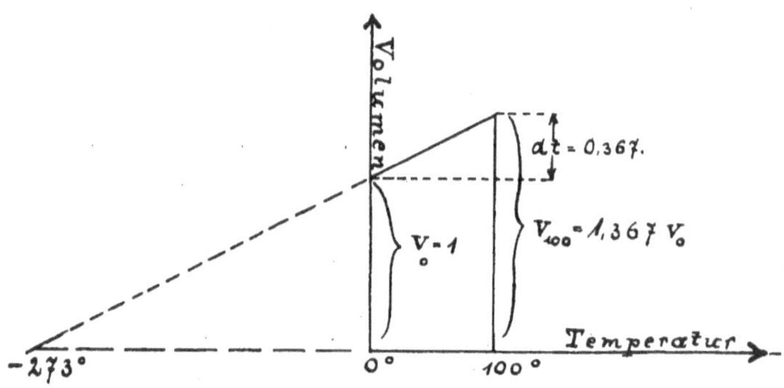

Fig. 29.

Auch die Konstante a läßt sich leicht bestimmen. Wir schreiben die Gleichung für zwei bestimmte Punkte der Geraden x_1, y_1 und x_2, y_2 an, subtrahieren die erhaltenen Gleichungen $y_1 = ax_1 + b$ und $y_2 = ax_2 + b$ und erhalten nach einer einfachen algebraischen Umformung:

$$a = \frac{y_2 - y_1}{x_2 - x_1} \tag{56}$$

$y_2 - y_1$ und $x_2 - x_1$ stellen nun die Änderungen dar, die die beiden Größen y und x gleichzeitig erfahren haben und a gibt das Verhältnis der beiden Änderungen an. In unserem Falle ist nun $a = \alpha$, so daß sich der Ausdehnungskoeffizient als Verhältnis zwischen Raumänderung und Temperaturänderung darstellen läßt. Es sei noch bemerkt, daß sich alle Gesetze, die sich durch lineare Funktionen algebraisch darstellen lassen, d. h. durch Ausdrücke, in denen die Veränderlichen nur in der ersten Potenz und nicht miteinander multipliziert vorkommen, geometrisch durch Gerade abbilden lassen.

Nehmen wir nun an, unser Gesetz würde in gleicher Weise auch unterhalb des Eispunktes gültig sein, so würde es sich auch weiterhin durch die gleiche Gerade darstellen lassen, die wir dann bloß nach links zu verlängern brauchten. Die Gerade trifft dann die x oder t Achse im Punkte 0. Diesen Schnittpunkt erhalten wir auch, wenn wir in der Gleichung $y = ax + b$ für die Ordinate y den Wert 0 einsetzen. Dann wird:

$$x = -\frac{b}{a} = -\frac{b}{\frac{1}{273}} = -273 \tag{57}$$

Falls also das Gas tatsächlich bis dahin dem Gesetze folgen würde, so würde ein Gas bei der Temperatur $t = -273^0$ den Raum Null einnehmen. Man hat nun die Temperatur $= -273^0$ den absoluten Nullpunkt genannt und die von diesem Punkt aus gezählten Temperaturen absolute Temperaturen. Zwischen den vom Eispunkt aus gezählten Temperaturen und den absoluten Temperaturen besteht nun die einfache Beziehung:

$$T = t + 273 \tag{58}$$

Da nun alle bekannten Gase sich bereits bei Temperaturen oberhalb dieses absoluten Nullpunktes verflüssigen bzw. fest werden, so dürfen wir in dem Begriff des absoluten Nullpunktes nicht eine beobachtbare Größe sehen, sondern nur eine Fiktion, die wir aber beibehalten, weil sie für die mathematische Darstellung der Gesetze erhebliche Vorteile bietet. Einmal vermeiden wir damit negative Temperaturzahlen, die in gewisser Weise sinnwidrig sind; denn Temperaturen stehen nie in dem Verhältnis zueinander wie positive und negative Größen im mathematischen Sinne. Das andere Mal erzielen wir aber für das Ausdehnungsgesetz eine besonders einfache Form; denn beim Zählen der Temperatur vom absoluten Nullpunkt ab wird der Raum der Temperatur einfach verhältnisgleich.

Wir haben diese anschauliche Darstellung der Entstehung des absoluten Temperaturbegriffes dem bereits angezogenen bekannten Werke von Ostwald entnommen.[1]

---

[1] Ostwald, Grundlinien der anorganischen Chemie, Leipzig 1904. S. 79.

§ 109. Das allgemeine Gasgesetz (Zustandsgleichung der Gase). Gaskonstante.

Werden Druck und Volumen eines Gases gleichzeitig geändert, so gelten die beiden Gesetze, wie bereits erwähnt, nebeneinander und wir gelangen durch Vereinigung der Aussagen der beiden Gesetze zu dem Boyle-Gay-Lussacschen Gesetz, das man als allgemeines Gasgesetz oder als Zustandsgleichung der Gase bezeichnet. Es lautet in algebraischer Form:

$$\frac{Pv}{273+t} = \frac{Pv}{T} = \text{konstant} = R \tag{59}$$

In dieser Gleichung bedeutet:

P = Druck in Kilogramm pro Quadratmeter $\left(\frac{\text{kg}}{\text{met}^2}\right)$;

v = Volumen pro Kilogramm der betrachteten Gasmenge $\left(\frac{\text{met}^3}{\text{kg}}\right)$;

t = die vom Eispunkt aus gezählte Temperatur;

T = die vom absoluten Nullpunkt aus gezählte Temperatur = absolute Temperatur: $T = t + 273$.

R heißt die Gaskonstante. Im Hinblick darauf, daß die Temperatur als unbenannte Zahl aufgefaßt wird, ergibt sich für die Gaskonstante die Benennung: Meter.

§ 110. Begriff des idealen Gases.

Es erübrigt noch anzuführen, daß das allgemeine Gasgesetz, wie auch seine Teilgesetze (Gesetz von Boyle und Gesetz von Gay-Lussac) Grenzgesetze sind, denen sich die wirklichen Stoffe nur annähern, ohne sie völlig genau zu erfüllen. Bei gewöhnlichen Druck- und Temperaturverhältnissen ergeben sich aber nur Abweichungen von unter 1 % des Sollwertes. Ein Gas, das dem Gesetz $Pv = RT$ genau folgt, wird ein ideales Gas genannt.

§ 111. Spezifisches Volumen, Dichte und spezifisches Gewicht.

Ostwald nennt das Verhältnis der Masse eines Stoffes zu seinem Volumen Dichte oder spezifisches Gewicht und das Verhältnis des Volumens zur Masse spezifisches Volumen oder Räumigkeit. Dichte und Räumigkeit sind somit reziproke Werte.

Die Begriffe „Dichte“ und „spezifisches Gewicht“ werden in der Literatur häufig in verschiedenem Sinne gebraucht.[1] Wir wollen für unsere Zwecke die folgenden Begriffsbestimmungen festlegen:

Dichte oder spezifische Masse $\left(\frac{m}{v}\right)$ ist das Verhältnis der Masse zum Volumen eines Körpers oder Stoffes.

Spezifisches Volumen (nach Ostwald = Räumigkeit) $\left(\frac{v}{m}\right)$ ist das Verhältnis der Raumeinheit zur Masseneinheit, somit gleich dem reziproken Wert der Dichte.

Das spezifische Gewicht eines festen oder flüssigen Körpers ist die Verhältniszahl des Gewichtes des Körpers zu dem am gleichen Orte ermittelten Gewichte einer dem Körper raumgleichen, chemischreinen Wassermenge größter Dichte (bei 4° C). (Da wir das Gewicht der Raumeinheit des Wassers als Gewichtseinheit benützeu, so wird das spezifische Gewicht vielfach als Gewicht der Raumeinheit des betreffenden Körpers definiert).

Das spezifische Gewicht eines Gases (oder Dampfes) ist die Verhältniszahl des Gewichtes eines Gases zu dem am gleichen Orte ermittelten Gewicht einer dem Gase raumgleichen, trocknen Luftmenge von bestimmter Zusammensetzung (78,67 Raumteile Stickstoff und 21,33 Raumteile Sauerstoff) bei einer Temperatur = 0° C und einem Drucke von 760 mm Quecksilbersäule.[2]

Das spezifische Gewicht stellt somit das Verhältnis der Dichten zweier Stoffe (oder Körper) dar und ist deshalb als unbenannte Zahl aufzufassen.

Nach Regnault wiegt 1 cbm trockne Luft bei 0° und 760 mm Q.S. (Quecksilbersäule) 1,293 187 kg.[3] Das spezifische Gewicht des Wasserstoffes beträgt für gleichen Druck und gleiche Temperatur 0,06927; setzt man das Gewicht der Raumeinheit der Luft = 1, so besagt dies, daß die Raumeinheit des Wasserstoffes bei gleichem Druck und gleicher Temperatur 0,069 mal leichter als die Raum-

[1] Siehe u. a. Luegers Lexikon der gesamten Technik unter Dichtigkeit.

[2] Vgl. Hütte, Des Ingenieurs Taschenbuch. 20. Aufl. Bd. I. S. 509.

[3] Es kommt nur darauf an, daß das Gewicht der gleichen Gas- und Luftraumeinheit bei gleicher Temperatur und gleichem Druck bestimmt wurde. Man findet deshalb auch häufig auf 15° bezogene Angaben. Siehe Hütte I. S. 319.

einheit der Luft ist. Das Gewicht von 1 cbm Wasserstoff (H) bei 0^0 und 760 mm Q.S. (= Dichte) ist somit, wenn wir die spezifischen Gewichte mit γ bezeichnen

$$\gamma_H = \gamma_L \cdot \gamma_H = 1{,}293187 \cdot 0{,}06927 = 0{,}08958 \frac{\text{kg}}{\text{met}^3}$$

§ 112. Normalgas und Molekulargewicht.

In der Veränderlichkeit des Mischungsverhältnisses der die atmosphärische Luft bildenden Gase liegt eine Unsicherheit für die Bestimmung des spezifischen Gewichtes. Man bezieht deshalb in der Physik das spezifische Gewicht der Gase und Dämpfe auf ein elementares Gas, wie z. B. Wasserstoff. Ostwald wählt als Normalgas ein gedachtes Gas, das genau 32 mal leichter als Sauerstoff ist.[1] Das Verhältnis des Gewichtes eines gegebenen Gases zu dem eines gleichen Volums des Normalgases unter gleichen Umständen nennt man sein Molekulargewicht. Die Annahme, daß in gleichen Volumen der verschiedenen elementaren Gase gleichviele Atome enthalten seien, hatte zu Widersprüchen geführt, zu deren Lösung Avogadro und Ampère fast gleichzeitig die Molekularhypothese[2] aufstellten. Diese Hypothese unterscheidet zwischen den Atomen und den kleinsten Teilchen der Gase, den Molekülen oder Molekeln. So besteht z. B. hiernach 1 Molekel Sauerstoff oder Wasserstoff aus 2 Atomen, weshalb diese Gase zweiatomige Gase genannt werden. Nach dem Satz von Avogadro enthalten alle Gase bei gleichem Rauminhalte, gleichem Druck und gleicher Temperatur dieselbe Anzahl Moleküle.

Das Molekulargewicht eines Gases läßt sich auch als das Gewicht der Gasmenge auffassen, die denselben Raum v, bei gleichem Druck P und gleicher Temperatur T, wie eine Gewichtseinheit des Normalgases einnimmt. Aus der Gleichung $Pv = RT$ ist aber ersichtlich, daß die Gaskonstante R nur von Druck, Volumen und Temperatur abhängig ist; sie wird also, falls diese Größen gleich sind, bei verschiedenen Gasen gleiche Werte annehmen. Aus dieser Definition des Molekulargewichtes folgt, daß die Gaskonstante R für ein Molekulargewicht jedes beliebigen Gases den gleichen Wert haben muß. Das Verhältnis der Gaskonstanten R zu der An-

[1] Die Begründung dieser Wahl kann in Ostwald, Grundlinien der anorganischen Chemie. Leipzig 1904, S. 153 nachgelesen werden.

[2] Ebendas. S. 158.

zahl der Molekulargewichte μ ist daher für jedes Gas konstant. Unter Zugrundelegung eines Normalgases, das 32 mal leichter wie Sauerstoff ist, ergibt sich:

$$\frac{R}{\mu} = 848 \tag{60}$$

Die Dichte der Luft (bei 0° und 760 mm Q.S.) ist: = 1,29318.

Die Dichte des Normalgases unter gleichen Verhältnissen ist: = 0,04466.

Das Verhältnis beider Dichten beträgt somit:

$$\frac{1,29318}{0,04466} = 28,95 \tag{61}$$

Multipliziert man also die auf Luft bezogene Dichte eines Gases mit 28,95, so erhält man das Molekulargewicht des Gases.[1]

Beispiel: I. Atmosphärische Luft.

$\gamma = 1$; Molekulargewicht: = 28,95 (angenähert = 29)

$$\text{Gaskonstante } R = \frac{848}{28,95} = 29,29$$

II. Wasserstoff.

$\gamma = 0,0696$; Molekulargewicht: $= 0,0696 \cdot 28,95 = 2,016$ (angenähert = 2)

$$\text{Gaskonstante } R = \frac{848}{2,016} = 420,06.$$

§ 113. Gasmischungen.

Es erübrigt noch anzufügen, daß Gasmischungen sich so verhalten, als wenn jedes Gas den gegebenen Raum unabhängig von dem Vorhandensein eines anderen für sich vollkommen ausfüllen würde. Nach dem Daltonschen Gesetz ergibt sich der Gesamtdruck der Gasmischung als Summe der Teildrücke der einzelnen Gase. Es gelten daher für Gasmischungen die gleichen Gesetze wie für die einfachen Gase. Die Teildrücke der einzelnen Gase verhalten sich wie ihre Raumteile. (Über die Gaskonstante von Gasmischungen siehe: Mollier, Hütte, I. 20. Aufl. S. 321.)

---

[1] Mollier, Vollkommene Gase. — Hütte, Des Ingenieurs Taschenbuch. 20. Aufl. S. 318.

§ 114. Die kinetische Gastheorie.

Der kinetischen Gastheorie liegt die Auffassung zugrunde, daß ein Gas aus einzelnen kleinsten Teilen (Molekeln) besteht, die fortwährend in heftiger Bewegung durcheinander schwirren. Das Gas hält nach dieser Auffassung dem Druck seiner Umgebung durch die Stöße der schwingenden Molekeln Gleichgewicht. Der Druck, den ein Gas auf die Wände eines einschließenden Gefäßes ausübt, erklärt sich somit als Stoßwirkung der um gewisse Gleichgewichtslagen schwingenden Molekeln.

Nun entspricht nach den Sätzen der Mechanik der Schwingungsbewegung von Massenteilchen ein gewisses Arbeitsvermögen.

Es entspricht demnach auch dem jeweiligen Zustand eines Gasvolumens ein bestimmtes Arbeitsvermögen, das durch Zuführung von Arbeit (in Form von Wärme und Druck) gesteigert oder durch Entziehung von Arbeit vermindert werden kann. Wir unterscheiden bei den Zustandsänderungen eines Gases des weiteren zwischen innerer und äußerer Arbeit. Äußere Arbeit wird von dem Gase beispielsweise geleistet, wenn es bei Volumvergrößerungen den Druck der Umgebung überwindet. Die innere Arbeit bezieht sich hingegen nicht allein auf die Änderung der Schwingungsenergie der Molekeln, sondern auch auf die Veränderung der gegenseitigen Stellung der Mittellagen der schwingenden Molekeln. Die innere Arbeit zerfällt somit in Schwingungsarbeit und Disgregationsarbeit, wobei wir unter der von Clausius gegebenen Bezeichnung „Disgregationsarbeit", die infolge der Änderung in der Anordnung der kleinsten Teile von dem Gasvolumen abgegebene oder aufgenommene Arbeit verstehen. Jede Zustandsänderung eines Gases kann daher mit einer Aufnahme oder Abgabe von Schwingungsarbeit und Disgregationsarbeit oder von beiden zugleich verbunden sein. Dabei wird sich die Änderung der Schwingungsarbeit auf die Änderung der fühlbaren Wärme und die Disgregationsarbeit auf die Änderung des Gasvolumens beziehen.[1]

§ 115. Die Luft als elastische Flüssigkeit.

Bei den für die Aeronautik in Betracht kommenden Dichten der Luft sind die freien Weglängen zwischen den Zusammenstößen zweier Gasmolekeln sehr klein. Sie werden auf etwa 1/7000 mm geschätzt. Solange (wie das bei den Untersuchungen über Luft-

---

[1] Dr. G. Zeuner, Technische Thermodynamik. Leipzig 1900, S. 9.

bewegung zutrifft) die betrachteten Räume groß gegen die freie Weglänge der schwingenden Molekeln sind, ist es zulässig, ein Gas als elastische Flüssigkeit mit unterscheidbaren Volumelementen aufzufassen, von denen jedem in einem Augenblick ein bestimmter Druck und eine bestimmte Dichte und im Falle der Bewegung eine bestimmte Geschwindigkeit zukommt.

Die Verhältnisse ändern sich aber vollkommen, sobald durch eine Verminderung der Dichte (Verdünnung) die freien Weglängen mit den Raumabmessungen vergleichbar werden. So hat man beispielsweise bei den hohen Verdünnungen der Gase, wie sie in Röntgenröhren vorkommen, die Gasmolekeln als einzelne durch den Raum springende Bälle aufzufassen.

§ 116. Die adiabatische Zustandsänderung.

Wird einem Gase bei einer Zustandsänderung Wärme (und damit Arbeit) weder zugeführt noch entzogen, so spricht man von einer a d i a b a t i s c h e n Zustandsänderung (von διαβαίνειν = hindurchgehen). Adiabatische Zustandsänderungen spielen in der Physik der Atmosphäre eine wesentliche Rolle. Die Luft ist ein schlechter Wärmeleiter, so daß z. B. einer Luftschicht, die beim Aufsteigen in Gegenden geringeren Druckes kommt und sich ausdehnt, weder Wärme durch die umgebende Luft zugeführt noch entzogen wird. Die Ausdehnung wird daher nahezu adiabatisch erfolgen. Da der Luft aber keine Arbeit zugeführt wird, so muß sie die Disgregationsarbeit aus dem eigenen Arbeitsvorrat bestreiten. Das geschieht nun auf Kosten der Schwingungsarbeit. Die Folge ist eine Verminderung der fühlbaren Wärme. Die Luft kühlt sich also bei adiabatischer Ausdehnung ab.

Umgekehrt wird eine Steigerung der Schwingungsenergie eintreten müssen, wenn die Luft adiabatisch zusammengedrückt wird. Adiabatisch komprimierte Luft muß sich daher erwärmen. Wir werden später die durch den Druck herabstürzender Luftmassen entstehenden warmen Winde (Fallwinde) auf adiabatische Zustandsänderungen zurückführen können.

§ 117. Diffusion und Penetration.

Sind zwei Gase, durch keine Scheidewand getrennt, nebeneinander vorhanden, so tritt eine allmähliche Vermischung ein, die man als Diffusion bezeichnet. Die Ausbreitung eines Gases in einem anderen erfolgt nach gleichen Gesetzen wie die Verbreitung der Wärme in einem wärmeleitenden Körper. Die Geschwindigkeit, mit der die Vermischung eintritt, wird durch den Diffussionskoeffizienten gemessen. Dieser wächst proportional der Quadratwurzel aus der absoluten Temperatur und umgekehrt proportional dem Gesamtdruck der sich mischenden Gase. Die Geschwindigkeit der Vermischung nimmt also mit steigender Temperatur und abnehmendem Drucke zu.

Findet die Diffusion durch trennende Scheidewände hindurch statt, so spricht man von einer Penetration. Die Penetration findet selbst durch dünne, keine Poren aufweisende Kautschukmembranen hindurch statt. Der Vorgang ist für die Aeronautik von Bedeutung, da er beim Aerostaten eine allmähliche Mischung des Traggases mit Luft und damit eine Verringerung der Tragwirkung sowie das Entstehen eines explosiven Gasgemisches (Knallgas) herbeiführt.[1]

Zweiter Abschnitt.

Die atmosphärische Luft.

§ 118. Grundbestandteile der Luft.

Die atmosphärische Luft besteht in der Hauptsache aus den beiden Elementargasen Sauerstoff und Stickstoff. Beim Vergleich des aus der Luft gewonnenen Stickstoffes mit dem aus chemischen Verbindungen abgeschiedenen zeigte der atmosphärische (natürliche) Stickstoff eine größere Dichte als der aus Verbindungen gewonnene (künstliche). Diese Unstimmigkeit wurde aufgeklärt durch die Auffindung eines gasförmigen Bestandteiles des atmosphärischen Stickstoffes, den man Argon nannte.[2] Das Argon ist ein Gas, das eine erheblich größere Dichte als Stickstoff oder Sauerstoff aufweist (Molekulargewicht des Argon = 40) und keinerlei Verbindungen eingeht. Durch genauere Untersuchnngen ergab sich als Mittelwert für die Zusammensetzung der atmosphärischen Luft: 0,210 Raumteile Sauerstoff, 0,781 Raumteile Stickstoff und 0,009 Raumteile Argon.

Die Abweichungen von dieser Zusammensetzung bewegen sich in geringen Grenzen, woraus man schließen kann, daß die Luft

[1] Über Diffusions- und Penetrationskoeffizienten siehe Emden in Moedebeck-Sürings Taschenbuch für Luftschiffer. 1911. S. 12.

[2] Entdeckt durch Rayleigh und Ramsay 1894.

verändernden Einflüsse in der Erdatmosphäre sich ungefähr die Wage halten. Als solche sind zu nennen: die Sauerstoffentziehung durch Oxydationen aller Art, das heißt durch schnelle und langsame Verbrennungen; dann die Sauerstoffzufuhr durch Sauerstoffabgabe der grünen Pflanzen. Der annähernde Ausgleich wird durch die erheblichen Bewegungen, die das Luftmeer stets ausführt, vermittelt.

§ 119. Zufällige Bestandteile der Luft.

Neben den genannten Grundbestandteilen finden sich in der atmosphärischen Luft je nach den örtlichen Verhältnissen gasförmige und feste Verunreinigungen verschiedener Herkunft und Größe. An gasförmigen Verunreinigungen findet sich meist: Kohlensäure (im Mittel 0,3 Volumteile pro Mille), Ammoniak (das aber nicht frei, sondern als Karbonat, Nitrat und Nitrit auftritt), Salpetersäure und salpetrige Säure, Schwefelsäure und schweflige Säure, Ozon und Antozon (Wasserstoffsuperoxyd) und andere.

Stets enthält die Luft etwas Wasserdampf in Form von kleinen massiven Wasserkügelchen, die frei in ihr schweben. Solange diese eine gewisse Größe nicht überschreiten, bleiben sie unsichtbar; bei Vergrößerung schließen sie sich dann zu Nebel und Wolken zusammen.

§ 120. Einfluß der Staubteile.

Nach den Forschungen von Aitken und Assmann kommt besonders auch dem in der Luft stets mehr oder weniger enthaltenen Staub eine besondere Bedeutung für die Physik der Atmosphäre zu. Der Staub bildet gewissermaßen die Ansatzkerne für die sich ballenden Wasserkügelchen, so daß erst durch sein Vorhandensein eine Wolkenbildung möglich wird.[1] Das Material für den Staub der Atmosphäre liefern mechanische und chemische Vorgänge auf der Erdoberfläche, besonders der Verwitterungsprozeß. Die durch die Luftströmungen emporgewirbelten Staubteilchen finden sich in feinster Verteilung in Form der sogenannten Sonnenstäubchen bis zu Höhen von 14000 m in sehr großer Zahl. Aitken stellte bis zu 470000 pro Kubikzentimeter in Glasgow fest.[2]

[1] Über die Bedeutung der Staubteilchen bei der Nebelbildung siehe auch Ostwald, Anorganische Chemie. Leipzig 1904. S. 136.

[2] Die Zahl ist je nach den örtlichen und den Witterungsverhältnissen sehr verschieden. So wurden auf Rigi-Kulm bei Windstille 400 Staubteilchen pro Kubikzentimeter gezählt und bei aufsteigenden Winden aus bewohnten Gegenden bis zu 7000.

§ 121. Wärmeleitung und Durchsichtigkeit.

Die Wärmeleitung[1] der Luft ist sehr gering; sie beträgt kaum den 3500. Teil der des Eisens. Eine Luftschicht kann daher als Schutz gegen Wärmeänderungen (Wärmeisolator) verwendet werden. So bietet zum Beispiel die Luftschicht zwischen der äußeren Hülle und den Gasballons des Zeppelin-Luftschiffes einen Schutz gegen die durch Sonnenbestrahlung zugeführte Wärme.

Die Durchsichtigkeit der Luft ändert sich nicht allein mit dem Grade der jeweils vorhandenen Verunreinigung durch Staub und Dämpfe, sondern auch mit dem Grade der Mischung verschieden warmer Schichten, die verschieden lichtbrechend wirken.

Von den Lichtstrahlen, die die Atmosphäre durchdringen, werden die violetten am meisten, die roten am wenigsten geschwächt. Das Licht wird also beim Durchgang durch die Atmosphäre reicher an roten Strahlen. Das tritt besonders bei den Erscheinungen des Sonnenunter- und -aufganges zutage, wo die Lichtstrahlen die atmosphärische Hülle in schiefer Richtung durchdringen, in dieser also einen größeren Weg zurückzulegen haben.

§ 122. Die Mächtigkeit der Atmosphäre.

Über die Mächtigkeit der Erdatmosphäre gehen die Anschauungen weit auseinander. Da wir Lichterscheinungen auf das Vorhandensein glühender Gase oder glühender fester Körper, also auf das Vorhandensein materieller Körper von hoher Temperatur zurückführen, so läßt sich aus der Erscheinung des Polarlichtes sowie aus dem Leuchten der Meteoriten schließen, daß noch in Höhen von zirka 80 km Luft von meßbarer Dichte vorhanden sein müsse. Schiaparelli berechnet aus der Beobachtung der Sternschnuppen und der Dämmerungserscheinungen eine wahrscheinliche Ausdehnung der Erdatmosphäre von über 200 km, während das Barometergesetz unter Berücksichtigung der Temperaturabnahme in größeren Höhen A. Ritter eine theoretische Höhe von nur 29 km berechnen ließ. Durch die Annahme, daß in größeren Höhen auch Stickstoff und Wasserstoff beim Gefrieren Wärme abgeben, gelangte A. Ritter zu einer theoretischen Höhe von 349 km.[2]

[1] Siehe Berson-Kremser, Die Physik der Atmosphäre in Moedebeck-Sürings Taschenbuch. Berlin 1911, S. 74.

[2] Eine physikalische Grenze hat die Atmosphäre an den Stellen, an denen sich Schwerkraft und Zentrifugalkraft Gleichgewicht halten, d. i. in Entfernungen gleich dem Fünf- bis Siebenfachen des Erdhalbmessers.

§ 123. Hypothese der unbegrenzten Atmosphäre.

Am wahrscheinlichsten erscheint die Annahme, daß eine Grenze der Atmosphäre überhaupt nicht besteht,[1] daß sich diese vielmehr durch den ganzen Weltenraum erstreckt. Man betrachtet in diesem Falle die Luft als einen Körper von molekularem Aufbau, wie bereits bei der Erläuterung der kinetischen Gastheorie besprochen. Die Zwischenräume zwischen den einzelnen Molekülen wachsen dann in gleichem Maße wie der Druck abnimmt. In gewisser Entfernung von der Erdoberfläche sind dann die Luftteilchen in solchem Maße zerstreut, daß sie einen Einfluß auf die Bewegung des Lichtes oder der Weltkörper nicht mehr auszuüben vermögen. Unstimmigkeiten, die sich auch hieraus ergeben, sucht man durch das Vorhandensein eines gasförmigen Bestandteiles der Luft von so geringer Dichte zu erklären, daß dieser unserer Beobachtung entgeht.[2] Die Beimengung eines sehr leichten Gases zu den in großen Höhen äußerst verdünnten Luftschichten ließe das Entstehen der zum Erglühen der Meteoriten erforderlichen Reibung noch wahrscheinlich erscheinen.

Dritter Abschnitt.

Der Luftdruck und die Luftdruckmessung.

§ 124. Ursache und Größe des Luftdruckes.

Ursache des Luftdruckes ist das Gewicht der Luftmassen der Atmosphäre; der Luftdruck wirkt allseitig auf die Körper ein. Zu seiner Beobachtung muß daher einseitig eine Luftleere (Vakuum) geschaffen werden. Dies wurde zuerst durch Toricelli ausgeführt, der eine einseitig geschlossene Glasröhre mit Quecksilber füllte und in ein mit Quecksilber gefülltes offenes Gefäß stellte. Das herabsinkende Quecksilber hinterließ nun in dem geschlossenen Teil des Rohres einen luftleeren Raum, wobei die Quecksilbersäule in einer Höhe von etwa 760 mm über dem Quecksilberspiegel des Gefäßes zum Stillstand kam. Der Luftdruck kann nun sichtbar zur Wirkung kommen; er hält einer Quecksilbersäule von 760 mm Höhe

[1] Riecke, Lehrbuch der Experimentalphysik. Leipzig, Veit & Co. 2. Aufl. § 126.

[2] Luegers Lexikon der gesamten Technik. Artikel: Atmosphäre. Siehe auch die Literaturangaben am Schlusse des Artikels.

das Gleichgewicht. Wählt man eine Röhre von genau 1 cm^2 Querschnitt, so beträgt das von der Luft getragene Quecksilbervolumen 76 cm^3. 1 cm^3 Quecksilber wiegt aber 13,6 g. Das Gewicht der durch den Luftdruck getragenen Quecksilbersäule beträgt somit:

$$76 \cdot 13,6 = 1033,3 \text{ g} = 1,0333 \text{ kg}.$$

Da dieses Gewicht auf die Fläche eines Quadratzentimeters wirkt, so beträgt der Luftdruck:

$$1,0333 \frac{\text{kg}}{\text{cm}^2} \quad \text{oder} \quad 10333 \frac{\text{kg}}{\text{m}^2} \tag{62}$$

Da die Quecksilbersäule in Meereshöhe sich im Mittel auf die Höhe 760 mm einstellt, so ist es üblich geworden, den Luftdruck bei 760 mm Q.S. als Normaldruck zu Vergleichszwecken festzulegen.

§ 125. Physikalisches und technisches Maß.

Die Technik mißt den Druck von Gasen oder Dämpfen durch das Gewicht einer Quecksilbersäule (Q.S.) oder einer Wassersäule (W.S.), die auf 1 Quadratzentimeter genau den Druck von 1 Kilogramm ausübt. Der Druck von 1 Kilogramm pro Quadratzentimeter (oder von 10000 Kilogramm pro Quadratmeter) führt den Namen metrische oder neue Atmosphäre, während man den Druck der Luft bei 760 mm Barometerstand als alte Atmosphäre bezeichnet.[1] Der Zusammenhang ergibt sich aus folgender Zusammenstellung:

1 metrische (neue) Atmosphäre (at) $= \frac{1 \text{ kg}}{\text{cm}^2} =$ 735,5 mm Q.S.
bei 0° oder 737,4 mm Q.S. bei 15° C.
= 10,000 m W.S. von 4°
= 0,968 alte Atmosphäre.

1 alte Atmosphäre = 760 mm Q.S. von 0°
= 762 mm Q.S. von 15°
= 10,333 m W.S. von 4°
= 1,0333 at (neue Atm.)

1 mm W.S. von 4° = 0,07355 Q.S. von 0°.

1 mm Q.S. = 13,596 mm W.S. = 0,0013596 at = 0,0013158 alte Atm.

---

[1] Hütte, Des Ingenieurs Taschenbuch. 20. Aufl. Bd. I. S. 313.

§ 126. Luftdruckmessung. Barometer.

Unter dem Einfluß der im Luftmeer fortwährend stattfindenden Veränderungen (Temperaturänderungen, Änderungen des Feuchtigkeitsgehaltes usw.) ändert sich auch das Gewicht der Luft und damit der Luftdruck. Die Schwankungen können an Orten des Festlandes 40 mm Q.S., in Höhe der Meeresoberfläche 80 bis 90 mm Q.S. betragen.

Mit der Erhebung über das Meeresniveau wird die darüber lastende Luftsäule kleiner. Der Luftdruck nimmt daher in erhöhtem Maße ab, da ja auch die Dichte der Luft dem geringeren Druck entsprechend geringer wird.

Zur Bestimmung der Änderungen des Luftdruckes dient das Barometer (Luftschweremesser). Das Quecksilberbarometer besteht in seiner einfachsten Form aus der Toricellischen Röhre, an der zur genauen Ablesung der Säulenhöhe in geeigneter Weise ein Maßstab angebracht ist. Nimmt man eine einseitig geschlossene U-förmige Röhre mit verschieden langen Schenkeln, so kann man das Quecksilbergefäß ersparen; man nennt diese Anordnung Heberbarometer. Fortin ersetzt den Boden des Quecksilbergefäßes durch einen Ledersack, der sich mit Hilfe einer Schraube heben und senken läßt. Dadurch ist es möglich, das Rohr durch Hochschrauben des Sackes vollständig zu füllen, so daß die Bruchgefahr beim Transport durch das anschlagende Quecksilber vermieden wird. Außerdem trägt bei dieser Anordnung die Skala am unteren Ende einen Stift, mit Hilfe dessen sich stets eine genaue Einstellung des Gefäßniveaus und damit eine genaue Messung des Niveauunterschiedes ermöglichen läßt.

§ 127. Aneroidbarometer und Barograph.

Zum Transport geeigneter, wenn auch weniger genau, sind die Feder- oder Aneroidbarometer. Bei der Vidischen Ausführung wird eine luftleere Metalldose verwendet, die durch eine dünne gewellte Membrane abgeschlossen ist. Je nachdem der Luftdruck zu- oder abnimmt, erfährt die Metallmembrane größere oder kleinere Durchbiegungen. Die Durchbiegungen der Membrane werden auf ein Zeigerwerk übertragen und gestatten so eine Messung der Änderungen. Bei feineren Ausführungen wird die Durchbiegung direkt mit Hilfe eines Mikroskops bestimmt. Die Bourdonsche Ausführung besteht aus einem ringförmig gebogenen, beiderseits geschlossenen, luftleeren Rohr von elliptischem Querschnitt. Die Änderungen des Luftdruckes wirken hier auf die äußere Ringfläche stärker als auf die innere, da die äußere dem Luftdruck eine größere Oberfläche bietet. Diese Differenzwirkung äußert sich durch ein Zusammenkrümmen oder Aufbiegen des Ringes, das durch ein Zeigerwerk übertragen wird.

Die Einteilung der Aneroidbarometer wird durch Vergleich mit einem genauen Quecksilberbarometer hergestellt. Da sich die Elastizität der verwendeten Metallmembranen ändern kann, so sind die Aneroidbarometer nicht absolut zuverlässig. Ihre Angaben müssen von Zeit zu Zeit mit den Angaben eines genauen Quecksilberbarometers verglichen werden.

Durch Anbringung eines Schreibstiftes am Zeiger und einer mittels Uhrwerk betriebenen Papiertrommel lassen sich die Aneroidbarometer vorteilhaft zur automatischen Registrierung der Luftdruckänderungen verwenden. Man nennt sie in dieser Ausführung Barographen.

§ 128. Barometerkorrektion.

Bei genauen Feststellungen des Barometerstandes sind noch folgende Fehlerquellen durch geeignete Korrekturen einzuschränken.

1. Die Temperaturänderungen veranlassen Längenänderungen der Quecksilbersäule und der Barometerskalen. Man pflegt daher zu Vergleichszwecken diese Einflüsse dadurch auszuschalten, daß man die Ablesungen auf 0^0 umrechnet (reduziert).

Ist t die Temperatur bei der Ablesung,

b_t die bei der Temperatur abgelesene Höhe der Q.S.,

b der Barometerstand bei 0^0, so sind die Ablesungen nach folgenden Angaben zu berichtigen:

für Messingskalen: $$b = b_t\,(1 - 0{,}000162\,t) \quad (63)$$

für Glasskalen: $$b = b_t\,(1 - 0{,}000173\,t) \quad (64)$$

2. Durch kapillare Erscheinungen kann namentlich bei Gefäßbarometern eine Absenkung des Quecksilberspiegels eintreten. Zu ihrer Berichtigung dient die von F. Kohlrausch[1] nach den Untersuchungen von Mendelejeff und Gutkowsky aufgestellte Tabelle.

3. Bei höheren Temperaturen kann die Spannkraft der sich in der Luftleere bildenden Quecksilberdämpfe eine Absenkung des Quecksilberspiegels veranlassen, die aber hinreichend korrigiert wird, wenn man zu dem beobachteten Stande 0,001 t mm addiert.

[1] Kohlrausch, Leitfaden der praktischen Physik. Leipzig 1892, S. 413.

4. Bei wissenschaftlichen Messungen muß endlich noch die Veränderlichkeit der Schwere Berücksichtigung finden. Es kann dies nach der von F. Kohlrausch angegebenen Gleichung geschehen:

$$\frac{g}{g_{45}} = 1 - 0{,}0026 \cos 2\varphi - 0{,}0000002\,H \qquad (65)$$

Hierin bedeuten:

$g_{45} = 9{,}806 \frac{\mathrm{m}}{\mathrm{sec}^2}$ die Erdbeschleunigung unter 45° geograph. Breite;

g = die Erdbeschleunigung unter der Breite $= \varphi$;

H = Höhe des Beobachtungsortes über dem Meeresspiegel in Meter.

Mit dem aus der Gleichung (65) berechneten Wert ist der beobachtete Barometerstand zu multiplizieren. Das letzte Glied, das nur für sehr beträchtliche Höhen (in der bisher von Menschen erreichten größten Höhe von rund 10 km würde der Wert dieses Gliedes erst $\frac{2}{1000}$ betragen) in Betracht kommt, kann für gewöhnlich vernachlässigt werden.

Die angegebenen Korrekturen sind nur für sehr genaue wissenschaftliche Messungen erforderlich. Im allgemeinen kann man sich mit den unter 1. angegebenen Temperaturkorrekturen begnügen. Die Korrektur von Aneroidbarometern geschieht mit Hilfe von Tabellen, die durch Vergleich mit einem Normalquecksilberbarometer bei verschiedenen unter dem Rezipienten der Luftpumpe künstlich hergestellten Drucken empirisch zusammengestellt werden.

Vierter Abschnitt.

Die barometrische Höhenmessung.

§ 129. Abnahme des Luftdruckes mit zunehmender Erhebung.

Steigt man vom Meeresspiegel um 10,5 m senkrecht auf, so sinkt das Barometer von 760 mm auf 759 mm. Gleichzeitig nimmt auch das spezifische Gewicht der Luft entsprechend der Verminderung der Luftsäule um 10,5 m, das ist im Verhältnis 759:760, ab. Nehmen wir die so berechnete Dichte in einer zweiten Luftschicht von abermals 10,5 m Höhe als konstant an, so können wir die Verminderung des Luftdruckes für eine Höhe von 2 mal 10,5 m berechnen. Fährt man in der angedeuteten Weise fort, so erhält man eine geometrische Progression, deren Auswertung zu der Gleichung führt:

$$p = 1{,}033\, e^{-\frac{h}{7{,}99}} \tag{66}$$

Durch Logarithmieren auf beiden Seiten und Ordnen der Glieder nimmt die Gleichung die Form an:

$$h = \log \frac{1{,}033}{p} \frac{7{,}990}{\log e} \tag{67}$$

In dieser Gleichung bedeutet:

h = die Höhe über dem Meeresspiegel in Meter;

$1{,}033 \frac{\text{kg}}{\text{cm}^2}$ = der Luftdruck in der Höhe des Meeresspiegels;

p = (im gleichen Maß) der Luftdruck in der Höhe h;

e = 2,718 die Basis der natürlichen Logarithmen.

§ 130. Grundgleichung der barometrischen Höhenmessung.

Da der Luftdruck in jedem Falle verhältnisgleich der gehobenen Quecksilbersäule ist, so können wir setzen:

$$\frac{1{,}033}{p} = \frac{b_0}{b} \tag{68}$$

wobei b_0 den in Meereshöhe und b den in der Höhe h abgelesenen Barometerstand darstellt (beide auf gleiche Temperatur reduziert). Die Gleichung nimmt nun die Form an:

$$h = \log \frac{b_0}{b} \frac{7{,}990}{\log e} = 18400 \log \frac{b_0}{b} \tag{69}$$

Wir wollen diese Gleichung als Grundgleichung der barometrischen Höhenmessung bezeichnen.

§ 131. Korrekturen bei Höhenmessungen.

Für genaue Messungen sind außer den Einflüssen der Temperatur auch noch die Einflüsse der Feuchtigkeit und der Schwerkraftsänderung zu berücksichtigen. Laplace, Rühlmann, Bauernfeind und Jordan haben vollkommene Barometerformeln aufgestellt, die aber sehr komplizierte Formen haben.[1] Der Vollständigkeit wegen sei hier die Gleichung von Jordan angeführt:

$$h = 18400 \left(1 + 0{,}003665 \frac{t + t_0}{2}\right) (1 + 0{,}002652 \cos 2\varphi) \left(1 + 2\frac{H}{r}\right) \left(1 + 0{,}377 \frac{\frac{p}{b} + \frac{p_0}{b_0}}{2}\right) \log \frac{B}{b} \qquad (70)$$

Bezeichnungen: h = Höhenunterschied in Meter;

t, t_0 und b, b_0 = Temperatur- und Barometerstand an den beiden Punkten, deren Höhenunterschied bestimmt wird;

φ = die mittlere geographische Breite der beiden Punkte;

r = Erdradius (= rund 6370 km);

p, p_0 die Dampfspannung des in der Luft enthaltenen Wasserdampfes an den beiden Orten der Messung;

H = die mittlere Seehöhe.

§ 132. Höhenformel von Jordan.

Der Einfluß der Dampfspannung (= Dunstdruck) ist im Verhältnis zu anderen Ungenauigkeiten nur gering; man kann deshalb für weite Gebiete eine mittlere Dampfspannung als konstant in die Gleichung einführen. Jordan hat demgemäß eine für Mitteleuropa gültige vereinfachte Gleichung für eine geographische Breite von 50°, eine mittlere Seehöhe von 500 m und einen mittleren Dunstdruck von 7,2 mm Q.S. berechnet.

$$h = 18464 \left(1 + 0{,}003665 \frac{t + t_0}{2}\right) \log \frac{b}{b_0} \qquad (71)$$

§ 133. Höhenformel für die Zwecke der Praxis.

Für die Praxis des Luftschiffes läßt sich die Formel noch etwas vereinfachen. Es kann dann bis zu Höhendifferenzen von etwa 1000 m die Berechnung nach dem folgenden angenäherten bequemeren Ausdruck erfolgen:

$$h = 8000 \frac{b_0 - b}{b_m} (1 + 0{,}004\, t_m) \qquad (72)$$

[1] Siehe auch unter Barometrische Höhenformel in Luegers Lexikon der gesamten Technik

Bezeichnungen:

h = gesuchte Höhendifferenz in Meter;

b_0, b = Barometerstände am oberen und unteren Ort;

$b_m = \frac{b_0 + b}{2}$ = Mittel aus beiden Ablesungen;

t_m = Mittel aus den beiden Temperaturablesungen.

Für die praktische Ausführung von barometrischen Höhenmessungen ist die Verwendung der „Barometrischen Höhentafeln für Tiefland und große Höhen von W. Jordan" besonders zu empfehlen. Für rohe Annäherung kann man in geringen Höhen für eine Änderung des Barometerstandes von 1 mm einen Höhenunterschied von 10 m setzen.[1]

§ 134. Höhenmessung mit Thermometer.

Zum Zwecke der Höhenmessung kann der Barometerstand auch aus der Siedetemperatur des Wassers bestimmt werden. Im Luftballon dürfte diese Methode nur unter Anwendung von durch Akkumulatoren gespeisten elektrischen Heizapparaten durchzuführen sein.

Da 1 mm Barometerstand etwa $^1/_{25}{}^0$ entspricht, so müssen sehr empfindliche und genau justierte Thermometer und erhebliche Vorsichtsmaßregeln bei der Messung verwendet werden, um einige Genauigkeit zu erzielen.

Fünfter Abschnitt.

Temperatur der Atmosphäre und Temperaturmessung.

§ 135. Wärmequelle der Erdatmosphäre.

Als wesentliche Quelle für die der Erdatmosphäre zugeführte Wärme ist die Sonne zu betrachten, die zunächst dem Erdkörper durch Strahlung Wärme zuführt. Durch Rückstrahlung wird die zugeführte Wärme dann an die Atmosphäre abgegeben. Zwar pflanzt sich auch ein Teil der hohen Wärme des Erdinnern durch Leitung

[1] Siehe Luegers Lexikon der gesamten Technik unter Barometrische Höhenmessung; ferner F. Kohlrausch, Leitfaden der praktischen Physik unter Atmosphärischer Druck und Barometrische Höhenmessung.

nach der Erdoberfläche fort; da dieser Anteil aber als unveränderlich angesehen werden darf, so übt er keinen Einfluß auf die Temperaturänderungen der Erdatmosphäre aus. Ein Teil der Sonnenstrahlung geht durch Reflexion an den Wolken, durch Absorption in der Atmosphäre und durch Zerstreuung verloren.

Da die Erde ihren Stand relativ zur Sonne ändert, so ändert sich auch der Winkel, unter dem die Sonnenstrahlen die Erdoberfläche treffen, so daß gleiche Flächen von verschiedenen Strahlensummen getroffen werden. Damit erklärt sich auch die geringere Wirkung der Bestrahlung im Winter. Dauer und Stärke der Bestrahlung wechseln somit je nach Ort, Zeit und Jahreszeit. Den Hauptteil der Wärme erhält die Atmosphäre nicht durch die Sonne, sondern durch die Rückstrahlung der Erde. Durch die Rückstrahlung der Erde werden die darüber liegenden Luftschichten erwärmt, steigen zufolge der durch die Ausdehnung hervorgerufenen geringeren Dichte empor und werden durch darüber liegende kältere fortwährend ersetzt.

§ 136. Einfluß von Wasser und Land auf die Temperatur der Atmosphäre.

Da das Wasser von allen Körpern (mit Ausnahme des Wasserstoffes) bei Erwärmung um 1° die größte Wärmemenge aufnimmt, d. h. die größte spezifische Wärme hat, so geht die Ausstrahlung der vom Wasser bedeckten Oberflächen der Erde langsamer vor sich.

§ 137. Land und Seeklima.

Es erklärt sich hieraus der Unterschied zwischen Land- und Seeklima. Das Absinken der Temperatur durch die rasche Ausstrahlung der Erdschichten wird gewissermaßen durch das langsamere Ausstrahlen des Meeres bis zu einem gewissen Grade kompensiert. Die am Meere belegenen Landstriche haben die dort auftretenden geringeren Temperaturschwankungen oder, wie man auch sagt, ihr milderes Klima der großen Wärmekapazität des Wassers zu verdanken.

§ 138. Abnahme der Lufttemperatur mit der Erhebung.

Erfahrungsgemäß zeigt die Temperatur der Atmosphäre in vertikaler Richtung viel raschere Änderungen als in horizontaler. Es mag dies damit zu erklären sein, daß die erwärmte Luftmenge beim Aufsteigen unter geringeren Druck kommt und sich ausdehnen kann.

Dabei ist sie von anderen als schlechte Wärmeleiter anzusehenden Luftschichten umgeben. Die Ausdehnung wird also im wesentlichen ohne Wärmeabgabe an die Umgebung, oder, wie wir dies bei Besprechung der kinetischen Wärmetheorie nannten, „adiabatisch“ erfolgen. Bei adiabatischer Ausdehnung eines Gases leistet das Gas aber Arbeit; das kann nur auf Kosten eines Verlustes an Wärmeenergie geschehen. Die Luft wird sich also bei dieser adiabatischen Ausdehnung abkühlen. Eine genau gesetzmäßige Abnahme der Temperatur der Atmosphäre mit zunehmender Erhebung über den Meeresspiegel läßt sich im Hinblick auf die, einen gesetzmäßigen Verlauf vielfach beeinträchtigenden, Einflüsse, wie vertikale und horizonale Strömungen, Kondensation des aufsteigenden Wasserdampfes u. a. schwer feststellen. Auch die Bodenformation spielt hier vermöge der Rückstrahlung der Erde eine Rolle. So zeigen sich andere Verhältnisse in der Nähe eines Bergmassivs als in der freien Atmosphäre.

§ 139. Höchste und niedrigste Temperaturen der Atmosphäre.

Nach Beobachtungen an Gebirgsstationen beträgt die Abnahme pro 100 m Erhebung ziemlich regelmäßig 0,5—0,6°.[1]

Berson stellte bei seiner berühmten Hochfahrt (Berson und Süring 31./VII. 1901) in einer Höhe von 10250 m eine Temperatur von — 40° fest.

Die niedrigste bei Fahrten mit bemannten Ballons ermittelte Temperatur beträgt — 48° (Berson 4./XII. 1894 und Süring 24./III. 1899).

Die niedrigste, durch Registrierballons festgestellte Temperatur wird von Kremser zu — 70° in 20 km Höhe angegeben.

Die mittlere Abnahme pro 100 m Erhebung schwankt je nach der Jahreszeit zwischen 0,6 und 0,7°. Ein interessantes Bild von der Verteilung der Temperatur in verschiedenen Höhenschichten gibt die Isothermenkarte, Figur 30, die wir einem Aufsatz von Teisserenc de Bort entnehmen. (Léon Teisserenc de Bort, Les Applications des Ballons et Cerfs-volants à l'étude de l'atmosphère. La Locomotion Aérienne en 1910. Rapport officiel de la Première Exposition Internationale de Locomotion Aérienne Paris 1910, p. 74.)

[1] Berson-Kremser, Die Physik der Atmosphäre in Moedebeck-Sürings Taschenbuch. 3. Aufl., 1911, S. 87.

§ 140. Höchste und niedrigste Temperatur an der Erdoberfläche.

Nach Teisserenc de Bort beträgt die mittlere Jahresschwankung an der Erdoberfläche 16°, in 10 km Höhe 9°.

Die höchsten auf der Erde vorkommenden Temperaturen sind nach Kremsers Angaben im Innern Arabiens mit + 57°, die niedrigsten in Werchojansk (Sibirien) beobachtet worden (— 68°).

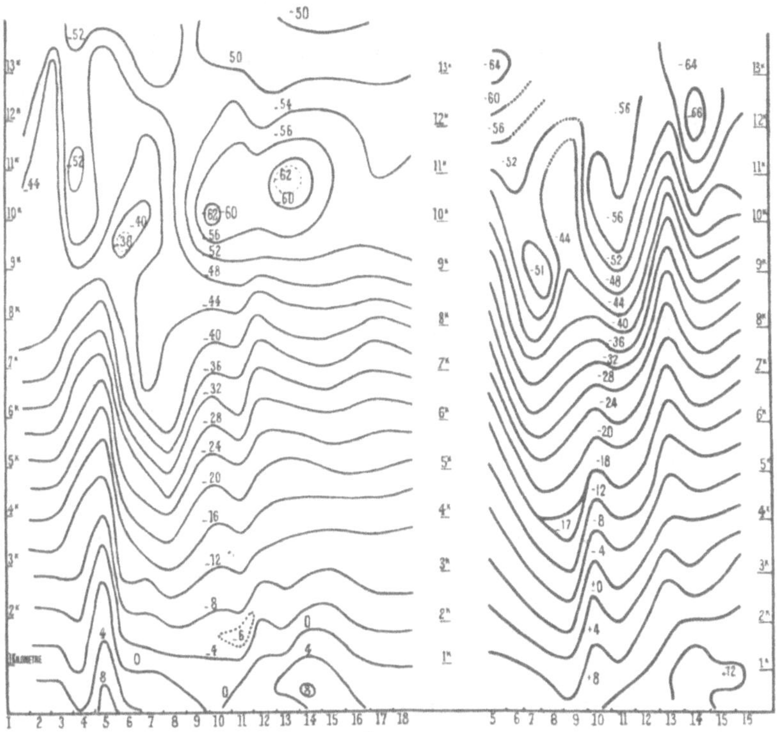

Vom 3. bis 18. März 1903. Fig. 30. Vom 5. bis 16. Mai 1904.
Isothermen der freien Atmosphäre. Vertikale Temperaturverteilung über der Gegend von Paris nach M. L. Teisserenc de Bort.

§ 141. Erscheinung der Inversion.

In einzelnen Fällen können auch umgekehrte Erscheinungen auftreten. So kann es in unseren kalten Wintern bei hohem Barometerstand vorkommen, daß die Luftschichten in den Tälern kälter sind als auf den Bergen. Aus den bisher vorliegenden Beobachtungen kann geschlossen werden, daß erst zwischen 500 und 1000 m, nach der Jahreszeit wechselnd, eine Schicht vorhanden sein wird, deren Mitteltemperatur zu jeder Tageszeit unter der am Grunde des Luftmeeres liegen wird. In einzelnen Fällen kann nach Kremser sich die Inversion bis in erheblich größere Höhen erstrecken, erhebliche Werte erreichen und wochenlang anhalten. Kremser führt (an der bereits erwähnten Stelle) eine Beobachtung vom 12. Januar 1894 an, die bis zu einer Höhe von 700 m über Berlin eine Temperaturzunahme von 16° und erst in einer Höhe von 4000 m eine der am Erdboden festgestellten gleiche Temperatur ergab.

§ 142. Ursachen der Änderung des Temperaturgefälles.

Als Gründe für die Verminderung des Temperaturgefälles nach obenhin werden angeführt:

1. Die bei der Kondensation des Wasserdampfes in der Höhe frei werdende und die bei Verdunstung des Wassers entzogene Wärme.
2. Die Absorption der Sonnenstrahlung, die in den oberen Schichten verhältnismäßig stärker ist.
3. Die Luftströmungen.
4. Die wahrscheinliche Anwesenheit eines leichten Gases in der Atmosphäre (vergleiche die Erörterungen über die Mächtigkeit der Atmosphäre).

Als Gründe für die Verstärkung des Temperaturgefälles in den unteren Schichten der Atmosphäre lassen sich anführen: die Wärmeabgabe des auf eine höhere Temperatur erwärmten Erdbodens durch Strahlung und Leitung sowie die Reibungswärme, in die sich die kinetische Energie der bewegten Luft umwandelt.

§ 143. Temperaturmessung.

In wissenschaftlichen Veröffentlichungen mit Ausnahme der englischen wird die 100teilige Celsiusskala der Temperaturmessung zugrunde gelegt mit dem Eispunkt als Nullpunkt und dem Siedepunkt des Wassers unter Normaldruck bei 100°. Der Zusammenhang zwischen der von den Engländern benutzten Fahrenheitskala, deren Nullpunkt bei − 32° C liegt, ergibt sich aus folgender Beziehung:

$$\text{Celsiusgrade} = \frac{5}{9}\,(\text{Fahrenheitgrade}) - 32^{0} \qquad (73)$$

§ 144. Schleuderthermometer und Psychrometer.

Das Thermometer gibt nicht ohne weiteres die wirkliche Lufttemperatur an, da es infolge der Durchlässigkeit der Luft für Wärmestrahlen durch Strahlung sowie auch durch Wärmeleitung beeinflußt werden kann. Man verwendet deshalb zur Feststellung der Lufttemperatur am zweckmäßigsten sogenannte Schleuderthermometer (R. Fuess, Berlin-Steglitz). Bei diesen ist die Glasröhre in eine Messinghülse mit Auszugsrohr und Windlöchern gelagert. Das Instrument wird an einer Schnur im Kreise geschwungen (etwa 1 bis 2 Minuten) und dann rasch abgelesen. Man sucht dadurch das Instrument mit möglichst vielen Luftteilchen in Berührung zu bringen und die Strahlungseinflüsse zu vermeiden. Am besten lassen sich aber die Aspirationspsychrometer von Assmann verwenden; sie sind besonders für Messungen im Freiballon zu empfehlen, wo die Luftbewegung fehlt und die Sonnenstrahlung entsprechend der Höhe groß ist. Wir werden auf diese Instrumente bei Erörterung der Feuchtigkeitsmessung zu sprechen kommen.

§ 145. Der Thermograph.

Zur selbsttätigen Registrierung der Temperatur werden die Thermographen verwendet, die ähnlich wie die Richardschen Barographen ausgebildet sind. Die Temperatur wird hier durch die Krümmungsänderungen gemessen, die ein mit Alkohol gefülltes dünnwandiges Metallrohr bei Temperaturänderungen erfährt. Die Krümmungsänderungen werden durch ein Hebelwerk auf einen Schreibstift übertragen, der die Änderungslinien auf einer durch Uhrwerk angetriebenen Papiertrommel aufzeichnet.

Sechster Abschnitt.

Luftfeuchtigkeit und Luftfeuchtigkeitsmessung.

§ 146. Die Dampfbildung des Wassers.

Wird in einen leeren oder gaserfüllten Raum Wasser oder Eis in solcher Menge gebracht, daß der Raum nicht vollständig ausgefüllt ist, so geht ein Teil des Wassers in den gasförmigen Zustand über. Diese Verdunstung tritt bei allen Temperaturen ein, aber in verschiedenem Grade. Es verdampft unter den gegebenen Verhältnissen stets so viel, bis die Dämpfe eine bestimmte, nur von der Temperatur abhängige Dichte angenommen haben. Die mit dem letzten Satze ausgesprochene Gesetzmäßigkeit ist von der Menge des nicht gasförmigen Wassers, vom Raume und auch von der Anwesenheit anderer Gase im Raume unabhängig.

Da Druck und Dichte miteinander in Beziehung stehen, so kann man das Gesetz auch dahin aussprechen, daß man dem Wasserdampf einen bestimmten Druck (Dunstdruck) zuschreibt, der nur von der Temperatur abhängig ist. Erfolgt die Verdunstung in einem gaserfüllten Raume, so darf nicht der Gesamtdruck der Gasmischung (z. B. Luft und Wasserdampf), sondern nur der Teildruck des Dampfes in Rechnung gebracht werden. Wir geben im folgenden einige Werte des Dampfdruckes bei verschiedenen Temperaturen nach Ostwald: in Millimeter Q.S.:[1]

Dampfdruck des Wassers

− 19°	1,02 mm	+ 60°	148,9 mm
− 10°	2,15 mm	+ 70°	233,3 mm
0°	4,56 mm	+ 80°	354,9 mm
+ 10°	9,14 mm	+ 90°	525,5 mm
+ 20°	17,36 mm	+ 100°	760,0 mm

§ 147. Das Sieden des Wassers.

Wie aus der im vorigen Paragraphen gegebenen Tabelle hervorgeht, erreicht der Dampfdruck des Wassers bei einer Temperatur gleich 100° den Wert 760 mm Q.S., wird also gleich dem Druck der Luft in Höhe des Meeresspiegels. Weitere Zuführung von Wärme wird dann zur Bildung von Dampf verwendet, der in Blasen aus dem Wasser entweicht. Es entspricht somit nicht den tatsächlichen Verhältnissen, wenn man sagt, daß der Siedepunkt durch die Temperatur gegeben sei, bei der das Wasser Dampf bildet. Dampfbildung tritt bei allen Temperaturen ein; dagegen ist die Bildung der Dampfblasen innerhalb der Flüssigkeit erst bei der Siedetemperatur möglich.

Die Messung der barometrischen Höhe durch Bestimmung der Siedetemperatur des Wassers wird aus der Tabelle des § 146 verständlich. Ein Luftdruck von 233 mm entspricht zum Beispiel annähernd einer Erhebung von rund 9000 m über dem Meeresspiegel. In dieser Höhe würde also die Siedeerscheinung des Wassers bereits bei einer Temperatur von + 70° eintreten.

[1] Ostwald, Grundriß der anorganischen Chemie. Leipzig 1904, S. 128.

§ 148. Die Überkaltung.

Luftfreies Wasser kann unter die Temperatur 0° abgekühlt werden, ohne daß Eisbildung eintritt, wobei es die Eigentümlichkeit, sich mit abnehmender Temperatur auszudehnen, beibehält. Wird das unterkühlte Wasser mit Eis oder mit einem Körper von der Temperatur des schmelzenden Eises in Berührung gebracht, so tritt sofortige Erstarrung des Wassers ein, indem es sich auf die Temperatur 0° erwärmt (Glatteisbildung). Nach den Sätzen der Mechanik nannten wir Gleichgewichtszustände instabil oder labil, bei denen die geringste Störung den im labilen Gleichgewicht befindlichen Körper zum Aufsuchen einer neuen Lage veranlaßt. Insofern die Überkaltung des Wassers nicht zu weit getrieben wird, kann überkaltetes Wasser die verschiedenartigsten Störungen erfahren, ohne zu erstarren. Die Störung des Gleichgewichtszustandes erfolgt erst durch das Hinzutreten eines anderen Körpers, des Eises.

Man hat daher das in der Nähe des Schmelzpunktes liegende Überkaltungsgebiet metastabil genannt und gibt erst den weiter belegenen Gebieten, in denen die Erstarrung freiwillig eintritt, den Namen labil.

Auch Dämpfe lassen sich unter die ihrem Drucke entsprechende Temperatur abkühlen (überkalten). Kommen die überkalteten Dämpfe mit Wasserteilchen oder Staubteilchen in Berührung, so tritt eine ähnliche Erscheinung ein; es erfolgt plötzliche Kondensation des ganzen Dampfvolumens (Platzregen).

§ 149. Relative Feuchtigkeit.

Unter feuchter Luft verstehen wir eine Mischung von Luft und Wasserdampf.[1] Nach den Eigenschaften der Dämpfe kann der Druckanteil, den der der Luft beigemischte Wasserdampf an dem Gesamtdruck der feuchten Luft hat, einen bestimmten von der Temperatur abhängigen Wert nicht überschreiten. Ein bestimmtes Luftvolumen kann daher im Höchstfalle ein Dampfgewicht aufnehmen, dessen Teildruck dem durch die Temperatur gegebenen Maximaldruck entspricht. Das Luftvolumen ist dann gesättigt; es ist damit eine obere Grenze der Luftfeuchtigkeit gegeben. Die Feuchtigkeit der Luft kann also zwischen dem Werte = 0 (trockene Luft) und diesem Höchstwerte (gesättigte Luft) variieren. Das Ver-

[1] Mollier, Mischung von Luft und Wasserdampf in Hütte, Des Ingenieurs Taschenbuch. 20. Aufl. Bd. I, S. 321.

hältnis des tatsächlich bei der Temperatur t vorhandenen Teildruckes p_D zu dem Sättigungsdruck p' der gleichen Temperatur kann als Maß für den Grad der Luftfeuchtigkeit dienen. Wir nennen dieses Verhältnis relative Feuchtigkeit und schreiben:

$$\varphi = \frac{p_D}{p'} \tag{74}$$

Bezeichnungen:

φ = Relative Feuchtigkeit;
p_D = Teildruck des Wasserdampfes bei Temp. t;
p' = Höchstwert des Teildruckes bei Temp. t.

§ 150. Das Gewicht der feuchten Luft.

Bei $\varphi = 1$ ist die Luft mit Wasserdampf gesättigt; bei φ kleiner als 1 kann die Luft noch pro Kubikmeter $(1 - \varphi)\ \gamma'$ g Wasserdampf aufnehmen, wobei γ' das Gewicht von 1 cbm Wasserdampf in Gramm dem der betreffenden Temperatur zugehörigen Höchstdruck entspricht.

Das Gewicht von 1 m³ feuchter Luft berechnet sich nach Mollier zu:

$$\gamma = 342 \frac{p}{T} - 0{,}176\, \varphi \frac{h'}{T} \tag{75}$$

Zur Erleichterung der Berechnung hat Mollier eine Tabelle aufgestellt, die sich in Hütte, Des Ingenieurs Taschenbuch. 20. Aufl. Bd. I, S. 323 findet.

Bezeichungen der Gleichung:

p = Gesamtdruck des Gemisches (= der feuchten Luft) bei der absolut gemessenen Temperatur $= T$ in kg/cm²;
φ = relative Feuchtigkeit des Gemisches bei der Temp. $= T$;
h' = die dem bei der Temperatur $= T$ möglichen Höchstdruck entsprechende Spannung des Wasserdampfes in Millimeter Q.S. von 0°.

§ 151. Die Gaskonstante der feuchten Luft.

Die Gaskonstante der feuchten Luft berechnet sich nach Mollier zu:

$$R = \frac{29{,}28}{1 - 0{,}377\, \varphi \frac{p'}{p}} \tag{76}$$

§ 152. Der Taupunkt.

Bei steigender Abkühlung wächst der Feuchtigkeitsgrad φ bis zu seinem Höchstwerte = 1, den er bei der dem gegebenen Teildruck des Dampfes: $p_D = \varphi_0 p_0'$ entsprechenden Temperatur h' erreicht. Diese Grenze, unterhalb der ein Niederschlagen des Dampfes stattfindet, bezeichnet man als Taupunkt.

§ 153. Feuchtigkeitsmessung durch Wägung.

Die genaueste Methode zur Bestimmung der Luftfeuchtigkeit ist die der Absorption und direkten Wägung. Man leitet ein abgemessenes Volumen der zu untersuchenden Luft durch eine mit einer hygroskopischen (= das Wasser aufsaugenden) Substanz gefüllten Röhre (z. B. ausgeglühtes wasserfreies Chlorcalcium). Die Gewichtszunahme der hygroskopischen Substanz gibt direkt den Feuchtigkeitsgehalt an. Diese Methode ist zwar genau, aber langwierig und mühsam. Für meteorologische Zwecke ist sie nicht verwendbar; denn hier kommt es darauf an, den augenblicklichen Feuchtigkeitsgrad der Luft möglichst rasch und sicher zu bestimmen, da durch den Feuchtigkeitsgehalt der Luft der Eintritt der wäßrigen Niederschläge wesentlich bedingt ist.

§ 154. Feuchtigkeitsmessung durch hygroskopische Substanzen. Hygrometer.

Eine andere Art der Messung beruht auf der mit dem Feuchtigkeitsgrade veränderlichen Gestaltsänderung (Längenänderung, Krümmung), hygroskopischer (= Wasser aufsaugender) Körper. So benutzte Saussure (1783) bei seinem Haarhygrometer die Längenänderung eines durch Auslaugen in Soda seines natürlichen Fettgehaltes beraubten Menschenhaares. Die Längenänderung wurde auf ein Zeigerwerk mit Skala übertragen. In ähnlicher Weise benützte Deluc (1788) einen quer über die Fasern geschnittenen Fischbeinstreifen. Im bürgerlichen Leben findet man diese Hygrometer vielfach als billige Wetteranzeiger (Wettermännchen) verbreitet (meist mit Darmsaiten). Sie sind bequem in der Verwendung, aber wenig zuverlässig.

§ 155. Feuchtigkeitsmessung durch Temperaturdifferenz. Psychrometer.

In der Aeronautik werden heute zur Feuchtigkeitsmessung wohl nur mehr die von August (1828) angegebenen Psychrometer in der von Assmann verbesserten Form angewendet. Dem Psychrometer liegt die Erfahrung zugrunde, daß die bei einer Verdunstung eintretende Temperaturerniedrigung der Verdunstungsgeschwindigkeit verhältnisgleich ist. Die Verdunstungsgeschwindigkeit ist nun wiederum eine Funktion des jeweiligen Feuchtigkeitsgrades der Luft. Je mehr der Zustand der Luft sich der Sättigung nähert, desto langsamer wird die Verdunstung vor sich gehen, desto geringer wird auch die durch die Verdunstung eintretende Temperaturerniedrigung sein.

Diese Temperaturerniedrigung mißt das Psychrometer durch den Unterschied der Angaben zweier Thermometer. Zwei vollkommen gleiche, empfindliche und genau justierte Thermometer, die mindestens Zehntel Grad noch mit Sicherheit abzulesen gestatten, werden nebeneinander auf einem Gestell befestigt. Die Kugel des einen Thermometers wird mit einem Stück Baumwollenzeug umwickelt, das immer feucht gehalten werden muß. Das läßt sich erreichen, indem man ein Ende des Baumwollenzeuges in eine mit Wasser gefüllte, untergestellte Schale herabhängen läßt; der Kugel wird dann durch Kapillarität die erforderliche Feuchtigkeit zugeführt. Von Zeit zu Zeit muß der Stoff erneuert werden. Das feuchte Thermometer steht nun infolge der Verdunstung immer niedriger als das trockene; der Unterschied in der Temperaturanzeige der beiden Thermometer, die psychrometrische Differenz, ist um so größer, je schneller die Verdunstung vor sich geht. Sie wird in trockener Luft den größten Wert haben und sich mit steigender Feuchtigkeit dem Werte 0 nähern.

Bezeichnen wir

mit t die Angabe des trockenen Thermometers;

mit t_f die Anzeige des feuchten Thermometers;

mit h' und h_f' die beiden Temperaturanzeigen entsprechenden Dampfspannungen in Millimeter Q.S.,

so berechnet sich der wirkliche Teildruck des Wasserdampfes zu:

$$h_D = \varphi h' = h'_f - 0{,}60\ (t - t_f), \text{ wenn } t' \text{ größer } 0 \tag{77}$$

$$h_D = \varphi h' = h'_f - 0{,}52\ (t - t_f), \text{ wenn } t' \text{ kleiner } 0 \tag{78}$$

Die Konstanten gelten für mäßig bewegte freie Luft; bei ruhiger Luft muß das Psychrometer etwas bewegt werden.

§ 156. Das Aspirationspsychrometer.

Genauere Resultate ergibt das heute allgemein verwendete Aspirationspsychrometer von Assmann (Fig. 31). Bei diesem sind die Thermometergefäße durch glänzend polierte Metallhüllen gegen Strahlung geschützt; ein durch Uhrwerk getriebener Ventilator leitet einen kräftigen Luftstrom an den Thermometergefäßen vorbei. Das in der Abbildung sichtbare Spritzgebläse dient zum Befeuchten der Umhüllung des einen Thermometergefäßes.[1]

Sprung stellte für das Aspirationspsychrometer die Gleichung auf:

$$h_D = h_f' - 0{,}5\,(t - t_f)\,\frac{b}{755} \qquad (79$$

(Bezeichnungen siehe § 155).

Wie wir bereits bei Besprechung der Temperaturmessung erörterten, eignet sich das Aspirationspsychrometer auch sehr gut zur Bestimmung der Lufttemperatur. Bei Messungen im Freiballon bringt man es in einiger Entfernung vom Ballonkorb mit Hilfe eines Galgens an; die Ablesung erfolgt dann mit Fernrohren.

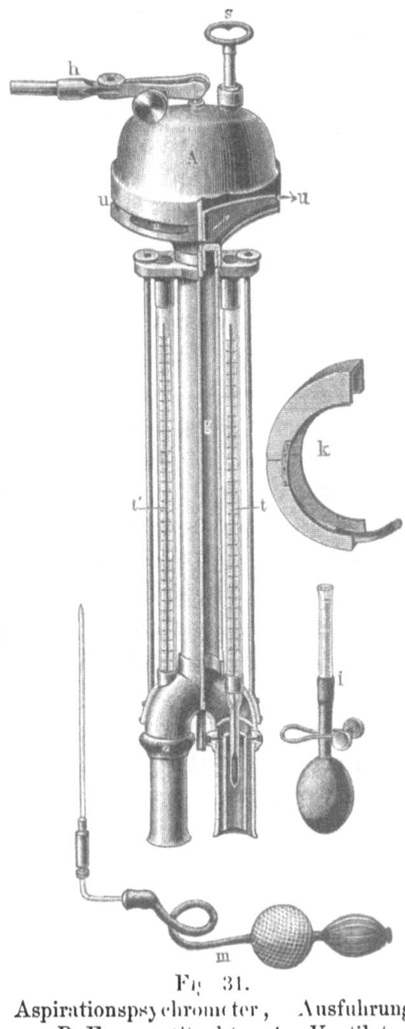

Fig. 31.
Aspirationspsychrometer, Ausführung von R. Fuess, Steglitz. A = Ventilatorkapsel; s = Aufzug; g = Luftrohr; u = Austritt des Luftstromes; t und t' = Thermometer; i und m = Gebläse zum Anfeuchten; k = Schutzring.

Auf die Vorführung von Abbildungen der gebräuchlichen

[1] Assmann, Das Aspirationspsychrometer, Abhandlungen des Kgl. Preuß. meteorol. Institutes. Bd. I. November. Berlin 1892. Svensson, Experimentelle Untersuchung des Assmannschen Aspirationspsychrometers, Meteorolog. Zeitschrift 1896. Ferner J. Fricks, Physikalische Technik, VII. Auflage von Lehmann. I. Bd. II. Abteilung. S. 1197. Siehe dort auch über Hygrometer, Barometer und Thermometer.

Barometer und Hygrometer können wir hier verzichten, da diese sich auch in der Form registrierender Apparate in den meisten öffentlichen Wetterhäuschen oder Säulen vorfinden. Viel verwendet wird ein mit einem Thermometer kombiniertes verbessertes Haarhygrometer der Göttinger Instrumentenfabrik W. Lambrecht, das unter dem Namen „Lambrechts Polymeter“ bekannt ist.[1] Durch Verbindung mit Schreibstift und Papiertrommel lassen sich auch registrierende Hygrometer herstellen.[2]

§ 157. Feuchtigkeitsänderungen in der Atmosphäre.

Die relative Feuchtigkeit am Grunde des Luftmeeres schwankt von 0,85 (85 %) bis herunter auf 0,20 (20 %), ein Feuchtigkeitsgrad, der sich auch in den trockensten Wüstengegenden noch findet; sie nimmt vom Äquator bis zu einer Breite von etwa 35° ab und nach dem Nordpol hin wieder zu.

Für die vertikale Abnahme des Dampfdruckes haben Hann (Beobachtungen an Bergstationen) und Berson und Süring (Beobachtungen in der freien Atmosphäre) Gleichungen aufgestellt.[3]

Nach den Feststellungen von Berson bleiben von der am Grunde des Luftmeeres vorhandenen Dampfmenge in der Höhe von 8 km im Mittel nur etwa 1 % übrig, so daß in Höhen über 8 km fast völlige Trockenheit herrscht. Die relative Feuchtigkeit ändert sich nach oben hin unregelmäßig; nach Ballonbeobachtungen erfolgt zunächst eine Abnahme; in der Wolkenregion nimmt sie etwas zu, um darüber hinaus wieder abzunehmen.

Siebenter Abschnitt.

Atmosphärische Niederschläge.

§ 158. Tau und Reif.

Die Luft enthält den Wasserdampf in Form von kleinen massiven Kügelchen, die frei in ihr schweben. Solange sie eine gewisse Größe nicht überschreiten, bleiben sie unsichtbar. Bei Abkühlung der

---

[1] J. Fricks, Physikalische Tecknik. VII. Auflage von Lehmann, S. 1038.

[2] An gleicher Stelle, S. 1602.

[3] Berson-Kremser in Moedebeck-Sürings Taschenbuch. 3. Aufl., 1911, S. 98. Assmann und Berson, Wissenschaftliche Luftfahrten. J. Hann, Lehrbuch der Meteorologie, Leipzig 1905.

feuchten Luft unter den Taupunkt erfolgt ein Ausscheiden (Kondensieren) des überschüssigen Wasserdampfes, das verschiedene Formen annehmen kann.

Tau und Reif sind Niederschläge, die eintreten, wenn die Erde in wolkenlosen Nächten ihre Wärme unbehindert in den freien Weltenraum ausstrahlen kann. Dabei kann eine so starke Abkühlung der Erdoberfläche stattfinden, daß der niedergeschlagene Wasserdampf gefriert (Reif).

§ 159. Nebel- und Wolkenbildung.

In den unteren Schichten der Luft findet bei Abkühlung unter den Taupunkt Nebel, in den höheren Wolkenbildung statt. Die Wolkenbildung scheint durch das Vorhandensein von Staubkörperchen in der Atmosphäre begünstigt zu werden, da sonst der Taupunkt durch Übersättigung auch unterschritten werden kann. Erhebliche Wolkenmassen bilden sich zum Beispiel durch den die feuchte Luft vom Atlantischen Ozean her mitführenden Westwind, der beim Hinstreichen am Hang des Alpenmassivs erhebliche Abkühlung erfährt.

§ 160. Wolkenarten.

Die Schichtwolken (Stratus, Höhe ca. 500 m, Fortbewegungsgeschwindigkeit ca. 7 m/sec) entstehen durch Mischung ungleich warmer Luftmassen von verschiedenem Feuchtigkeitsgehalt in verschiedenen horizontal übereinander gelagerten Schichten, in größeren Höhen als Lämmerwolken (Altokumulus, 3000 bis 6000 m, Geschwindigkeit ca. 15 m/sec) und als fedrige Haufenwolke (Zirrokumulus, 7500 m, Geschwindigkeit ca. 15 bis 35 m/sec). Die Haufenwolken entstehen beim Emporsteigen von erwärmter feuchter Luft durch Ausdehnung infolge von Druckverminderung, der häufigsten und ausgiebigsten Ursache der Wolkenbildung als Haufenwolke (Kumulus, Höhe ca. 1500 m, Geschwindigkeit ca. 10 m/sec), getürmte Haufenwolke (Stratokumulus, Höhe 1500 bis 2500 m, Geschwindigkeit 10 m/sec), Regenwolke (Nimbus, Höhe 500 bis 1500 m), Gewitterwolke (Kumulonimbus, Höhe 1500 bis 4000 m, Geschwindigkeit 15 m/sec).

Die Entstehung der höchsten Wolken, Zirruswolken, ist zurzeit noch unaufgeklärt. Man weiß nur, daß sie aus Eisnadelgebilden bestehen. Ihre Höhen werden bis zu 20 km geschätzt, ihre Geschwindigkeiten bis zu 100 m/sec.[1]

Die Mächtigkeit der Wolken variiert von wenigen Metern bis zu einer Ausdehnung von über 6 km, die bei Gewitterwolken vorkommen kann.

Die größte Höhe, in der noch Wolken vorkommen, gibt Jesse zu etwa 80 km an (leuchtende Nachtwolken).

§ 161. Regen und Schnee.

Die geringe Sinkgeschwindigkeit der die Wolken bildenden Wasserkügelchen (etwa 1 cm/sec) im widerstehenden Mittel (Luft) ruft den Eindruck des Schwebens der Wolken hervor. Sofern die Kügelchen beim Eintritt in trockene Schichten nicht wieder verdunsten, schließen sie sich beim Fallen durch Vereinigung zu Tropfen zusammen, die, sobald sie eine gewisse Größe erreicht haben, als Regen zur Erde fallen. Plötzliche Temperaturerniedrigungen können eine sehr starke Ausscheidung des überschüssigen Wasserdampfes, rasche Tropfenbildung und damit heftige Niederschläge veranlassen (Platzregen, Wolkenbruch).

Erfolgt der Niederschlag bei Temperaturen unter 0°, so bilden sich Schneekristalle, die sich beim Herabfallen zu Schneeflocken zusammenschließen. Bei böigem Wetter ballen sich die Schneekristalle zu Graupeln zusammen, die man sich durch teilweises Schmelzen und Wiedergefrieren während des Herabfallens entstanden denken kann.

§ 162. Hagel und Rauhreif.

Die Entstehung des Hagels wird als noch nicht völlig aufgeklärt betrachtet. Nach Dufour werden die Wassertropfen der Hagelwolke unter Null abgekühlt, so daß also der metastabile Zustand der Überkaltung eintritt.[2] Bei Berührung mit Schneeflocken tritt plötzliche Erstarrung ein, wobei der erstarrte Kern mit einer schalenförmig geschichteten Eishülle von erheblicher Dicke überzogen wird, die durch die eingeschlossene Luft weiß und undurchsichtig erscheint.

[1] Die Zusammenstellung ist aus Moedebeck-Sürings Taschenbuch entnommen; Berson-Kremser, Wolken und Niederschlag S. 99. Siehe auch: von Bezold, Zur Thermodynamik der Atmosphäre. Abercromby und Hildebrandson, Atlas international des nuages 1896. Polis, Wolkentafeln. Karlsruhe bei Braun.

[2] Vgl. § 248.

Eine der Hagelbildung ähnliche Erscheinung ist das Glatteis. Durch Aufschlagen des überkalteten Tropfens auf den Erdboden erfolgt plötzliche Erstarrung, so daß der Boden mit einer Eisschicht überzogen erscheint.

Der Niederschlag überkalteter und durch den Wind zugeführter Nebeltröpfchen bildet den Rauhreif.

§ 163. Regenmessung durch die Niederschlagshöhe.

Die Niederschlagsmenge (Regenmenge, bei Schnee Menge des Schmelzwassers) wird durch die Höhe in Millimeter ausgedrückt, bis zu der sich das Wasser ansammeln würde, wenn es auf dem Niederschlagsgebiet verbleiben würde. 1 mm Niederschlagshöhe entspricht einer Menge von 1 Liter pro Quadratmeter. Die Messung erfolgt durch die in einer bestimmten Zeit in einem Gefäße aufgefangene Wassermenge und kann durch Registrierapparate[1] (Pluviographen) aufgezeichnet werden. Die größte an einem Tage verzeichnete Niederschlagsmenge beträgt über 1 m; in unseren Gegenden kann man pro Tag in der Ebene etwa 150 mm, im Gebirge etwa 250 mm als Maximum annehmen. In Deutschland hat man im Mittel mit 150 bis 200 Regentagen pro Jahr zu rechnen, wovon $^1/_5$ auf Schneefälle zu rechnen ist. Die Zahlen variieren je nach der Lage des Ortes in mehr oder minder erheblichem Grade.

Achter Abschnitt.

Luftströmungen der Atmosphäre.

§ 164. Das Entstehen einer Kreisströmung (Zirkulation).

Bringt man die Lufträume zweier verschieden warmer Zimmer etwa durch einen Türspalt in Verbindung, so kann man mit Hilfe einer brennenden Kerze zwei entgegengesetzte Luftströmungen feststellen. Längs des Bodens findet, wie die Abweichung der Kerzenflamme zeigt, eine Strömung von dem kälteren nach dem wärmeren Zimmer hin statt, während die Luft in der Nähe der Decke in umgekehrter Richtung nach dem kälteren Zimmer strömt. Solange also Wärmeunterschiede bestehen, veranlassen die vermöge ihrer

[1] Fricks, Physikalische Technik, S. 1588.

geringeren Dichtigkeit aufsteigenden wärmeren Luftteilchen sowie die vermöge ihrer größeren Dichtigkeit herabsinkenden eine Kreisströmung (Zirkulation).

§ 165. Land- und Seewind.

Ähnliche Erscheinungen treten auch in abgegrenzten Gebieten der Atmosphäre auf. Da das Festland sich bei Tage zufolge seiner geringeren Wärmekapazität rascher erwärmt als das Meer, so strömt in den wärmsten Tagesstunden die kühle Seeluft (Seebrise) längs der Erdoberfläche vom Meer zum Land; entsprechend der rascheren Abkühlung des Landes bei Nacht steigt nun die wärmere Luft vom Meere auf und veranlaßt ein Zuströmen der kälteren Luft vom festen Lande aus (Landwind). In Höhen von wenigen Hundert Meter finden die entgegengesetzten Strömungen statt. Beim Wechsel der Luftströmungen tritt Windstille ein.

§ 166. Die Hauptströmungen der Atmosphäre.

In erhöhtem Maße werden die Bewegungen der Atmosphäre durch die ungleiche Erwärmung der Äquatorial- und Polarzonen

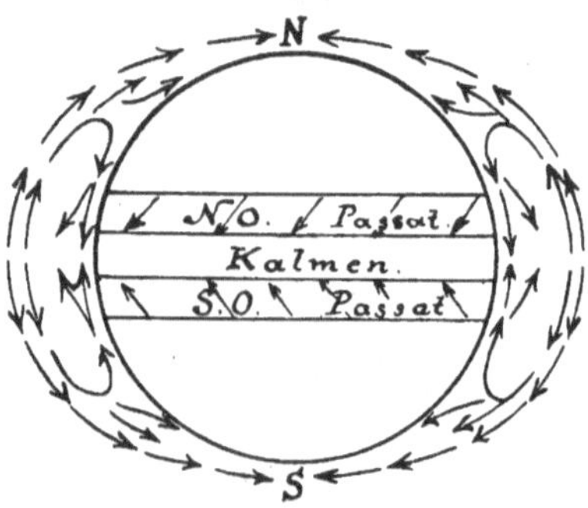

Fig. 32.

beeinflußt. Die intensive Sonnenwirkung am Äquator veranlaßt ein Aufsteigen der stark erwärmten Luftschichten und Abströmen nach den Polen zu (Äquatorialströmung). Ungefähr beim 30. Breitengrad staut sich die vom Äquator nach dem Pol strömende Luft, kommt ins Sinken und strömt teilweise nach dem Äquator zurück (Fig. 32). Gleichzeitig führt der Polarstrom längs der Erdoberfläche dem Äquator kältere Luftschichten zu. Entsprechend diesen Strömungen findet sich in der Gegend des Äquators relativ niedriger Luftdruck; bis zum 30. Breitengrad nimmt der Luftdruck zu, um bis gegen die Polargegend wieder abzunehmen. In der Polargegend veranlaßt die intensive Abkühlung der unteren Schichten wieder eine Zunahme.

§ 167. Einfluß der Achsendrehung der Erde.

Die beiden vom Äquator nach den Polen auf der nördlichen und südlichen Hemisphäre so entstehenden Hauptströmungen erfahren durch den Einfluß der Achsendrehung der Erde eine Ablenkung aus der genauen Nord- und Südrichtung.

Auf der nördlichen Hemisphäre erfährt der Äquatorialstrom eine Ablenkung nach SW. Die Luftteilchen des Polarstroms dagegen, die von den Punkten geringerer Umfangsgeschwindigkeit der Erde zu denen größerer gelangen, werden eine Ablenkung nach ONO erfahren. In ähnlicher Weise erhalten die beiden Hauptströmungen auf der südlichen Hemisphäre nordwestliche und südöstliche Richtung.

§ 168. Passate und Kalmen.

Große Regelmäßigkeit zeigen diese Strömungen in den nördlich und südlich vom Äquator belegenen Regionen der großen Ozeane, wo sie die den Seefahrern wohlbekannten Passatwinde bilden. Die beiden Passatregionen sind durch einen äquatorialen Gürtel der Windstillen (Kalmen) getrennt, in denen der größten Erwärmung entsprechend vorzugsweise vertikale Luftströmungen stattfinden. Die Passatregionen haben infolge des Zuströmens der kälteren Luft von geringem Feuchtigkeitsgrade meist trockenes, heiteres Wetter, während in den Kalmen häufige von Gewittern begleitete Niederschläge eintreten. Die über der Oberfläche der tropischen Gewässer mit Wasserdampf gesättigte Luft dehnt sich beim Aufsteigen adiabatisch aus; die damit verbundene Abkühlung führt zu starker Kondensation und damit zu heftigen Regengüssen.

§ 169. Verschiebung der Passatgrenzen mit der Jahreszeit. Monsune.

Im Laufe der Jahreszeiten verschieben sich mit dem nördlichen und südlichen Stande der Sonne die Grenzen des Kalmengürtels und der Passatregionen. Die Verschiebung veranlaßt den Wechsel der trockenen Jahreszeit mit der Regenzeit in den Tropen, je nachdem die betreffenden Orte der Gegenden der genannten Verschiebung entsprechend in die Zone der Passate oder der Kalmen fallen. Die Verschiebung ist der Verteilung von Festland und Meer entsprechend örtlich verschieden; die stärkste jährliche Verschiebung der Passatgrenzen wird durch die starke Erwärmung des nördlich vom Äquator liegenden großen asiatischen Kontinents verursacht. Sie veranlaßt in den indischen Gewässern die mit großer Regelmäßigkeit auftretenden Monsune, die nördlich vom Äquator nach den Jahreszeiten abwechselnd nordöstlich und südwestlich, südlich vom Äquator südöstlich und nordwestlich wehen.

§ 170. Die Region der veränderlichen Winde.

Jenseits der äußeren Grenze der Passate beginnt die Region der veränderlichen Winde, da sich jenseits der Wendekreise der obenfließende Antipassat allmählich herabzusenken beginnt, so daß unter höheren Breiten eine gegenseitige Beeinflussung der beiden Hauptströmungen eintritt. In der Gegend von 35° Breite findet sich nördlich und südlich eine Kalmenzone mit niedersteigenden Strömungen und vorwiegend heiterem, trockenen Wetter. Gegen die Polargebiete zu herrschen mehr nördliche bzw. südliche Strömungen und zwar in den oberen und unteren Schichten. Ob dabei die oben und unten polwärts geführte Luft in einer mittleren Schicht nach dem 35. Breitengrad wieder zurückgeführt wird, bedarf noch der Aufklärung.

§ 171. Die allgemeine Windverteilung.

Hann gibt für die allgemeine Windverteilung folgendes Schema:

Geographische Breite:	N 60°	30°	10°	Äquator	10°	30°	60° S
Erdoberfläche:		WSW	NO	ONO	OSO	SO	WNW
Mittlere Schicht: 3—10 km		WNW	SW	O	O	NW	WSW
Oberste Schicht: über 10 km		WSW	WSW	OSO	ONO	WNW	WNW

§ 172. Einfluß der lokalen Strömungen auf die Hauptströmungen.

Zwischen den durch Luftdruckschwankungen verursachten örtlichen Zirkulationen (Zyklonen und Antizyklonen) und den Hauptströmungen findet gegenseitige Beeinflussung statt. Die hauptsächlichsten Veränderungen ergeben sich aber durch die verschiedene Wärmekapazität der Kontinente und Meere.

Man war früher geneigt, die Bewegungserscheinungen im Luftmeere der mittleren und höheren Breiten ausschließlich den durch örtliche Erwärmungen oder Abkühlungen verursachten Luftdruckschwankungen zuzuschreiben. Neuere Forschungen zeigen aber, daß zwischen den durch lokale Vorgänge verursachten Strömungen und der im vorstehenden geschilderten allgemeinen Zirkulation der Atmosphäre in der Tat gegenseitige Beeinflussung stattfindet.

Neunter Abschnitt.

Wind und Wetter. Wettervorhersage.

§ 173. Ablenkung der Strömungsrichtung durch die Erddrehung.

Die Luftdruckunterschiede, die zwischen zwei Orten zufolge der verschiedenen Erwärmung und Abkühlung auftreten können, gleichen sich um so rascher aus, je größer die bestehenden Unterschiede sind. Dabei erfolgt das Abströmen der Luft von der Gegend höheren Luftdrucks nicht genau in der Richtung nach der Gegend des niederen. Die Kugelgestalt und Achsendrehung der Erde verursacht auf der nördlichen Halbkugel eine Abweichung nach rechts, auf der südlichen eine Abweichung nach links, die mit der Geschwindigkeit der Bewegung und der geographischen Breite zunimmt, im allgemeinen aber die Größe eines rechten Winkels nicht überschreitet.

Nach dem Buys-Ballotschen Gesetz liegt daher die Gegend des niedrigeren Luftdruckes auf der nördlichen Halbkugel links seitlich nach vorne und die des höheren rechts seitlich nach hinten, wenn man dem Winde den Rücken kehrt.

In höheren Luftschichten, wo nur die geringeren Reibungswiderstände zwischen den einzelnen Luftschichten in Betracht kommen, wird die Ablenkung größer, an der Erdoberfläche entsprechend den größeren Reibungswiderständen kleiner.

§ 174. Die Isobaren.

Verbindet man die Orte, an denen zur gleichen Zeit gleicher Luftdruck herrscht, auf einer Karte durch Linien, so erhält man die Kurven gleichen Druckes oder Isobaren. Die Isobaren bilden meist geschlossene Kurven. Die auf den Wetterkarten durch Isobaren verbundenen Drucke werden gewöhnlich auf 0^0 und Meeresniveau reduziert angegeben. Neuerdings werden in Europa den Isobaren der Wetterkarten auch auf Normalschwere in 45^0 Breite reduzierte Luftdruckwerte zugrunde gelegt.

§ 175. Der barometrische Gradient.

Die Änderung des gleichzeitig herrschenden Luftdruckes von einem Ort zum anderen, das barometrische Gefälle, wird durch den barometrischen Gradienten gemessen. Man versteht darunter die in Millimeter Q.S. senkrecht zu den Isobaren auf der Entfernung eines Meridiangrades (= 111 km) gemessene Luftdruckabnahme, wobei die Richtung von dem höheren nach dem niedrigeren Druck als Richtung des Gradienten aufgefaßt wird. Der Gradient bildet somit ein Maß für die zu erwartende Stärke des Druckausgleiches zwischen einem Gebiet höheren und einem niederen Druckes. In unseren Gegenden bedeutet ein Gradient von 5 mm bereits Sturm; bei tropischen Orkanen können Gradienten von 15 mm auftreten. Nach den vorliegenden Erfahrungen nimmt aber die Windgeschwindigkeit im allgemeinen schneller zu als der Gradient; auch zeigt sich, daß der Gradient trotz der täglichen periodischen Änderungen der Windgeschwindigkeit wenig veränderlich ist, sowie, daß dem gleichen Gradienten in den Nachmittagsstunden stärkere Winde wie in den Abendstunden, im Sommer stärkere Winde wie im Winter entsprechen.

§ 176. Thermische Anomalie und Isanomalen.

Werden der graphischen Darstellung nicht die Werte eines Einzelfalles, sondern die sich aus den Beobachtungen während eines Monates oder Jahres ergebenden Mittelwerte zugrunde gelegt, so spricht man von Monats- oder Jahresisobaren. Die Jahres- und Monatsisobaren sind von besonderer Bedeutung, da sie ein Urteil über Temperaturverhältnisse gestatten. Von gleicher Bedeutung sind auch die Isanomalen, d. h. die Linien, die auf der Erdoberfläche die Orte mit gleicher thermischer Anomalie verbinden. Thermische Anomalie nennt Dove die Abweichung, die die Temperatur eines Ortes von der mittleren Temperatur seines Breitenkreises zeigt. Die Isanomalen geben ein anschauliches Bild von dem Einfluß, den Wasser und Land auf die ungleiche Verteilung der Wärme auf der Erdoberfläche ausüben. Da in den Wärmeänderungen der Erdoberfläche auch die Hauptursachen der Luftdruckänderung zu suchen sind, so muß der Verlauf der Isanomalen nahe mit dem der Isobaren übereinstimmen, wie durch die Untersuchungen von Teisserenc du Bort und Wild bestätigt wird.[1]

[1] Teisserenc de Bort, Etude sur la distribution des temperatures et des pressions moyennes, Annales du Bureau central mét. de France. Paris 1879. Wild, Über die Beziehungen zwischen Isobaren und Isanomalen. Bulletin de l'Acad. des sciences de St. Petersbourg, Tome XI.

§ 177. Isotheren, Isochimenen und Isonephen.

In ähnlicher Weise lassen sich auch die Orte gleicher mittlerer Monats- oder Jahrestemperatur durch Isothermen verbinden. Die Verbindungslinien von Orten gleicher mittlerer Sommertemperatur führen den Namen Isotheren, von Orten gleicher mittlerer Wintertemperatur Isochimenen.

Durch die Isonephen[1] kann endlich die gleiche mittlere Monats- oder Jahresbewölkung dargestellt werden, während die Isohyeten die Orte gleicher mittlerer Niederschlagshöhe verbinden. Die Isohyetenkarten können nur auf Grund langjähriger mühsamer Beobachtungen und Berechnungen einigermaßen zuverlässig hergestellt werden; sie sind von Bedeutung, wenn für besondere Zwecke, z. B. für die Errichtung von Talsperren, die Niederschlagsverhältnisse eines abgegrenzten Gebietes genau bekannt sein müssen.

§ 178. Maxima und Minima.

Für die Wetterprognose spielen indes die Isobarenkarten die Hauptrolle; wir wollen uns daher hier noch etwas weiter mit den Isobaren beschäftigen. Die Isobaren verlaufen als Kurvenscharen um Tief- oder Hochdruckgebiete, d. h. um Gebiete, die gegenüber den angrenzenden den tiefsten oder höchsten Luftdruck aufweisen.

Ein barometrisches Tief (Minimum, Depression oder Zyklon) wird durch die Isobaren eingeschlossen, wenn der Luftdruck nach dem Innern der Kurvenschar zu abnimmt, der Gradient also nach innen gerichtet ist.

Das barometrische Hoch (Maximum oder Antizyklon) ist durch einen nach außen gerichteten Gradienten gekennzeichnet; um ein Kerngebiet hohen Druckes lagern sich Gebiete mit abnehmendem Luftdruck. Die Reichweite der Maxima und Minima wird durch die antizyklonalen und zyklonalen Isobaren eingegrenzt.

§ 179. Die reduzierte Luftoberfläche.

Eine anschauliche Darstellung der Maxima und Minima läßt sich in folgender Weise geben: Wir denken uns die über jedem Ort lastende Luftsäule durch eine auf normale Verhältnisse (0° und 760 mm Barometerstand) reduzierte Luftsäule ersetzt, die den gleichen

[1] Teisserenc de Bort, Isobares, vents et isonèphes d'été sur l'Atlantique, Compt. rend. hebdomadaires des séances de l'academie des sciences. Tome CII, 1886.

Druck ausübt wie die tatsächlich vorhandene Luftsäule. Die Fläche, die durch die obere Begrenzung dieser reduzierten Luftsäulen gebildet wird, nennen wir die reduzierte Luftoberfläche. Die reduzierte Luftoberfläche stellt nun bei einem kreisförmig verlaufenden Minimum eine Mulde, bei einem kreisförmig verlaufenden Maximum einen Hügel dar (Fig. 33 und 34).

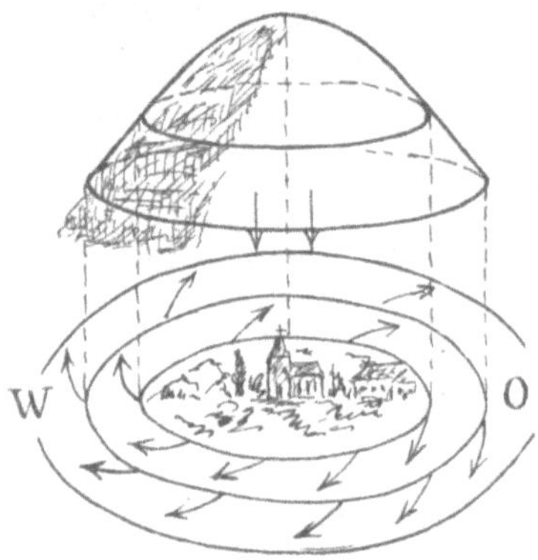

Fig. 33.
Maximum.

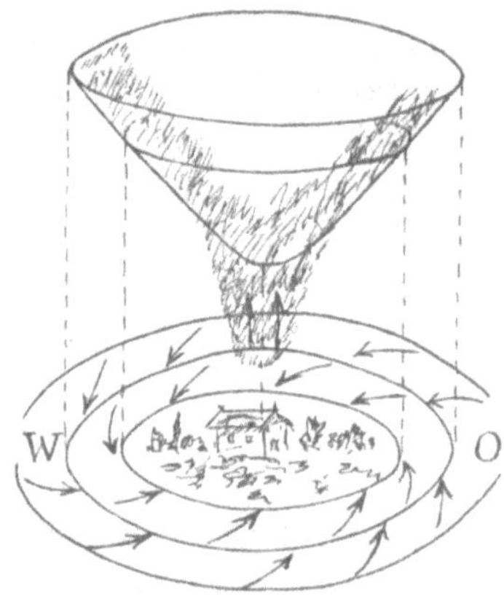

Fig. 34.
Minimum.

Die Hoch- und Tiefdruckgebiete sind nicht immer ringförmig begrenzt. Es treten auch langgestreckte Tiefdruckgebiete auf, die zu beiden Seiten von Gebieten höheren Druckes umlagert sind und meist Zentren niedrigen Druckes verbinden. Die reduzierte Luftoberfläche bildet in diesem Falle eine Furche oder ein Tal, so daß man von einer Furche niedrigen Druckes spricht.

Im analogen Sinne kann man von einem Rücken hohen Druckes sprechen, wenn langgestreckte Gebiete gegen ihre Umgebung relativ hohe Drucke aufweisen.

§ 180. Teilminima.

Teilminima nennen wir Depressionen, die sich in geringerem Umfange am Rande eines Depressionsgebietes ausbilden. Sie zeigen eine geringere vertikale Höhe der zyklonalen Bewegung und werden in ihrer Bewegung von den anliegenden Depressionsgebieten beherrscht.

§ 181. Das Gesetz von Buy-Ballot.

Zwischen der Verteilung des Luftdruckes und den Luftströmungen herrscht ein Zusammenhang, der sich nach dem Buy-Ballotschen Gesetz für die nördliche Halbkugel wie folgt aussprechen läßt: Dem Maximum strömt die Luft von oben in spiraliger Bahn zu, so daß im verflachenden Maximum ein absteigender nach außen drängender Luftstrom herrscht, der die Wolken zerteilt. Am Grunde tritt der Luftstrom nach außen in spiraliger Bahn aus; die Winde wehen im Uhrzeigersinn nach außen divergierend (Fig. 33). Dem Charakter eines Maximums oder Antizyklons entspricht daher heitere, teilweise neblige Witterung mit geringen Niederschlägen. Dem Minimum strömt die Luft am Grunde in spiraliger Bahn zu und veranlaßt einen aufsteigenden nach innen drängenden Luftstrom, der die Wolken zusammentreibt. Die Winde wehen am Grunde entgegengesetzt wie beim Maximum, nach innen konvergierend (Fig. 34). Dem Charakter des Minimums oder Zyklons entspricht veränderliche Witterung mit starken Niederschlägen und Gewittererscheinungen.

§ 182. Zugstraßen der Zyklone.

Für die Wettervorhersage ist besonders die Kenntnis der Zugstraßen der Minima von Wichtigkeit. Aus langjährigen Beobachtungen hat die Meteorologie den Erfahrungssatz abgeleitet, daß ein Minimum sich so bewegt, daß es hohen Druck (und hohe Temperatur) zur rechten, niedrigen Druck (und niedrige Temperatur) zur linken läßt. Die Minima umkreisen sich daher entgegen dem Drehsinn des Uhrzeigers.[1] In unseren Breiten schreiten sie meist in östlicher Richtung fort, im Winter mehr nach Süden, im Sommer mehr nach Norden abweichend. In unseren Gegenden kommen die Minima hauptsächlich vom Atlantischen Ozean und ziehen über Irland oder England nach Rußland. Manchmal wenden sie sich, Europa umgehend, direkt nach dem Eismeer. Bei der Bewegung über das Festland verlieren die Depressionen rasch an Tiefe.

§ 183. Einfluß der Druckverteilung auf die Temperatur.

Von der Druckverteilung ist nicht allein die Richtung und Stärke der Winde abhängig, sondern indirekt auch die Temperatur. Die großen ozeanischen Wasserflächen entziehen im Sommer den darüber hinstreichenden wärmeren Winden die Wärme, während sie

[1] Vgl. § 250. Das gegenseitige Verhalten von Wirbelfäden.

im Winter an die kälteren Winde Wärme abgeben. Ozeanische, westliche Luftströmungen bedingen daher in Europa im Sommer kühles und im Winter warmes Wetter, während östliche kontinentale Winde entgegengesetzte Verhältnisse veranlassen.

Die bei Depressionen auftretende typische Trübung des Himmels schwächt sowohl die Einstrahlung als auch die Ausstrahlung; bei vorwiegend klarem Himmel kann dagegen der Erdboden die durch Strahlung empfangene Sonnenwärme ungehindert aufnehmen, sie aber auch ebenso ungehindert wieder in den Weltenraum ausstrahlen. Die mit dem Eintreten eines Minimums verbundenen Trübungen wirken daher im Sinne der ozeanischen Luftströmungen, während der beim Maximum vorherrschende klare Himmel im Sinne der kontinentalen Winde wirkt. Endlich veranlaßt die bereits besprochene allgemeine Zirkulation der Atmosphäre, die durch die Abhängigkeit der Temperatur von der geographischen Breite bedingt wird, höhere Drucke in den Gebieten der Wendekreise.

§ 184. Stationäre Druckverlagerungen.

Durch den störenden Einfluß der ungleichen Wärmekapazität von Wasser und Land können sich aber mehr oder minder stationäre Maxima nur über den Meeresoberflächen bilden. Die Lage eines solchen Maximums über dem atlantischen Ozean, sowie die eines mehr oder minder stationären Minimums, das im Winter über den isländischen Gewässern lagert, beeinflussen besonders die Wetterlage in Europa.

§ 185. Grundlagen der Wetterprognose für Europa.

Die Wetterprognose, die auf kurze Zeit — etwa 24 Stunden — die Witterungsfolge mit großer Wahrscheinlichkeit zu bestimmen gestattet, gründet nicht allein auf der Kenntnis der stationären Hoch- und Tiefdruckgebiete, sowie der Beziehung zwischen den Witterungserscheinungen weit auseinander gelegener Teile der Erd- und Meeresoberfläche (z. B. Golfstrom und Europa), sie rechnet vor allem auch mit einer gewissen, durch die Erfahrung bestätigten Erhaltungstendenz der jeweiligen Wetterlage.

Der durchschnittliche Charakter der Witterung in Europa wird hauptsächlich durch die Verlagerung und jahreszeitliche Verschiebung der folgenden Hauptaktionszentren beeinflußt:

1. Durch die Lage eines Maximums über dem Atlantischen Ozean in der Gegend der Azoren;

2. eines winterlichen über Sibirien lagernden Maximums;

3. eines über dem Ozean im Nordwesten von Europa stehenden Minimums und

4. einer Depression über dem Mittelmeer.[1]

§ 186. Beispiel der Bewegung eines Minimums.

Wir wollen uns zum Abschluß unserer Betrachtungen noch an Hand eines Beispieles die Bewegung eines Minimums veranschaulichen. Die in Fig. 35—42[2] wiedergegebenen Wetterkarten der Dienststelle Aachen umfassen die Woche vom 5.—12. Dez. 1909. Am Sonntag, den 5. Dez. lagerte ein Tief von 725 mm über West-Norwegen. Mit seinem südlichen Teile bis nach Jütland reichend, beeinflußte es die Rheinprovinz noch sehr stark, veranlaßte böige, westliche bis südwestliche starke Winde und zeitweilige Regenfälle. Am Montag war dieses Tief zum Teil ausgeglichen, aber die kräftige böige Luftbewegung von Südwesten hielt fast unvermindert an und veranlaßte starke Bewölkung und noch zeitweilige Niederschläge. Am Dienstag war die Luftdruckverteilung noch gleichmäßiger, es war von Schottland bis zum Fuß der Alpen nur ein Luftdruckgefälle von 10 mm vorhanden. Die Luftbewegung war deshalb erheblich geringer geworden, erfolgte aber immer noch aus Südwesten und veranlaßte wolkiges Wetter mit vereinzelten Niederschlägen. Vom Dienstag bis Mittwoch war der Luftdruck über Südwest-Europa um 10 mm gestiegen, auch über der Nordsee zeigte sich steigende Tendenz. Doch bildete sich über der südöstlichen Ecke der Nordsee ein flaches Tief aus, das in unserem Gebiete anhaltende Niederschläge bei schwachen südlichen Winden veranlaßt. Von Mittwoch zu Donnerstag gewann das von Südwesten vordringende Hochdruckgebiet immer mehr Einfluß auf die Rheinprovinz, so daß das Barometer um 15 mm stieg und nördliche Winde bei klarem Wetter einsetzten. Bis Freitag dehnte sich der hohe Druck in langer, breiter

[1] van Bebber, Die Beurteilung des Wetters auf mehrere Tage voraus. Stuttgart 1896. van Bebber, Die Wettervorhersage. 2. Aufl. Stuttgart 1898. Abercromby, Eine populäre Darstellung der Wetterfolge, deutsch von Pernter. Freiburg i. B. 1894.

[2] Aus Bamler, Die Beteiligung des Niederrheinischen Vereines an der Wissenschaftlichen Woche 1909. Deutsche Zeitschrift für Luftschiffahrt (Illustr. Aeronaut. Mitteilungen) XIV. Jahrg. 9. III. 1910. Heft 5, S. 9 u. 10.

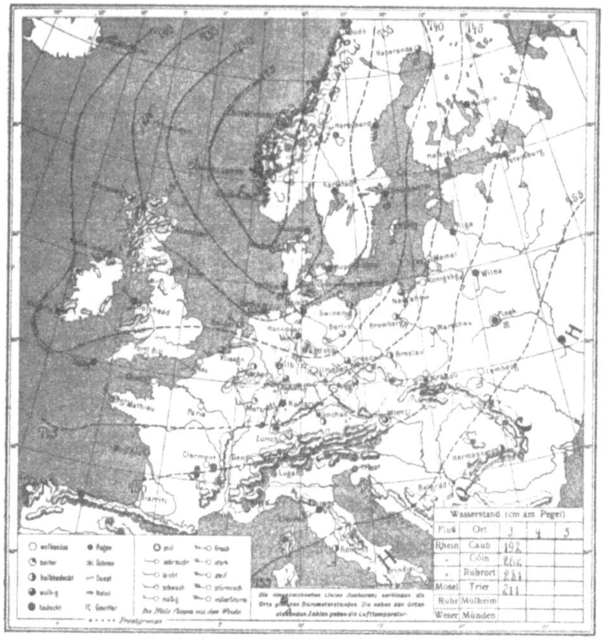

Fig. 35.
Sonntag, den 5. Dezember 1909.

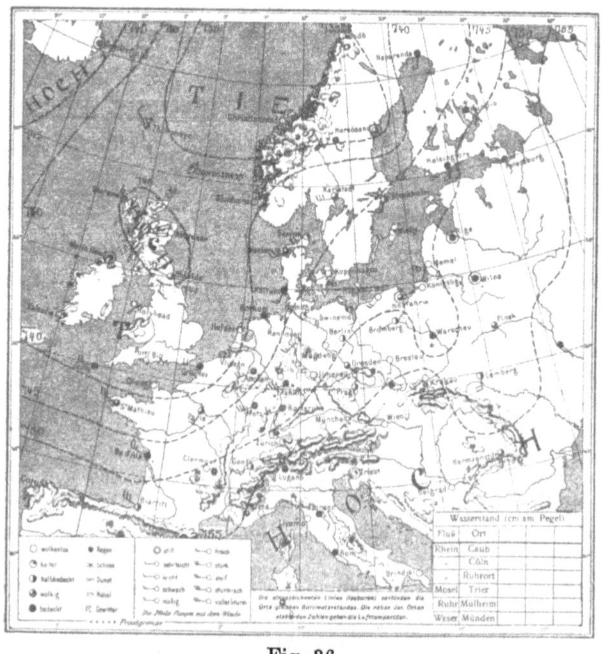

Fig. 36.
Montag, den 6. Dezember 1909.

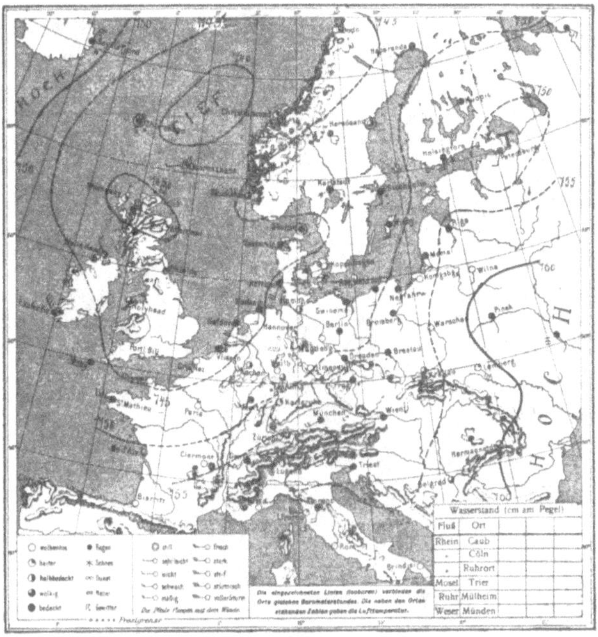

Fig. 37.
Dienstag, den 7. Dezember 1909.

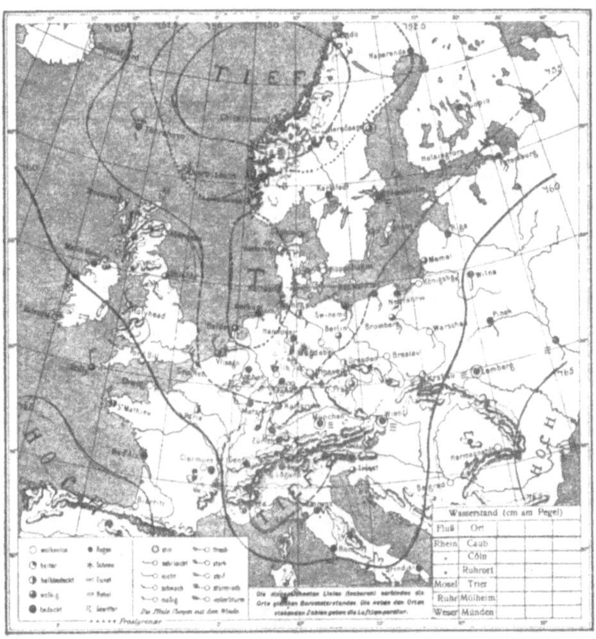

Fig. 38.
Mittwoch, den 8. Dezember 1909.

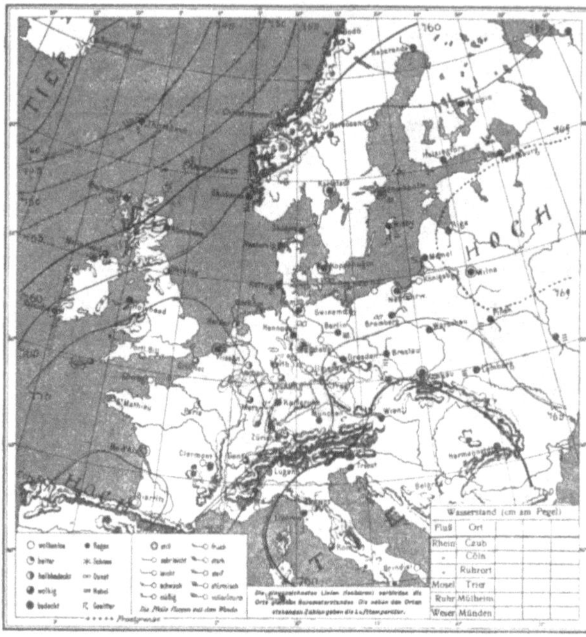

Fig. 39.
Donnerstag, den 9. Dezember 1909.

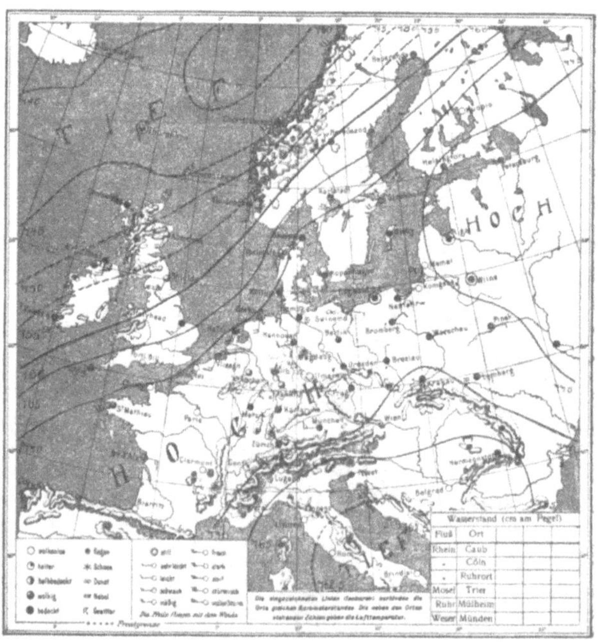

Fig. 40.
Freitag, den 10. Dezember 1909.

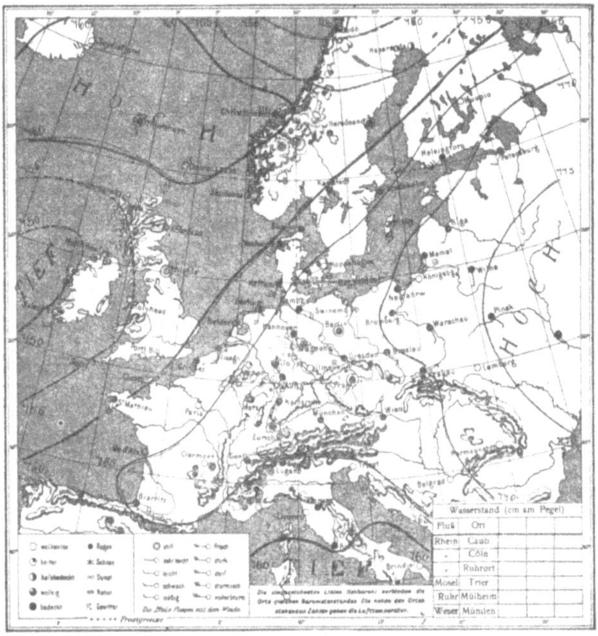

Fig. 41.
Sonnabend, den 11. Dezember 1909.

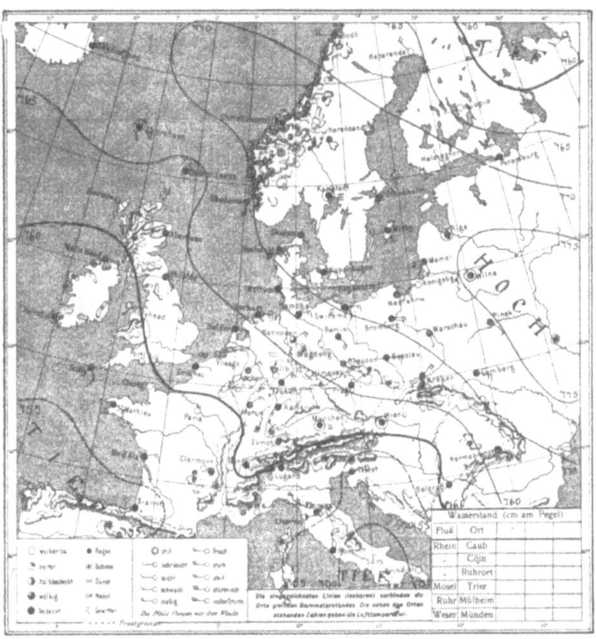

Fig. 42.
Sonntag, den 12. Dezember 1909.

Zone (Rücken hohen Druckes) vom südwestlichen Europa bis hoch nach Nordosten hin aus; eine über der Nordsee auftauchende Depression veranlaßte wieder südliche Winde und eine kräftige Dunstschicht in den unteren Regionen. Samstag herrschte richtiges Hochdruckwetter bei mäßigen südlichen Winden, die hervorgerufen wurden durch die westliche Depression, deren Kern sich bis nach Irland verlagert hatte. Das Wetter war klar; eine ausgeprägte Temperaturumkehr setzte dem Steigen der Ballons erheblichen Widerstand entgegen. Bis Sonntag war der Barometerstand über dem Südwesten des Kontinents durch das Vordringen der Depression wieder gesunken; die Luftbewegung hatte östliche Richtung angenommen und war erheblich kräftiger geworden.

Zehnter Abschnitt.

Windstärke und Windmessung.

§ 187. Die Beaufortskala.

Die in der Nautik international gebräuchliche Beaufortskala unterscheidet 12 Windstärken, die sich je nach der Windgeschwindigkeit wie folgt klassifizieren:

Beaufortskala.[1]

Stärke	Bezeichnung	Geschwindigkeit m/sec	Geschwindigkeit km/st (rund)	Druck kg/m²
0	Windstille, sehr leiser Zug	bis 1,3	bis 4,7	bis 0,2
1	Leiser Zug	3,6	12,9	1,5
2	Flaue Brise	5,8	20,9	4,1
3	Leichte Brise	8,0	28,8	7,7
4	Mäßige Brise	10,3	37,0	12,6
5	Frische Brise	12,5	45,0	18,9
6	Steife Brise	15,2	54,7	27,9
7	Harter Wind	17,9	64,4	38,7
8	Stürmischer Wind	21,5	77,4	55,6
9	Sturm	25,0	90,0	75,6
10	Starker Sturm	29,1	104,7	102,5
11	Schwerer Sturm	33,5	120,6	135,7
12	Orkan	40,2	144,7	195,5

Windstärke 12 veranlaßt in der Seemannssprache „Gewaltig schwere See“ mit Wellenhöhen von über 12 m. Windstärke 9 ent-

[1] Hütte, Des Ingen. Taschenbuch. 20. Aufl. Bd. II, S. 628.

spricht der Grundgeschwindigkeit unserer modernen Expreßzüge; sie verursacht „sehr hohe See“ mit Wellen von 10—12 m Höhe.

Höhere Windgeschwindigkeiten finden sich nur bei den Luftbewegungen der aus den Wolken zur Erde niedersteigenden Wirbelstürme (Windhosen, Tornados, Tromben). Die mit diesen Erscheinungen, die sich meist nur auf einen kreisförmigen Bezirk von wenigen Hundert Metern Durchmesser erstrecken, verbundenen verheerenden Wirkungen erklären sich durch die hierbei auftretenden, wenn auch kurzzeitigen, hohen Geschwindigkeiten von über 100 m/sec.

§ 188. Windstärkeskala von Bassus und Rudel.

von Bassus und Rudel[1] geben die folgende von der Beaufortschen etwas abweichende Skala:

Windstärketafel nach von Bassus und Rudel:

Windstärke	Benennung	m/sec	km/st	Wirkungen
1	Leichter Luftzug	2	7	Bewegt Laub.
2	Schwacher Wind	4	15	Bewegt Zweige, leichte Wimpel.
3	Leichter Wind	$5^1/_2$	20	Bewegt schwache Äste, streckt Wimpel.
4	Mäßiger Wind	7	25	Bewegt stärkere Äste, wirbelt Staubwolken auf.
5	Frischer Wind	$8^1/_2$	30	Baumkronen rauschen, wird fürs Gefühl unangenehm.
6	Steifer Wind	10	35	Biegt Pappeln, ist an Kanten hörbar.
7	Starker Wind	$11^1/_2$	40	Bewegt Bäume, reißt Blätter ab, wirft Wellen auf.
8	Stürmischer Wind	$13^1/_2$	50	Bricht Zweige, hindert merklich am Gehen, verschiebt leichtere Körper.
9	Voller Sturm	16	60	Bricht dünne Äste, hebt Dachziegel aus, macht Gehen schwer.
10	Starker Sturm	19	70	Bricht starke Äste, entwurzelt und bricht Bäume, beschädigt Schornsteine.
11	Schwerer Sturm	25	90	Verursacht Waldbrüche, deckt Häuser ab, zerstört Bauten.
12	Orkan	30	110	Verheert und verwüstet Landstriche.

[1] von Bassus und Rudel, Geometrische Grundlagen der Seitennavigation usw., Zeitschrift für Flugtechnik und Motorluftschiffahrt. 1910, Heft 17, S. 219.

§ 189. Abweichungen von der Beaufortskala.

Infolge der Schwierigkeiten, die sich einer einwandfreien Bestimmung der den Stärkezahlen entsprechenden Windgeschwindigkeiten entgegensetzen, finden sich in der Literatur für die einzelnen Windstärken verschiedene Angaben. So gibt Curtis (An attempt to determine the velocitiy equivalents of windforces by Beauforts-Scala, Quart. Journ. Roy. Met. Soc. 1897) für Stärke 0 eine Geschwindigkeit von 0,9 m/sec und für Stärke 12 eine solche von 34 m/sec an. Nach Großmann geben die veröffentlichten Anemometerregistrierungen besonders für die höheren Stärken infolge der Verwendung falscher Reduktionskonstanten zu hohe Werte an. Die richtigen Werte dürften in der Nähe der von v. Bassus angegebenen liegen.

§ 190. Zunahme der Windgeschwindigkeit mit der Erhebung.

Da die Reibung zwischen Luft und Erdoberfläche erheblich größer ist als zwischen den einzelnen Luftschichten, so nimmt die Windgeschwindigkeit mit der Erhebung über die Erdoberfläche rasch zu. So wurden z. B. in der Höhe des Eiffelturms (305 m) im Winter fünfmal und im Sommer viermal größere mittlere Windgeschwindigkeiten festgestellt als in der Höhe der Pariser Meteorol. Zentralanstalt (20 m).[1]

§ 191. Vertikale Änderung der Windrichtung.

Da infolge der geringeren Reibung zwischen einzelnen Luftschichten die höheren Schichten durch die Achsendrehung der Erde in geringerem Maße beeinflußt werden, so zeigt sich nach obenhin eine besonders in den unteren Schichten sehr rasch zunehmende Rechtsdrehung der Luftströmungen. Der Winkel, den der Wind mit der Senkrechten zur Isobare (= mit der Richtung des Gradienten) einschließt, wächst somit mit zunehmender Erhebung über den Erdboden.

Berson stellte auf Grund der Bearbeitung der Berliner Ballonfahrten bis zu einer Höhe von 7 km eine Ablenkung von 55° fest, wovon etwa 6° auf die oberste und 11—15° auf die unterste Schicht zu zählen sind.

---

[1] Im September fanden sich bei 12 stündiger Beobachtung durchschnittlich sogar 7 mal höhere Windgeschwindigkeiten in 305 m Höhe als in 20 m Höhe. Siehe Hann, Lehrbuch der Meteorologie. Leipzig 1905. S. 286.

§ 192. Schichtenbildung in der Atmosphäre.

Die geringe Reibung zwischen einzelnen Luftschichten, die sich mit verschiedenen Geschwindigkeiten bewegen, kann nur eine ganz allmähliche Verzögerung oder Beschleunigung der einen oder anderen Schicht hervorbringen. Demgemäß können Schichten von verschiedener Geschwindigkeit und Geschwindigkeitsrichtung länger fortbestehen, bis die Bewegung eine einheitliche wird.[1] Es können deshalb je nach der Wetterlage schon in geringen Höhen Luftstömungen vorhanden sein, die von der an der Erdoberfläche herrschenden Windrichtung erheblich abweichen. Da der Freiballon (durch Ballastauswurf und Gasabgabe) innerhalb gewisser Grenzen in der vertikalen Richtung steuerbar ist, so kann der Pilot sich die verschiedenen Luftströmungen in verschiedener Höhe zunutze machen, um an ein vorgegebenes Ziel möglichst nahe heranzukommen (Zielfahrt).

§ 193. Einfluß der Erdoberfläche auf Windstärke und Richtung.

An der Erdoberfläche ist die Beschaffenheit der Erdoberfläche selbst von besonderem Einfluß auf Windrichtung und Geschwindigkeit. Über großen, weit ausgedehnten Ebenen finden sich meist fast vollkommen horizontale Luftströmungen vor. Länger andauernde auf- oder absteigende Luftströmungen kommen hier nicht vor. Über großen Wasseroberflächen finden sich meist stärkere Luftströmungen, entsprechend der geringeren Reibung zwischen Luft und Wasser, als über dem festen Lande.

Steil aufsteigende Berglehnen oder Klippen veranlassen örtlich aufsteigende Luftströme, ebenso hohe Gebäude (Kirchen, Wolkenkratzer). Die Ablenkungen, die die Luftströmungen oft durch steile Hänge erfahren, machen sich manchmal am Wachstum der in unmittelbarer Nähe des Abhanges stehenden Bäume bemerkbar. Die Gestalt der Baumkronen läßt deutlich die Windrichtung erkennen.

§ 194. Die Fallwinde.

Von besonderer Art sind die nicht periodisch auftretenden Fallwinde, deren Entstehen gewissen besonderen Wetterlagen zugeschrieben werden kann. Sie kommen am Fuß mancher Gebirge vor und treten als Föhn warm und als Bora kalt auf. Zu diesen

[1] H. v. Helmholtz, Über atmosphärische Bewegungen. 1888. Zur Theorie von Wind und Wellen, Sitzungsber. der Berliner Akademie. 1889.

Erscheinungen sind u. a. zu zählen: der Mistral des Rhonetals, der Scirocco Italiens, der Leveche Spaniens, die kalten Burane der russischen Steppen, die kalten Northers in Texas, die heißen Küstenwinde, wie Samum und Harmathan.

Die Föhnwinde sind nach Hann Fallwinde, deren Entstehen durch Gebiete niederen Druckes diesseits der Gebirge veranlaßt wird. Es handelt sich hierbei um einen sehr raschen Druckausgleich von größeren Druckunterschieden nach einem manchmal entfernt liegenden Minimum hin, wobei die den Gebirgen vorlagernden Luftmassen und allmählich auch die in den Tälern einlagernden Luftmassen in den Wirbelsturm hineingezogen (abgesaugt) werden. Die rasch abstürzenden Luftmassen erwärmen sich dynamisch durch adiabatische Kompression und zwar der Erfahrung zufolge um ca. 1° für je 100 m des Absturzes, so daß die Winde unten warm ankommen. Ist jedoch die über dem Gebirge lagernde Luft außergewöhnlich kalt, so kann sie trotz der eintretenden Erwärmung als Föhn herabstürzend Temperaturerniedrigungen herbeiführen. Das ist der Fall bei der sog. Bora, die als kalter, trockener, in heftigen Stößen auftretender Wind an der adriatischen Küste von Triest südwärts besonders in der kalten Jahreszeit auftritt. Sie wird verursacht durch über dem Mittelmeer und der Adria lagernde Depressionen, die auf die über dem Gebirgsmassiv im Osten lagernden kalten Luftmassen ansaugend wirken und diese zu einem Herabstürzen veranlassen.

§ 195. Häufigkeit der Sturmtage.

Für die Aeronautik ist es endlich von besonderer Wichtigkeit, die Häufigkeit der Sturmtage, d. h. der Tage mit mittleren Windgeschwindigkeiten von über 15 m/sec zu kennen, namentlich dann, wenn an die Einrichtung regelmäßiger Luftverkehrslinien gedacht wird. Nach der von Assmann zusammengestellten deutschen Windstatistik ergeben sich als Mittelwerte aus den Beobachtungen über 21 Jahre für Berlin und Breslau pro Jahr 4 Sturmtage, für Aachen und Leipzig 19, für Kiel 27, Darmstadt 36, Hamburg 38 und Bochum 58 Sturmtage pro Jahr. Wegener[1] berechnet aus den Beobachtungen des Kgl. Preuß. Observatoriums als Mittel aus den Beobachtungen über 3 Jahre die Tage, an denen in 500 m Höhe Windgeschwindigkeiten über 15 Sekundenmeter herrschen und findet

[1] K. Wegener, Die Tage mit für Motorballons günstigem Wetter. Ill. Aeron. Mitt. 1906, S. 77.

die Höchstzahl für Dezember mit 8 und die niedrigste für Juli mit 0 Tagen. Die Höchstzahl der Tage mit Geschwindigkeiten unter 10 Sekundenmeter in 500 m Höhe hat nach Wegener der Juli mit 30 und die Mindestzahl der Februar mit 14 aufzuweisen.

§ 196. Abhängigkeit der Luftschiffahrt von Ort und Jahreszeit.

Die Ausführbarkeit größerer Luftreisen mit den heutigen Luftschiffen, die Eigengeschwindigkeiten bis zu etwa 16 Sekundenmetern erreichen können, wird bis zu einem gewissen Grade immer an Ort und Jahreszeit gebunden sein. In diesem Sinne äußert sich auch Koeppen in einem Aufsatz über den abenteuerlichen Versuch, den Wellmann am 15. Oktober v. J. vergeblich unternommen hat. Koeppen[1] kommt zu dem Schluß, daß zu einer Überquerung des Ozeans von der alten nach der neuen Welt die Monate März und April als günstigste Jahreszeit zu betrachten sind, wobei das Luftschiff die Route von den Kanarischen Inseln nach der Missisippimündung einzuhalten hätte. Die Route in der Mitte des Passatgürtels würde wegen des ruhigen Charakters einem solchen Unternehmen am günstigsten sein.

§ 197. Einfluß der Luftunruhe auf Windmessung.

Die Messung der Windgeschwindigkeit gestaltet sich besonders in der Nähe des Erdbodens schwierig. Die verschiedenen Hemmungen und Ablenkungen, die über die unebene Erdoberfläche streichende Luftströme erfahren, lassen keinen kontinuierlichen Luftstrom zustande kommen. Die Winde in der Nähe der Erdoberfläche stellen sich deshalb meist als eine mehr oder minder regelmäßige Folge von rasch an- und abschwellenden Stößen dar, die meist noch von wirbelartigen Erscheinungen begleitet sind.[2]

§ 198. Die Anemometer.

Die Windgeschwindigkeitsmesser oder Anemometer lassen sich in zwei Klassen einteilen.

Die I. Klasse benützt zur Geschwindigkeitsmessung den Druck der bewegten Luft auf eine oder mehrere am Instrument beweglich an-

[1] Prof. Dr. W. Koeppen, Nicht von Amerika nach Europa, sondern von Europa nach Amerika! Woche 1910, Nummer 44, S. 1849.

[2] S. P. Langley, The international work of the wind. Washington 1893.

gebrachte Flächen, denen eine geradlinig fortschreitende, schwingende oder fortlaufend drehende Bewegung erteilt wird.

Die II. Klasse leitet die Windgeschwindigkeit aus der drückenden oder saugenden Einwirkung eines Luftstromes auf eine Flüssigkeitssäule ab.

Die Technik, Meteorologie und Aeronautik bedient sich hauptsächlich der Instrumente der ersten Klasse, während die der zweiten mehr in Laboratorien zu Eichzwecken Verwendung finden. Zur ersten Gruppe gehören die Platten, Pendel, Kugelschalen- und Flügelradanemometer.

§ 199. Die Platten- und Pendelanemometer.

Das Plattenanemometer von Eaton A. Edwards stellt dem Wind eine kreisförmige Platte entgegen (Fig. 43).[1] Die Platte

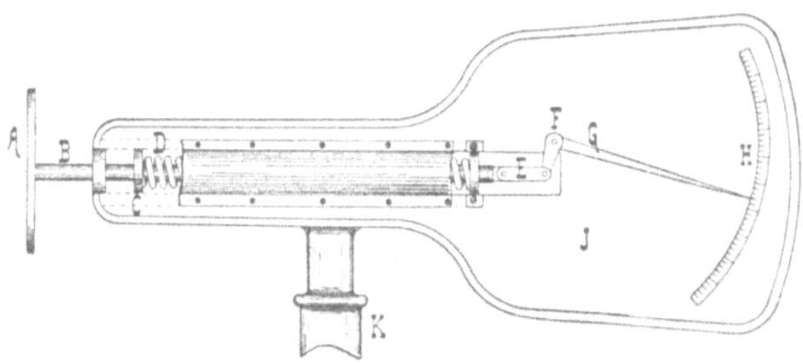

Fig. 43.
A = Druckplatte; D = Druckfeder; B, C, E, F = Übertragungsmechanismus; G = Zeiger; H = Skala; J = Gehäuse des Apparates; K = Gehäuseträger.

erfährt dabei eine Verschiebung in der Windrichtung, der eine Spiralfeder entgegenwirkt. Die Spannung der Feder hält somit dem der jeweiligen Strömungsgeschwindigkeit entsprechenden Luftdruck das Gleichgewicht. Die Windgeschwindigkeit wird also indirekt durch den Winddruck gemessen.

Auf einem ähnlichen Prinzip beruhen die Pendelanemometer von de Henault und Dickinson. Das Pendelanemometer von de Henault hat prinzipielle Ähnlichkeit mit dem in der Hydrometrie verwendeten Stromquadranten. Es besteht aus einer am Ende eines Pendels angebrachten Hohlkugel,

[1] Scientific American 52, s. 290.

die durch ein am oberen Ende des Pendels angebrachtes Gegengewicht ausbalanciert werden kann (Fig. 44). Wird das Pendel in die

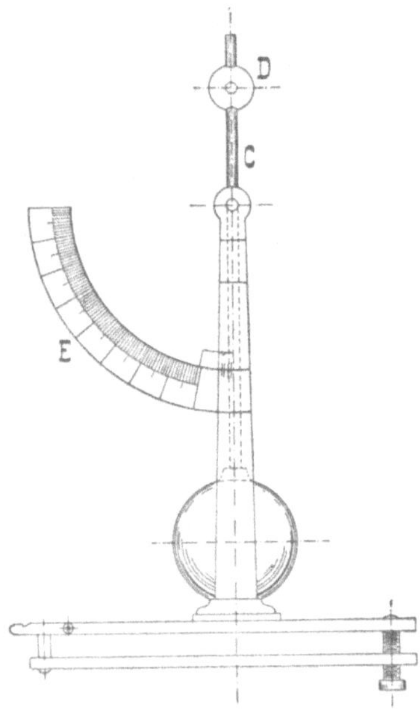

Fig. 44a.

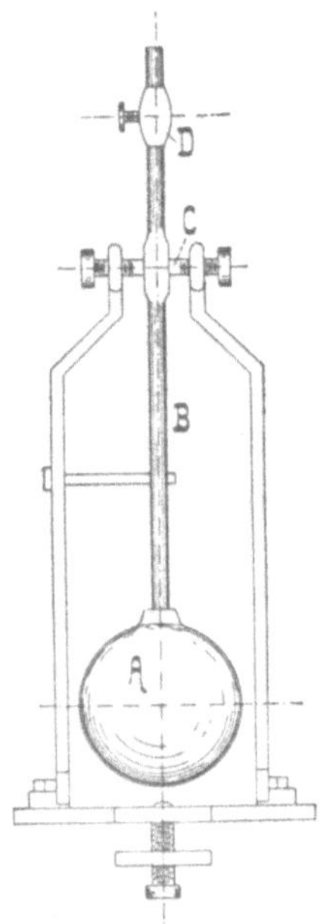

Fig. 44b.

A = Hohlkugel; B = Pendel; C = Drehpunkt; D = Gegengewicht; E = Skala.

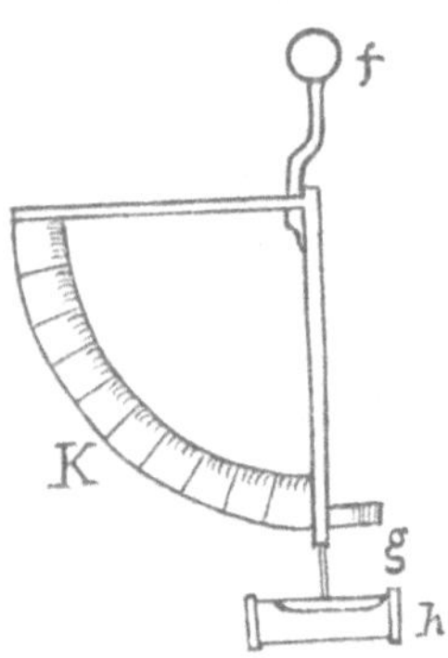

Fig. 45a.

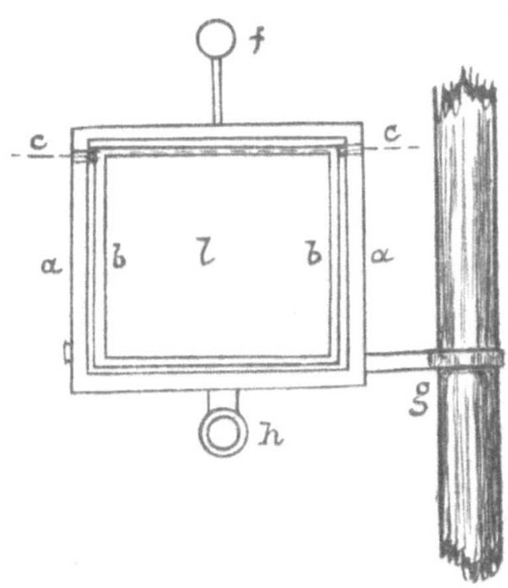

Fig. 45b.

Luftströmung gebracht, so erfolgt ein Ausschlag, der an einem Gradbogen abgelesen werden kann, wobei sich jeweils Winddruck und

Gewicht des Pendels Gleichgewicht halten. Die Messung der Geschwindigkeit erfolgt also auch hier dadurch, daß der Winddruck mit einer anderen wesensgleichen Kraft (Schwerkraft) verglichen wird.[1] Dickinson verwendet anstatt der Kugel eine pendelnd aufgehängte Klappe (Fig. 45), deren Ausschlag ebenfalls an einem Gradbogen abgelesen werden kann. Beide Apparate müssen empirisch geeicht werden; sie haben den Vorzug großer Billigkeit und Handlichkeit. Dem gegenüber steht aber der Nachteil, daß eine genaue Messung erschwert wird, da die Pendel zufolge der böigen Beschaffenheit der Winde erhebliche Schwingungen um die Gleichgewichtslage ausführen. Den Instrumenten werden Tabellen beigegeben, die ein sofortiges Ablesen der den verschiedenen Höhenlagen des Gegengewichtes und Zeigerstellungen entsprechenden Windgeschwindigkeiten gestatten.

§ 200. Das Schalenkreuzanemometer.

Das Robinsonsche Schalenkreuz- oder Kugelanemometer besteht aus einem rechtwinkligen Armkreuz mit halben Hohlkugeln, die an den Enden der Arme befestigt sind (Fig. 46). Da der Druck

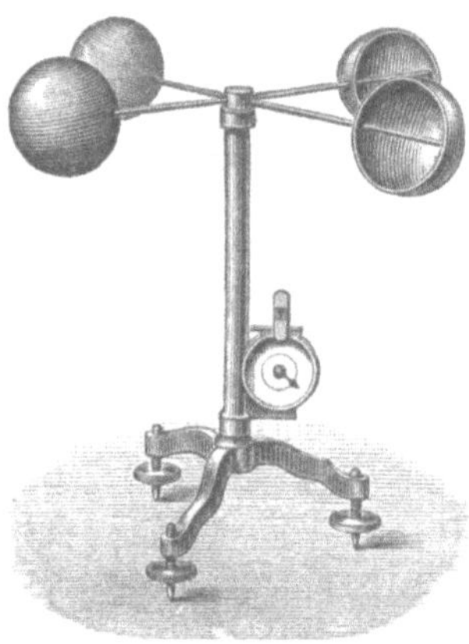

Fig. 46.

Fig. 47.
Ausführung v. R. Fuess, Steglitz. Die oben sichtbaren Schnüre dienen zum Aus- und Einrücken des Zählwerkes.

auf die hohle Fläche größer ist als auf die gewölbte, so beginnt das Schalenkreuz in die Luftströmung gebracht zu rotieren, wobei die Umdrehungsgeschwindigkeit der Luftgeschwindigkeit verhältnismäßig gleich gesetzt werden kann. Allerdings wird durch die Halb-

[1] Ponson, Traité de l'exploit. d. min. Bd. 2, S. 57.

kugeln eine gewisse Luftmenge, der sogenannte Mitwind, im Kreise mit herumgeführt, ein Umstand, der bei Berechnung der Windgeschwindigkeit mit in Rechnung gezogen werden muß. Insofern diese Verhältnisse nicht durch empirische Eichung eliminiert werden, kann man die Windgeschwindigkeit nach einer von Grashof[1] angegebenen Gleichung berechnen:

$$w = \frac{a_1 + a_2}{a_1 - a_2} \cdot v + \sqrt{\left(\frac{4a_1 \cdot a_2}{(a_1 - a_2)^2} + \frac{a}{a_1 - a_2}\right) \cdot v^2 + \frac{a_0}{a_1 - a_2}} \quad (80)$$

a, a_0, a_1 und a_2 = Konstante,
v = Differenz zwischen der Umfangsgeschwindigkeit, v_0 des Kugelmittelpunktes und der Geschwindigkeit, v_1 des Mitwindes,
w = Windgeschwindigkeit.

Nach Robinson ist zu setzen:

$a = 2a_2$; $a_1 = 4a_2$ und $w = 3v_0$ oder $v_0 = \frac{w}{3}$, woraus folgt: $w = 3{,}23\ v$ und $v_1 = 0{,}02377\ w$.

§ 201. Das Anemometer von Casella.

Die gebräuchlichsten Anemometer sind indessen die Flügelanemometer von Casella in der Ausführung von R. Fuess, Steglitz-Berlin (Fig. 47). Das von einem zylindrischen Metallgehäuse umgebene Windrad besteht aus einer Anzahl schräg gestellter Glimmerblättchen.[2] Die Umdrehungen werden durch Schnecke und Schneckenrad auf ein Zählwerk übertragen. Durch zwei an dem Apparat angebrachte Schnüre kann das Zählwerk ein- oder ausgeschaltet werden. Die Ablesungen bedürfen noch einer Korrektur, die wegen der Reibungswiderstände der Welle und des Zählwerkes gemacht werden muß. Um diese Reibungswiderstände zu berücksichtigen, müssen bei dem Fuessschen Instrument jeder Geschwindigkeit in der Minute 10 m zugezählt werden, um die wirkliche Windgeschwindigkeit zu erhalten. Die Handhabung des Instrumentes ist einfach. Man ließt vor Beginn der Messung den Stand der Zeiger am Zählwerk ab, zum Beispiel 20640; dann hält man das Instrument mit ausgerücktem Zählwerk in den Wind und schaltet mit Hilfe der Schnüre das Zählwerk ein, sobald der Zeiger der zur Beobachtung

[1] Grashof, Theoret. Maschinenlehre. Hamburg 1883, Bd. 2, S. 708.

[2] Für höhere Geschwindigkeiten wird das Windrad aus dünnen Metallplatten hergestellt.

der Zeit dienenden Sekundenuhr durch 0 geht. Nach Ablauf einer Minute schaltet man das Zählwerk mit Hilfe der Schnüre wieder aus und liest ab. Die Ablesung nach einer Minute möge betragen $Z_2 = 20350$, dann ist die Windgeschwindigkeit w gleich:

$$w = \frac{20640 - 20350 + 10}{60} = 5 \frac{\text{m}}{\text{sec}}$$

Hieraus ergibt sich der allgemeine algebraische Ausdruck für die Ablesung:

$$w = \frac{Z_2 - Z_1 + n10}{60} \frac{\text{m}}{\text{sec}} \tag{81}$$

Bezeichnungen:

Z_1 = Ablesung am Zählwerk vor Beginn der Messung.
Z_2 = Ablesung am Zeigerwerk nach beendigter Messung.
n = Dauer der Beobachtung in Minuten.

§ 202. Die Anemometer von Bourdon, Huet und Lind.

Das bekannteste und verbreitetste Instrument der Klasse II ist das Bourdonsche Anemometer. Die saugende Wirkung des Luftstromes läßt sich erhöhen dadurch, daß man mehrere doppelkonische,

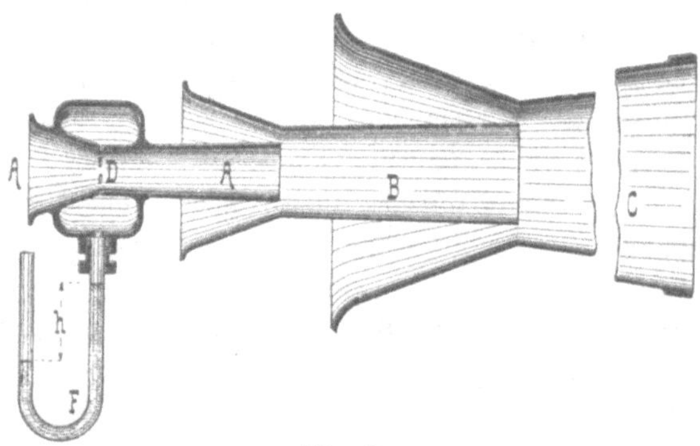

Fig. 48.
Spalt *D* steht mit Wassermanometer *F* in Verbindung. Niveaudifferenz *h* in beiden Schenkeln dient zur Berechnung der Luftgeschwindigkeit.

sogenannte Venturische Rohre, ineinandersetzt (Fig. 48). Da die Wassersäule bei gleicher Windgeschwindigkeit durch Anwendung mehrerer Rohre erheblich höher gehoben, die Wirkung also verstärkt wird, so nennt man die Rohre auch Multiplikatoren und das mit diesen versehene Instrument Multiplikationsanemometer. Die

Luftgeschwindigkeit wird bei diesem Instrument aus der Niveaudifferenz in den beiden Schenkeln des Manometers berechnet. Die Instrumente geben bei der Verwendung von drei Rohren gute Werte.[1]

Die Anemometer von Huet und Lind,[2] die den Druck der bewegten Luft auf eine Flüssigkeitssäule zur Messung der Windgeschwindigkeit benutzen, haben eine gewisse Ähnlichkeit mit der in der Hydrometrie verwendeten Pitotschen Röhre. Auch bei diesen wird die Geschwindigkeit aus der Differenz der beiden in den Schenkeln stehenden Flüssigkeitssäulen durch Rechnung abgeleitet. Die Instrumente, von denen das Lindsche in Figur 49 schematisch wiedergegeben ist, sind meist mit einer Windfahne versehen, die die Einstellung in die Stromrichtung besorgt.

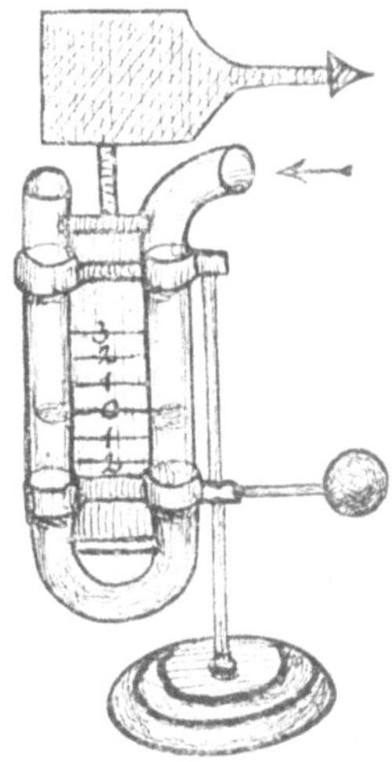

Fig. 49.

§ 203. Das Eichen der Anemometer.

Neuerdings werden sowohl für technische als auch meteorologische und aeronautische Zwecke fast ausschließlich die Flügelanemometer der ersten Klasse benutzt. Eine besonders wichtige Rolle bei diesen Instrumenten spielt das Justieren und die Bestimmung der Konstanten für die Gleichungen zur Berechnung der wirklichen Strömungsgeschwindigkeit. Combes hat zu diesem Zwecke zuerst das sogenannte Göpeleichverfahren angegeben, bei dem das Anemometer am Ende eines 1—2 m langen Göpels, der in gleichförmige Rotation versetzt wird, angebracht wird. Es läßt sich auf diese Weise die Geschwindigkeit des Anemometermittelpunktes bestimmen und mit den Angaben des Zählwerkes am Anemometer vergleichen. Bornemann[3] und Althans[4] ließen zur Konstantenbestimmung aus einem möglichst großen Raum (Gasometer, Windkessel usw.) Luft unter

---

[1] Zeitschrift für Instrumentenkunde. Bd. 2, S. 153.

[2] Ebend. 1892, Bd. 12, S. 147.

[3] Protokolle der 70. und 85. Hauptversammlungen des sächs. Ing.- und Architektenvereins. 1870 und 1875.

[4] Anlagen zum Hauptbericht der Preuß. Schlagwetterkommission. Bd. 5. Berlin 1887.

konstantem Druck durch ein Rohr ausströmen, wobei die Luftmenge durch eine Gasuhr gemessen wurde. Aus der Luftmenge und dem Querschnitt läßt sich dann die Strömungsgeschwindigkeit berechnen.

Elfter Abschnitt.

Die atmosphärische Elektrizität.

§ 204. Das Kraftfeld der Erde.

Den Ausgangspunkt für die Betrachtungen über die elektrischen Erscheinungen in der Atmosphäre bildet die Anschauung, daß die den Erdball umgebende Atmosphärenhülle zu jeder Zeit als elektrisches Feld aufzufassen ist.

Der Begriff des Feldes wird sich am leichtesten erläutern lassen, wenn wir zunächst ein anderes Kraftfeld, das den unseren Erdball umgebenden Raum durchsetzt, in den Bereich unserer Betrachtungen ziehen: das Feld der Erdschwere oder Schwerkraft. Nach dem allgemeinen Newtonschen Massenattraktionsgesetz übt nicht nur die Erde eine Anziehungskraft auf die in ihrer näheren und weiteren Umgebung befindlichen Massen aus, sondern diese Massen üben wechselseitig auch Anziehungskräfte auf die Erde aus. Auf oder in der Nähe der Erdoberfläche befindliche Massen werden daher nicht nur durch die Anziehungskraft der Erde beschleunigt, sondern sie üben auch auf die Erde selbst eine beschleunigende Kraft aus. Die im Bereich unserer Betrachtungen auf oder in der Nähe der Erdoberfläche vorkommenden Massen sind aber im Vergleich zur Masse der Erde äußerst gering; dementsprechend sind auch die Beschleunigungen, die der Erdkörper durch sie erfährt, äußerst gering, so daß wir von diesen absehen können und nur die Beschleunigung, die die Erde den Massen erteilt, ins Auge fassen brauchen.

Sehen wir nun die Erde als vollkommene Kugel an, so können wir sagen, daß sie auf die in ihrer Nähe befindlichen Massen in radialer Richtung beschleunigende Kräfte ausübt. Die Richtungen, in denen diese Kräfte wirken, strahlen also vom Erdmittel in radialer Richtung in den umgebenden Raum aus, ähnlich wie die Ähren eines Kornfeldes in den Raum ragen. In diesem Sinne spricht man von einem Kraftfelde der Erdschwere.

§ 205. Der Potentialbegriff.

Die beschleunigenden Kräfte der Erdschwere suchen nun die Massen in Richtung dieser Kraftlinien gegen das Erdmittel zu zu bewegen, falls nicht entgegengesetzte Kräfte dies verhindern. Bei jeder Bewegung, die unter dem Einfluß einer Kraft auf einem bestimmten Wege erfolgt, wird aber nach den vorausgehenden Erörterungen Arbeit geleistet, wobei wir die mechanische Arbeit als das Produkt aus Kraftgröße und dem in der Kraftrichtung zurückgelegten Wege bezeichnen. Einer Masse, die der Einwirkung der Schwerkraft untersteht, kommt also ein gewisses Arbeitsvermögen (potentielle Energie) zu, auch dann, wenn sie durch eine Gegenkraft gehindert der Erdbeschleunigung nicht folgen kann. Mit der Entfernung von dem Erdmittel wird sich dieses Arbeitsvermögen im positiven Sinne ändern, da ja nun nach dem Aufhören der hindernden Kraft die Schwerkraft auf einem größeren Wege Arbeit leisten kann. Man schreibt in diesem Sinne einer der Wirkung des Erdfeldes unterworfenen Masse eine gewisse Arbeitsfähigkeit oder, wie man auch sagt, ein Potential zu.

§ 206. Das Potentialgefälle.

Dabei kommt es aber für praktische Verhältnisse nicht darauf an, welches Arbeitsvermögen oder Potential die in Frage kommende Masse der Erde gegenüber tatsächlich besitzt, sondern nur auf den Weg, den die Masse den gegebenen Verhältnissen zufolge unter dem Einflusse der Schwerkraft arbeitleistend zurücklegen kann. Ein einfaches Beispiel wird die Verhältnisse besser klar legen. Eine Masse von dem Gewichte gleich 1 kg möge aus einer Höhe von 10 m auf eine Höhe von 5 m unter dem Einflusse der Erdschwere herabsinken. Dann beträgt die durch die Erdschwere geleistete Arbeit 5 mkg. Lassen wir die gleiche Masse aus einer Höhe von 100 m über dem Meeresspiegel auf 95 m herabsinken, so ist die Arbeitsleistung die gleiche, obschon das Potential der Masse der Erde gegenüber nach dem Gesagten zweifellos ein größeres ist als in einer Höhe von 10 m über dem Meeresspiegel. Es geht daraus hervor, daß für die Arbeitsleistung lediglich der Unterschied im Arbeitsvermögen oder das Potentialgefälle bestimmend ist.

§ 207. Die Niveauflächen.

Da nun Flüssigkeiten mangels der nötigen Reibung in schrägem Sinne Stützkräfte nicht zu übertragen vermögen, so werden zum Beispiel Wassermassen, die durch irgendwelche Kräfte (Wind) über eine Wasserfläche hochgetrieben werden, immer wieder arbeitsleistend abrutschen, so daß sich schließlich nach Aufhören der störenden Kräfte eine Fläche einstellt, die wir Äquipotentialfläche oder Niveaufläche nennen. Jede einzelne Flüssigkeitsmasse, die aus dieser Lage herausgebracht wurde, wird so lange bestrebt sein, sich dem Erdmittel zu nähern, bis den einzelnen Massen das gleiche Arbeitsvermögen zukommt und deshalb eine weitere Arbeitsleistung nicht mehr eintreten kann. Setzen wir Kugelgestalt der Erde voraus, so wird dies der Fall sein, sobald die einzelnen Wassermassen sich in gleicher Entfernung von dem Erdmittel befinden, ihre Begrenzung also eine Kugeloberfläche bildet. Nur in diesem Falle stehen die Richtungen der Kraftlinien senkrecht zu den einzelnen Flächenelementen. Wäre eine andere Art der Begrenzungsfläche möglich, so würden die Kraftlinien zu dieser unter einem gewissen Winkel stehen. Die Kraftrichtung ließe sich dann in Teilkräfte nach dem Parallelogramm der Kräfte senkrecht und tangential zur Fläche zerlegen. Den tangentialen Teilkräften müßten aber im Gleichgewichtsfalle gleich und entgegengesetzt gerichtete Schubkräfte entsprechen, die nur möglich wären, wenn die Flüssigkeiten Reibungskräfte übertragen könnten.

In analoger Weise lassen sich nun auch auf der festen unebenen Erdoberfläche Stellen gleichen Potentiales durch Niveauflächen verbinden. Die Höhenlinien der Landkarten können in diesem Sinne als Linien gleichen Potentiales der Erdschwere aufgefaßt werden. Das in Richtung der Kraftlinien also senkrecht zu den Niveau oder Äquipotentialflächen gemessene Potentialgefälle von einer Fläche gleichen Potentiales zur andern läßt sich auch noch in anderer Weise ausdrücken.

§ 208. Der Spannungsunterschied.

Wir wissen zum Beispiel, daß eine Wassersäule von 10 m Höhe auf ihre stützende Unterlage einen Druck ausübt, der annähernd gleich dem Druck der auf unserer Erde lastenden Luftsäule ist. Diesem Druck wird Gleichgewicht gehalten durch die inneren Kräfte oder Spannungen, die er in der festen Unterlage hervorruft. Die

Größe der durch eine solche Wassersäule hervorgerufenen Spannung beträgt rund 1 kg pro Quadratzentimeter oder, wie man auch sagt, eine Atmosphäre. Betrachten wir nun eine Wassermasse, die aus einer Höhe von etwa 100 m auf eine solche von 50 m herabstürzen kann, so ließ sich die Arbeitsleistung, die aus dieser Verschiebung der Masse in der Kraftrichtung gewonnen werden kann, nicht nur durch das Potentialgefälle, sondern durch den Spannungsunterschied schätzen, der in diesem Falle 5 Atmosphären beträgt.

§ 209. Das elektrische Erdfeld.

Die gleichen Betrachtungen lassen sich für das elektrische Feld der Erde anstellen. Wir können uns die Erde als einen elektrisch geladenen Körper vorstellen, der auf seine Umgebung in radialer Richtung elektrische Kraftlinien ausstrahlt. In der Umgebung der Erde befindliche elektrische Massen erfahren unter dem Einfluß dieser Kräfte je nach ihrer Art abstoßende oder anziehende Wirkungen, sie sind also ebenfalls, je nach ihrer Lage zur Erde, befähigt, unter dem Einflusse dieser Kräfte Arbeit zu leisten. In diesem Sinne kommt auch den elektrischen Massen ein je nach Lage zur Erde veränderliches Potential zu und in diesem Sinne ist auch für die zu erwartenden Wirkungen das Potentialgefälle maßgebend, das durch den elektrischen Spannungsunterschied gemessen werden kann.

§ 210. Die Elektronen.

Die weitere Erörterung verlangt nun, daß wir uns an eine bekannte Tatsache erinnern. Glas und Siegellack werden durch Reiben elektrisch, zeigen aber dabei ein verschiedenes Verhalten. Zwei an Fäden aufgehängte Holundermarkkügelchen, die die einfachste Form eines Elektroskopes darstellen, werden durch Berühren mit dem elektrisch erregten Glasstab selbst elektrisch erregt, stoßen sich aber dann ab und werden auch von dem Glasstab abgestoßen. Dagegen wird jedes der beiden Kügelchen von einer geriebenen Siegellackstange, die man in die Nähe bringt, angezogen. Teilt man dem Kügelchen zuerst durch Annäherung der Siegellackstange eine elektrische Ladung mit, so werden sie nun auch bei Annäherung der erregten Glasstange von dieser angezogen. In beiden Fällen wurde dem Kügelchen eine Ladung mitgeteilt, aber in verschiedenem Sinne. Da sich die beiden Ladungen verhalten wie positive und negative

Zahlen, so ist es üblich geworden, von einer Glaselektrizität oder positiven (+) Elektrizität oder einer Harzelektrizität oder negativen (−) Elektrizität zu sprechen. Die neueren Forschungen weisen nun in der Tat darauf hin, daß wir die elektrischen Massen ähnlich wie die Körpermoleküle im chemischen Sinne aus verschiedenartigen kleinsten Teilen oder Atomen bestehend aufzufassen haben, die wir hier Elektronen oder kurzweg Ionen nennen wollen. (Eigentlich richtiger: Ionten, = die Wandernden.)

§ 211. Leiter und Nichtleiter.

Die verschiedenen Körper zeigen nun den Elektronen gegenüber ein verschiedenartiges Verhalten, je nachdem sie die Elektrizität mehr oder minder fortzuleiten vermögen. Zwar gibt es, wie die Untersuchungen mit hochgespannten Strömen beweisen, Körper, die den elektrischen Strom überhaupt nicht zu leiten vermögen nicht, auch können Umstände eintreten, unter denen auch schlechte Leiter zu guten Leitern werden. Dennoch hat man die Unterscheidung beibehalten und bezeichnet heute als schlechte Leiter oder Isolatoren Körper wie Glas, Baumwolle, Seide, als gute Leiter oder Konduktoren vor allem die Metalle.

In den Isolatoren sind nun die Elektronen in mehr oder minder fester Verbindung vorhanden, während sie sich auf den Konduktoren frei verschieben können.[1] Wird daher ein Konduktor, etwa eine Messingkugel, auf einen Isolator (z. B. Glasstab) gesetzt und elektrisch geladen, so verschieben sich die Elektronen bis zur Oberfläche, wo sie die umgebenden Isolatoren (Glas und Luft) an einer weiteren Verschiebung hindern.

§ 212. Der geladene und isolierte Konduktor (Leiter).

Die Oberfläche des geladenen Konduktors (oder Leiters) ist nun mit einer Schicht Elektrizität bedeckt, deren einzelne Teile sich gegenseitig abzustoßen suchen. Je stärker die Ladung wird, desto mehr drängen die Teile der elektrischen Schicht nach außen und desto größer muß die im Isolator hervorgerufene Gegenkraft (Spannung) werden, die dem Druck der Teile Gleichgewicht hält. Sobald nun die Elektrizität auf der Oberfläche des Konduktors im

[1] Dr. L. Graetz, Die Elektrizität und ihre Anwendungen. Stuttgart 1906, S. 13.

Gleichgewicht ist, wird das Innere des Konduktors frei von Elektrizität sein, da ja sonst bei der leichten Verschieblichkeit der Elektronen im Leiter die Elektronen sofort nach der Oberfläche strömen müßten, bis der Gleichgewichtszustand eintritt. Auch wenn der Konduktor nicht aus einer massiven Kugel, sondern aus einer Hohlkugel besteht, können im Inneren keine Elektrizitätsmengen mehr nachgewiesen werden, wie Faraday durch den Versuch bewiesen hat, selbst dann nicht, wenn dem Konduktur noch so starke Ladungen mitgeteilt werden. Im Inneren eines hohlen, geladenen Konduktors gibt es daher kein elektrisches Feld, ausgenommen, daß ein solches durch geladene, im Innern befindliche Körper hervorgebracht wird (Prinzip des Faradayschen Käfigs).

§ 213. Konduktorspannung. Spitzenwirkung.

Ebenso wie nun der Druck, den wir in einem Gefäß durch Einpumpen von Luft erzeugen können, nicht allein von der zugeführten Luftmenge, sondern auch von der Größe und der Festigkeit des Gefäßes abhängt, so wird die Spannung, die auf einem Konduktor erzeugt werden kann, nicht allein von der zugeführten Elektrizitätsmenge, sondern auch von der Größe des Konduktors und der Isolierfestigkeit des umgebenden Isolators abhängen. Auch die Form spielt dabei eine Rolle. Ist der isolierte Konduktor z. B. nach irgend einer Stelle hin zu einer Spitze ausgezogen, so zeigt sich, daß die Dichte der elektrischen Ladung und damit auch der elektrostatische Druck an dieser Stelle sehr groß wird. Die Festigkeit des umgebenden Isolators vermag diesem Druck nicht mehr stand zu halten; die elektrischen Teilchen werden von der Spitze weg nach außen getrieben, eine Erscheinung, die mit dem Auftreten einer fühlbaren Luftströmung, dem sog. elektrischen Wind, verbunden ist. Die Ladung eines Konduktors läßt sich daher durch Ansetzen von Spitzen verringern.

§ 214. Potentialunterschied zweier Konduktoren.

Befindet sich nun in der Nähe eines geladenen, isolierten Leiters ein zweiter, schwächer geladener, ebenfalls isolierter Konduktor, so wohnt dem ersten gegenüber dem zweiten ein gewisses Arbeitsvermögen inne, er besitzt mit Bezug auf den zweiten ein Potential.

[1] Galileo Ferraris, Wissenschaftliche Grundlagen der Elektrotechnik. Deutsch von Finzi. Leipzig 1901, S. 46 f.

Denn, sobald eine leitende Verbindung zwischen beiden hergestellt wird, kann Elektrizität so lange von dem einen zum andern strömen, bis die Ladungen sich ausgeglichen haben, wobei aber Arbeit geleistet wird.

§ 215. Das Potential der Erde.

Unsere Betrachtungen beziehen sich auf Stellen der Erdoberfläche oder auf den die Erde umgebenden Luftraum. Wir befinden uns dabei stets in der Nähe eines Konduktors, der Erde; mit dem großen Konduktor, als den sich uns der Erdball darstellt, stehen wir durch andere Konduktoren, wie Erdboden, Wände, Decke des Zimmers usw. in besserer oder schlechterer Verbindung, so daß sich die Ladungen der auf der Erde befindlichen und mit dieser verbundenen Konduktoren gegen die Ladung der Erde ausgleichen können. Ist der Ausgleich vollzogen, so hat der betreffende Körper das Potential der Erde. Je besser die Leitfähigkeit des verbindenden Konduktors ist, desto rascher wird dieser Ausgleich stattfinden; mit der Erde gut leitende Verbindungen können deshalb überhaupt keine hohen Spannungen gegen Erde annehmen, da die Elektronen in dem Leiter ungehindert nach dem schwächer geladenen Konduktor abfließen können. Wir beziehen nun die Spannungen von isolierten Konduktoren in der Nähe der Erdoberfläche auf das Potential der Erde und nennen: „die Arbeit, die man verrichten muß, um die Einheitsmasse (elektrische Masse) von der Erde auf den Konduktor zu bringen, das Potential des Konduktors“.

Das Potential eines Konduktors ist positiv oder negativ, je nachdem es größer oder kleiner als das Potential der Erde ist.[1]

§ 216. Der influenzierte Leiter.

Wir haben nun noch einer weiteren Erscheinung zu gedenken, die für unsere Betrachtungen von Wichtigkeit ist. Bringt man einen isolierten Konduktor in die Nähe eines geladenen Konduktors, so befindet er sich in dem von dem geladenen ausgehenden elektrischen Feld und nimmt, wie man sagt, durch Influenz selbst eine Ladung an. Die Untersuchung des durch Influenz geladenen Leiters ergibt aber, daß sich auf der Oberfläche des influenzierten Leiters beide

[1] G. Ferraris, Wissenschaftliche Grundlagen der Elektrotechnik. Deutsch von Finzi. Leipzig 1901, S. 41.

Arten von Elektrizität getrennt vorfinden, die positive und die negative. Und zwar haben immer die dem influenzierenden Körper am nächsten belegenen Teile der Oberfläche des Leiters die entgegengesetzte Art der Elektrizität wie der influenzierende Körper, die weiter entfernten Teile aber die gleiche Art aufzuweisen. Die Influenzladung bleibt aber nur so lange bestehen, als der influenzierte Leiter sich in dem elektrischen Felde befindet. Da nun das elektrische Feld der Erde sicher bis zu einer Höhe von 10 km hinaufreicht, so werden wir uns mit unseren Luftfahrzeugen aus dem elektrischen Feld der Erde überhaupt nicht entfernen können. Wir haben daher mit Ladungen durch Influenz unter allen Umständen zu rechnen. Zur Erklärung der Influenzerscheinung dient die Annahme, daß in jedem Leiter die beiden Elektronen in praktisch unerschöpflichem Betrage vorhanden sind und durch Influenz getrennt werden können. Wird der influenzierende Körper entfernt, so sind die beiden in gleicher Menge vorhandenen Elektronen im Gleichgewicht, so daß ein Zustand elektrischer Ladung nicht bemerkbar wird.

§ 217. Der abgeleitete Konduktor.

Verbindet man nun den influenzierten Körper etwa durch einen Kupferdraht gut leitend mit der Erde, so zeigt sich, daß nicht beide Arten der Elektrizität zur Erde abgeleitet werden können. Die Elektrizität erster Art (positiv) strömt zur Erde ab, während die Elektrizität zweiter Art (negativ) auf dem Leiter verbleibt.[1] Der mit der Erde leitend verbundene Körper nimmt das Potential der Erde an, während die Spannung des influenzierenden Leiters sinkt. Man kann nun dem influenzierenden Leiter wieder Elektrizität zuführen, ihn aufladen, bis er die ursprüngliche Spannung wieder hat. Es geht daraus hervor, daß durch die bloße Anwesenheit eines influenzierten und abgeleiteten Körpers die Ladefähigkeit (Kapazität) eines Leiters bedeutend vergrößert wird. Er kann nun viel stärker geladen werden, ohne daß die ursprüngliche Spannung überschritten zu werden braucht. Man macht davon bei Herstellung der Kondensatoren oder Ansammlungsapparate Gebrauch.[1]

§ 218. Die negative Ladung der Erde.

Die unseren Erdball umgebende Atmosphärenhülle ist nun als ein elektrisches Feld aufzufassen, das durch eine negative elektrische Ladung der Erde erzeugt ist. Auch hier können wir die Punkte,

[1] Ausführlicher siehe Graetz, Elektrizität. 1906, S. 25.

in denen elektrische Massen im Felde der Erde gleiche Anziehungs- oder Abstoßungskräfte erfahren, durch Äquipotentialflächen oder Niveauflächen verbinden; da die Erde kugelähnliche Gestalt hat, so werden diese Flächen kugelschalenähnlich sein. Das radial, also senkrecht zu den Flächen gemessene Potentialgefälle zwischen zwei Niveauflächen wird hier durch den in Volt ausgedrückten Spannungsunterschied bestimmt.

§ 219. Verzerrung der Niveauflächen an der Erdoberfläche.

Ein anschauliches Bild der Feldverhältnisse gibt ein senkrecht zu den Niveauflächen, also radial, geführter Schnitt (Fig. 50.) Dabei verlaufen die Schnittlinien der Potentialflächen im allgemeinen

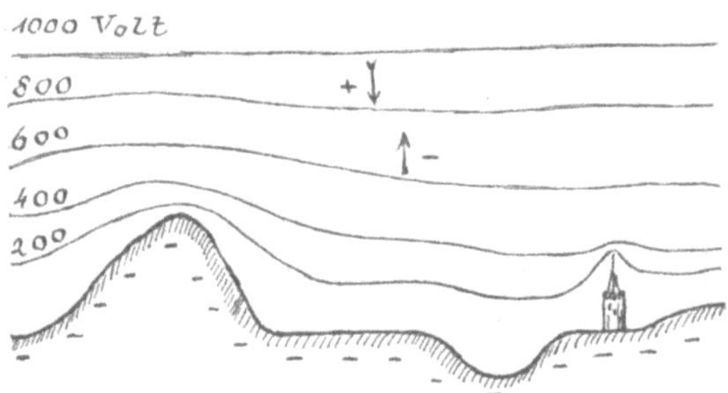

Fig. 50.

parallel zu der Erdoberfläche, erleiden indessen durch Erhebungen oder Senkungen Verzerrungen. Über einer Erhebung drängen sie sich zusammen, über Tälern haben sie größere Abstände, so daß hier der Wert des Potentialgefälles geringer ist. Auch über hochgeführten Konduktoren (z. B. Blitzstangen) drängen sie sich zusammen.

§ 220. Bestimmung des Potentialgefälles.

Der jeweilige Wert des Potentialgefälles kann in ähnlicher Weise bestimmt werden, wie dies bereits durch Franklin ausgeführt wurde. Man befestigt an einer isolierten hohen Stange einen Kollektor oder läßt einen solchen (z. B. Stanniolbelag) mit einem Drachen hoch. Mit Hilfe eines von dem Kollektor zur Erde geführten Drahtes und eines Spannungsmessers kann dann die Potentialdifferenz bestimmt werden. Ein für luftelektrische Messungen viel verwendetes Instrument ist das Elektroskop von Exner, dessen Wirkung aus Figur 51 ersichtlich ist. In einem mit Glaswänden versehenen

Gehäuse steckt isoliert ein Metallstab, der oben an der Klemme A befestigt ist, und der im Gehäuse die beiden Goldblättchen B trägt. Bringt man die Klemme A durch den Draht mit dem geladenen Konduktor in Verbindung, so kann aus der Divergenz der beiden Goldblättchen die Potentialdifferenz direkt an einem entsprechend angebrachten Maßstab abgelesen werden. Ein sehr bequemes Instrument ist auch das absolute Elektrometer von Hartmann & Braun, das die Ablesung direkt in Volt gestattet.[1] Zur Untersuchung der Feldverteilung bei gegebenen Anordnungen kann man auch ein kleines Modell des Geländes herstellen und dieses in ein künstliches Feld bringen, dadurch daß man das Modell mit der Erde verbindet und über dem Felde eine positiv geladene Blechplatte anbringt. Das Feld kann dann mit Hilfe eines Elektrometers auf seine Verteilung untersucht werden. Diese Methode, die nach Maxwell auf dem Prinzip der elektrischen Ähnlichkeit beruht, hat nach Dieckmann,[2] Lutz[3] und Ebert zu einer Auswertung der Potentialstörung durch den Freiballon gedient.[3]

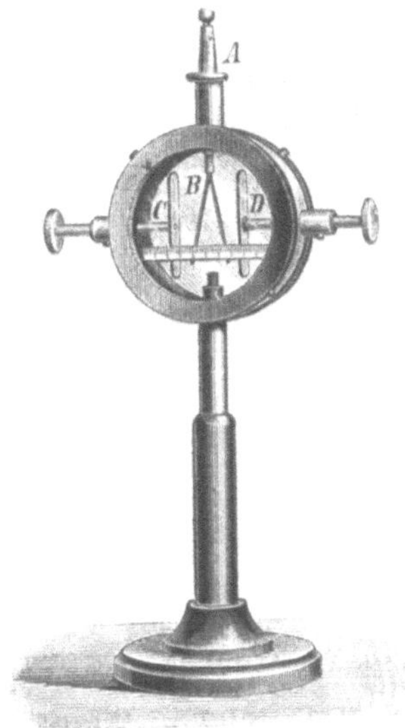

Fig. 51.
A = Ladeklemme; B = Goldblättchen; C und D = verschiebbare Schutzplatten zum Transport des Instruments.

§ 221. Feldstörungen durch Konduktoren.

Die Feldstörungen, die durch die Anwesenheit eines geerdeten und eines isolierten Konduktors entstehen, sind aus den nach Skizzen von Ferraris gezeichneten Figuren 52 und 53 zu ersehen.

In Figur 52 befindet sich der isolierte Konduktor (Luftschiff) im Erdfelde. In einer gewissen Entfernung vom Konduktor ist die

---

[1] Graetz, Elektrizität. 1906, S. 18, Fig. 7.

[2] Dieckmann, Magnetische und elektrische Probleme für die Luftschiffahrt. Deutsche Zeitschrift für Luftschiffahrt 1910. Heft 15, S. 9.

[3] Lutz, Sitzungsber. der Münch. Akad. 36. III. 507. 1906.

[4] Ebert und Lutz, Beiträge zur Physik der freien Atmosphäre. Bd. II, Heft. III. Der Freiballon im elektrischen Felde der Erde.

Wirkung, die durch seine Einführung in das Feld hervorgebracht wird, nicht mehr bemerkbar, über diese Entfernung hinaus kann das Feld als unverändert angesehen werden. In der nächsten Umgebung des Konduktors ergibt sich ein Bild, als wenn die Niveauflächen sich zurückgezogen und deformiert hätten, um dem Konduktor Platz zu machen. Auch die Kraftlinien deformieren so, daß sie senkrecht zu den Niveauflächen bleiben. Auf dem Teil des Konduktors, wo die Kraftlinien ankommen, hat man eine Verteilung

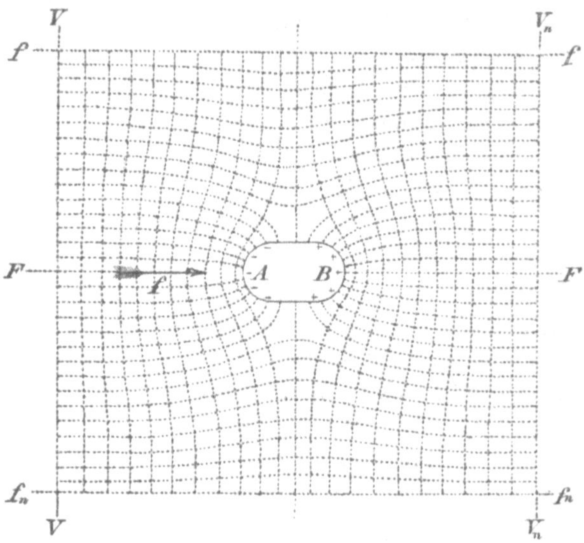

Fig. 52.
Isolierter Konduktor im elektrischen Feld. Fall des freischwebenden Ballons (aus Galileo Ferraris, Elektrotechnik, Teubner 1901, S. 48).

von negativer Elektrizität, auf dem Teil, von dem die Kraftlinien ausgehen, eine Verteilung von positiver Elektrizität.

Figur 53 zeigt die Störung durch einen mit der Erde leitend verbundenen Konduktor. Auf dem Konduktor endigen nun Kraftlinien, aber keine geht von diesem aus. Der Konduktor ist mit negativer Elektrizität geladen, die hauptsächlich auf dem der Erde abgewendeten Teile verteilt ist. Oberhalb dieses Teiles drängen sich die Niveauflächen zusammen, so daß in dieser Umgebung ein größeres Potentialgefälle auftritt.[1] (Fall des verankerten Luftschiffes.)

[1] G. Ferraris, Wissenschaftl. Grundlagen. 1901, S. 48 u. 49.

§ 222. Größe des Potentialgefälles im Erdfelde.

Nach Exners[1] Feststellungen beträgt nun das radial gemessene Potentialgefälle des Erdfeldes bei klarem Wetter und trockener Luft pro Meter Erhebung etwa 1300 Volt. Bei klarem Wetter im

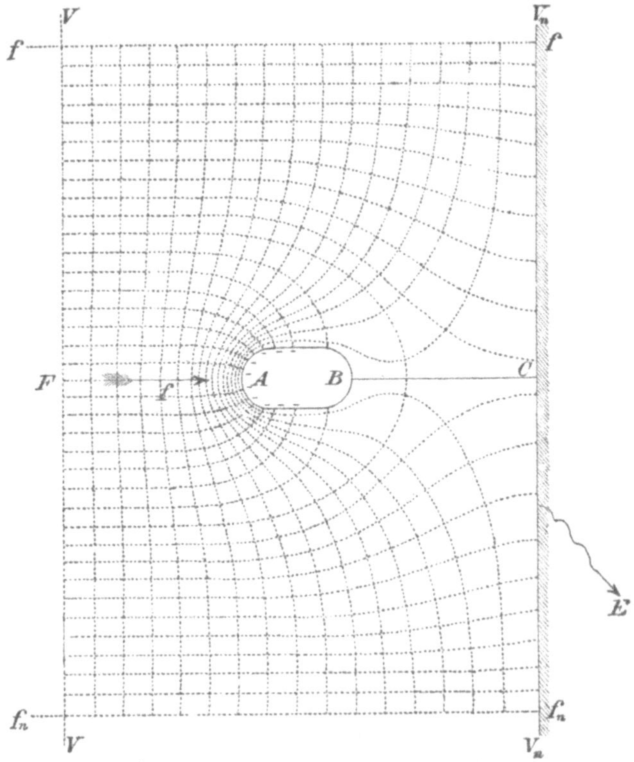

Fig. 53.
Geerdeter Konduktor im elektrischen Feld. Fall des verankerten Ballons (aus Ferraris, Elektrotechnik S. 49).

Winter ist das Potentialgefälle meist größer als bei trübem und im Sommer. Elster und Geitel[2] haben aus über ein Jahr ausgedehnten Messungen für einen Höhenunterschied von 1 cm das geringste Potentialgefälle im Juni mit 1,02 Volt und das größte im Dezember mit 4,7 Volt ermittelt. Außer dieser jährlichen Periode der

---

[1] Riecke, Lehrbuch der Experimentalphysik. 2. Aufl., Bd. 2.

[2] Elster und Geitel, Beobachtungen des atmosph. Potentialgefälles usw. Wiedemanns Annalen. 1893, Bd. 48, S. 338.

Änderung läßt sich auch eine tägliche erkennen. Fast überall lassen sich täglich zwei Maxima und zwei Minima des Potentialgefälles nachweisen. Ist die Atmosphäre in Form von Wolken oder Nebel mit Wasserdampf durchsetzt, so zeigen sich sehr schwankende Werte des Potentialgefälles. Bei bedecktem Himmel zeigt sich meist eine Verringerung des Gefälles; es kann Null oder negativ werden, wie wenn die Erde positiv geladen wäre. Die größten Unterschiede zeigen sich naturgemäß bei Gewittern.

Gerdien[1] hat bei Niederschlägen Potentialgefälle von vielen Tausend Volt pro Meter gefunden, so

bei Landregen: 1000 bis 2000 Volt pro Meter Höhenunterschied,
bei Böenregen: 4000 bis 6000 Volt pro Meter Höhenunterschied,
bei Gewitterregen: häufig bis zu 10000 Volt pro Meter.

Außerdem erweisen sich die Potentialgefälle bei Gewittern als sehr schwankend; auch können sie oft innerhalb weniger Sekunden wechselnde Werte annehmen.

Dieckmann gibt pro Meter Erhebung einen Durchschnittswert von 100 Volt an, was ungefähr dem geringsten von Elster und Geitel im Juni gefundenen Werte entspricht.[2]

§ 223. Ursachen der Schwankungen des Potentialgefälles.

Riecke vermutet, daß die auffallende jährliche Periode des Potentialgefälles außer mit dem Wasserdampfgehalt der Luft mit einer eigentümlichen Wirkung der Sonnenstrahlen auf die negative Ladung der Erdoberfläche zusammenhängt, da die ultravioletten und violetten Strahlen die merkwürdige Eigenschaft haben, negative Elektrizität von der Oberfläche weg und in die umgebende Luft hineinzuführen. Ob die in dem normalen elektrischen Felde der Atmosphäre auf Dunstbläschen, Regentropfen und Schneeflocken ausgeübte Influenz hinreicht, um die in kurzen Zeitintervallen zwischen positiven und negativen Werten auftretenden Schwankungen des Potentiales zu erklären, kann zurzeit noch nicht entschieden werden.

---

[1] L. Zehender, Die Gefahren der Luftelektrizität für die Luftfahrzeuge. Elektrotechnische Zeitschrift 1909, S. 714. F. Exner, Wien. Akad. Berichte. Bd. 93, 1886, S. 230 und Bd. 96, II, 1887 S. 419. Gerdien, Münch. Berichte. Bd. 33, 1903, S. 837—842.

[2] Petersen gibt als Wintermaximum 450 Volt/m und als Sommermaximum 100 Volt/m an. Siehe Dr. ing. W. Petersen, Hochspannungstechnik. Stuttgart 1911, S. 159.

§ 224. Mögliche Spannungsunterschiede im Erdfelde.

Nun bildet trockene Luft im allgemeinen einen sehr schlechten Leiter (Isolator) für Elektrizität. Die dielektrische Festigkeit der Luft vermag dem elektrischen Druck eines Spannungsgefälles von rund 20000 Volt pro Zentimeter stand zu halten.[1] Es können sich also bei trockenem Wetter erhebliche Elektrizitätsmengen ansammeln, bis die damit verbundenen hohen Spannungsunterschiede zu disruptiven Entladungen (Blitz) führen. Ein Luftraum von 470 mm wird nach den Versuchen von Jona erst bei einer Spannungsdifferenz von 160000 Volt durchschlagen; nun sind aber Blitzbahnen von mehreren Kilometern Länge beobachtet worden. Man kann daraus Schlüsse auf die bei Gewittern auftretenden Potentialunterschiede ziehen.

§ 225. Die Ionisierung der Luft.

Gewisse Strahlenarten, wie die ultravioletten Strahlen, die in Röntgenröhren auftretenden Kathodenstrahlen, endlich die Strahlen, die von sog. radioaktiven Substanzen ausgesendet werden, üben einen eigentümlichen Einfluß auf die elektrische Leitfähigkeit der Luft aus. Sie ionisieren die Luft, d. h. sie treiben die bestrahlten Luftteilchen streckenweise auseinander, so daß dadurch freie positiv und negativ geladene Teilchen existieren. Die freien Ionen in der Nähe eines geladenen Körpers können sich dann auch mit der auf ihm vorhandenen Elektrizität verbinden und so die Entladung bewirken. Auch die von elektrischen Funken ausgehenden Strahlen können eine solche Ionisierung der Luft bewirken. Die Land- und Seekabelwerke machen davon bei der Konstruktion eines Blitzableiters für elektrische Leitungen mit Hilfsfunkenstrecke Gebrauch. Diese Blitzableiter haben die Aufgabe, Überspannungen in elektrischen Leitungen zu verhindern. Sobald Überspannungen eintreten, wird eine für eine bestimmte Höchstspannung eingestellte Luftstrecke zwischen zwei hörnerförmig gebogenen Leitern durchschlagen und die Elektrizität kann zur Erde abfließen. Bei geringeren Spannungen fällt diese Luftstrecke entsprechend der hohen Isolierfestigkeit der Luft sehr klein aus. Um störende Entladungen durch Zufälligkeiten, wie das Dazwischenkommen von Insekten, zu vermeiden, ist es wünschenswert, größere Abstände wählen zu können. Das wird da-

[1] Uppenborn, Dettmar, Kalender für Elektrotechniker. 1910, I, S. 87.

durch erreicht, daß unterhalb der Hörner eine kleine Hilfsfunkenstrecke angebracht wird, die zuerst anspricht. Ihre Funken bestrahlen und ionisieren die Luftstrecke zwischen den Hörnern, so daß nun auch eine größere Strecke bei der gewünschten Spannung durchschlagen wird.

In ähnlichem Sinne können Vorentladungen geringerer Natur oder auch in der Luft vorhandene radioaktive Substanzen bei Gewittern die Isolierfestigkeit gewisser Luftzwischenräume herabsetzen, so daß das vorhandene Potentialgefälle genügt, einen disruptiven Ausgleich zu veranlassen. Es kann durch diese einleitenden Vorgänge also auch ein größerer Luftzwischenraum bei einem geringeren Potentialgefälle als unter normalen Verhältnissen durchschlagen werden.

§ 226. Die Blitzentladungen. Donnergeräusch.

Disruptive, plötzliche Entladungen treten hauptsächlich in drei Formen auf: Linienblitze, gekennzeichnet durch einen Hauptstrahl mit vielen, teilweise auch nach oben gehenden Verästelungen; Flächenblitze, die sich durch kurzes Aufleuchten einer ganzen Wolke zu erkennen geben, und Kugelblitze. Die Kugelblitze sind eine sehr seltene Erscheinung und können vermutlich auf ungewöhnliche Anhäufungen hochgespannter Elektrizität zurückgeführt werden. Verfasser hatte Gelegenheit, eine derartige Erscheinung bei einem sehr heftigen trockenen Gewitter im Jahre 1900 in der Gegend von Wolfratshausen zu beobachten. Eine rötlich leuchtende Kugel schien sich langsam über einem dem Gebirgsstock vorgelagerten Hügel hinzubewegen und zersprang plötzlich in mehrere leuchtende Punkte, die durch Strahlen verbunden schienen und aus deren Mitte ein kräftiger Strahl zur Erde fuhr. Unmittelbar darauf erfolgte die ungewöhnlich heftige Detonation des Donners. Die Erscheinung mag etwas mehr als eine Sekunde gedauert haben. Das Donnergeräusch ist auf Schallschwingungen zurückzuführen, die durch die plötzliche Ausdehnung der in der Blitzbahn bis zum Glühen erhitzten Luft zurückzuführen sind. Es pflanzt sich mit der Schallgeschwindigkeit (333 m/sec) fort, so daß sich aus der zwischen dem Aufleuchten des Blitzes und dem Vernehmen des Donnergeräusches verstreichenden Zeit die Entfernung des Gewitters errechnen läßt.

Die Wirbelgewitter treten hauptsächlich im Innern tiefer Depressionen auf bei stürmischem, trübem Witterungscharakter, hauptsächlich in der kalten Tages- und Jahreszeit und über dem Meere.

Die Wärmegewitter bilden sich an den Grenzen hohen und niederen Druckes bei ruhiger Luft und starker Sonnenstrahlung, hauptsächlich zur warmen Tages- und Jahreszeit und über dem Lande.

Die raschen Luftdruckschwankungen, die in den Barogrammen als sog. Gewitternasen auftreten, Temperaturstürze, heftige Niederschläge und sonstigen Begleiterscheinungen der Gewitter können auf Übersättigungen und Überkaltungen in höheren Schichten zurückgeführt werden.[1]

In unseren Gegenden kommen die Gewitter meist aus W oder SW und schreiten mit einer Durchschnittsgeschwindigkeit von 30 bis 40 Stundenkilometern fort.

§ 227. Schleichende Entladungen. St. Elmsfeuer.

Schleichende Entladungen können bei hohen Potentialunterschieden in Form des sog. St. Elmsfeuers auftreten. Sie werden bei tiefgehenden Wolken an hochragenden Konduktoren (Spitzen von Masten, Türmen) in Form kleiner Flammenbüschel beobachtet. Ähnliche Erscheinungen kann man auch beobachten, wenn man bei feuchtem Wetter in der Dunkelheit an einer Hochspannungsleitung entlang geht. Die die Leitungsdrähte haltenden Porzellanisolatoren erscheinen wie mit einem leuchtenden Hemd überzogen.

§ 228. Das Polarlicht. Magnetische Gewitter.

Das Polarlicht, das ebenfalls zu den elektrischen Erscheinungen der Atmosphäre zu rechnen ist, kann nach Paulsen auf eine Fluoreszenzerscheinung nach Art der Kathodenstrahlen zurückgeführt werden. Mit der Änderung dieser nach Form und Stärke stark veränderlichen Erscheinung, die in Höhen bis zu 200 km hinaufreicht, sind erhebliche Störungen in der Verteilung des Erdmagnetismus verbunden, die A. v. Humboldt magnetische Gewitter genannt hat.

---

[1] von Bezold, Zur Thermodynamik der Atmosphäre. VI. Gewitterbildung.

Zwölfter Abschnitt.

Die Gefährdung der Luftfahrzeuge durch atmosphärische Entladungen.

§ 229. Einfluß der Feuchtigkeit.

Die zu den Hüllen der Aerostaten verwendeten Ballonstoffe (gefirnißte Seide, gefirnißte Perkale, gummierte Baumwollenstoffe) sind ebenso wie das Netzwerk, die Leinen (Ventilleine, Reißleine) und die Taue im trockenen Zustand als Isolatoren aufzufassen. Sie können aber je nach dem Grade der Feuchtigkeit, die sie aufnehmen oder die sich an ihnen ansetzt, eine größere oder geringere Leitfähigkeit erlangen.

§ 230. Das Entstehen von Potentialunterschieden zwischen Teilen des Luftfahrzeuges.

Zwischen entfernten Stellen eines größeren Aerostaten können nun unter Umständen große Potentialunterschiede auftreten, wenn die Gelegenheit zu lokalen Ladungen durch an diesen Stellen vorhandene Konduktoren gegeben ist. Solche Konduktoren haben wir z. B. beim Freiballon in Form der Metallteile des Ventiles; auch ein isolierter, triefend nasser Fleck an einer Stelle der Hülle kann in diesem Sinne als Konduktor auftreten. Solange der Aerostat in trockener Luft schwebt und Hülle, Netzteile und Leinen trocken sind, ist nur ein ganz geringer Ausgleich der etwa zwischen Ventil und Korb bestehenden Spannungsunterschiede über das Netzwerk hin möglich. Da bei elektrischem Spannungsausgleich die entstehende Stromstärke nach dem Ohmschen Gesetz dem Spannungsunterschiede direkt und dem Widerstand umgekehrt verhältnisgleich ist, so können hier angesichts der sehr hohen Widerstände des trockenen Tauwerkes Ausgleiche nur mit sehr geringen Stromstärken[1] erfolgen.

§ 231. Spannungsunterschiede gegen Erde bei der Landung.

Auch gegen Erde können hohe Spannungsunterschiede auftreten, wenn der Aerostat, aus größeren Höhen kommend, sich rasch der

[1] Die Stromstärke bildet ein Maß für die Intensität, mit der sich der Spannungsausgleich vollzieht; sie repräsentiert die Energiemenge, die bei einem Spannungsausgleich in der Strombahn umgesetzt wird.

Erde nähert, wie dies etwa für den Landungsvorgang zutrifft. Das positiv geladene Luftfahrzeug kann kurz vor der Berührung mit der Erde gegen die negativ geladene Erde einen hohen Spannungsunterschied aufweisen, der sich bei der Berührung durch eine Funkenentladung ausgleichen kann.

§ 232. Die Gefahrquelle.

Die Gefahr beruht nun für die Luftfahrzeuge in der Notwendigkeit, brennbare und unter Umständen explosible Stoffe mitführen zu müssen. Am größten wird diese Gefahr für das aerostatische Luftfahrzeug, das auf die Tragkraft einer erheblichen Menge eines brennbaren Gases (Wasserstoff, Leuchtgas) angewiesen ist. Dazu kommt noch, daß wir völlig gasundurchlässige Hüllen im strengen Sinne des Wortes nicht kennen. Selbst eine keinerlei Poren zeigende dünne Kautschukmembrane, die als Scheidewand zwei Gase trennt, zeigt den Vorgang der Penetration, das heißt, die beiden durch die Scheidewand getrennten Gase (in unserem Falle die den Aerostaten umgebende Luft und das Füllgas) mischen sich (= diffundieren) durch die trennende Hülle hindurch. Wenn auch dieser Vorgang langsam und allmählich vor sich geht, so ist es doch unvermeidlich, daß man nach einer längeren Fahrt im Gasraum des Aerostaten kein reines, sondern ein mehr oder weniger mit Luft durchmischtes Gas hat. Die einzelnen Gasteilchen tragen nun den Sauerstoffvorrat, dessen sie zu einer Oxydation bedürfen, gewissermaßen mit sich; eine an einer beliebigen Stelle eingeleitete Oxydation (Entzündung) kann sich daher sofort auf das ganze Gasgemisch ausdehnen und zu der Erscheinung führen, die man Explosion nennt. Bei einem reinen luftfreien, brennbaren Gas kann eine Entzündung den Oxydationsprozeß nur an der Stelle einleiten, wo die Grundbedingung für einen Oxydationsprozeß, die Sauerstoffzuführung durch die herantretende Luft gegeben ist; bei einem mit Luft (also auch mit Sauerstoff) durchmischten Gas (Knallgas) muß nach dem Gesagten auch bei Entzündung an einer beliebigen Stelle sofort Explosion eintreten.

§ 233. Die Zündwärme des Entladungsfunkens.

Zur Entzündung eines Gases oder auch Gasgemisches ist aber ein gewisses Minimum von Wärme erforderlich. Nach dem Jouleschen Gesetz ist die durch den elektrischen Strom erzeugte

Wärmemenge verhältnisgleich dem Produkte aus der Stromstärke, der Spannung und der Zeit, oder auch verhältnisgleich dem Produkte aus dem Quadrate der Stromstärke, dem Widerstand im Stromkreise und der Zeit. Nicht jede Entladung vermag daher einen zündenden Funken hervorzubringen. Bei sehr hohen Spannungsdifferenzen können wohl auch über sehr schlechte Leiter hin, wie z. B. trockene Seile, Ausgleiche mit Funkenbildung stattfinden. Die bei dem Ausgleich zufolge der im Stromkreise liegenden hohen Widerstände auftretenden Stromstärken sind aber dann sehr gering; die hier durch die Funkenbahn überströmenden Energiemengen sind aber sehr gering, so daß die Zündungswärme nicht zustande kommt, falls die Entladung nicht zu lange dauert.

Daß selbst momentan auftretende sehr hohe Temperaturen nicht die erforderliche Zündwärmemenge hervorzubringen vermögen, kann man beweisen, wenn man eine brennende Glühlampe über einem ausströmenden Gasgemisch zerschlägt. Der Glühfaden brennt sofort durch und eine Entzündung findet nicht statt.

§ 234. Gesichtspunkte für die Abwehr der Gefahr.

Die Abwehr der Gefahr des elektrischen Spannungsausgleiches wird vor allem von dem Gesichtspunkte ausgehen müssen, daß das Auftreten von Zündungsfunken in der Nähe des Gases oder der sonst mitgeführten brennbaren Stoffe (Benzin) zu vermeiden ist. Die in dieser Richtung gemachten Vorschläge laufen meist darauf hinaus, das Auftreten von Spannungsunterschieden zwischen einzelnen entfernten Teilen der Luftfahrzeuge zu verhindern. Das könnte z. B. dadurch bewirkt werden, daß man den ganzen Luftschiffkörper selbst zum Konduktor macht. Gelangt das Luftfahrzeug in Schichten, die große Potentialunterschiede gegeneinander aufweisen, so müssen sich die einzelnen Ladungen rasch ausgleichen, da die Elektronen sich auf den leitenden Oberflächen des Fahrzeuges frei verschieben können. Ein Versuch, der in dieser Hinsicht unseres Wissens zuerst in Italien gemacht wurde, ist das Überziehen der Ballonhüllen, Taue usw. mit leitenden Bronzen (Aluminiumbronzen). Der praktischen Ausführung steht nichts im Wege, seit es gelungen ist durch Zerstäuben von flüssigen Metallen im Dampfstrahl Metalle in feinverteilter Form auf Stoffe aufzublasen und dadurch beliebige zusammenhängende dünne metallische Überzüge zu erzeugen. Für den in der freien Atmosphäre schwebenden Aerostaten könnte dieses

Verfahren insofern Erfolg haben, als gefährliche Spannungsunterschiede zwischen einzelnen entfernt liegenden Teilen des Aerostaten dadurch vermieden werden könnten. Nicht zu vermeiden ist aber dadurch der mögliche heftige Spannungsausgleich des landenden Aerostaten gegen Erde. Gelingt es aber, den Aerostaten etwa durch ein leitendes Schleppseil vor der Landung auf das Erdpotential zu bringen, so würde auch diese Gefahr beseitigt sein. Allerdings müßte dafür Sorge getragen werden, daß durch geeignete leitende Verbindungen die Entladungsfunken nur am unteren Ende zwischen Schleppseil und Erde, vor allem aber in möglichster Entfernung des entzündlichen Gases auftreten.

§ 235. Sonderstellung der starren Luftschiffe im Gefahrproblem und Vorschläge zur Abwehr.

Starre Luftschiffe von der Art des Zeppelinschiffes führen einen Konduktor in Form des Metallgerippes mit sich. Während nun der Konduktor des Zeppelinschiffes durch die Verstrebungen mit den metallischen Gondeln leitend verbunden ist, so daß diese gewissermaßen einen Teil des Konduktors bilden, ist das Gerippe durch die darübergezogene Pegamoidhülle gegen die umgebende Atmosphäre elektrisch isoliert. Bei starkem Regen wäre nun die Möglichkeit gegeben, daß eine auf der Oberfläche des Schiffes sich bildende tropfnasse Schicht auch eine Konduktor ähnliche Rolle spielt. Es wären in diesem Falle zwei durch eine isolierende Schicht gegebene Konduktoren etwa nach Art eines Kondensators gegeben. Bei der gewaltigen Ausdehnung des Zeppelinschiffes auch in vertikaler Richtung könnten nun wohl bedeutende Spannungsdifferenzen auftreten. Auf dem aus Gondeln und Metallgerippe bestehenden Konduktor würden sich Spannungsunterschiede rasch ausgleichen, so daß nunmehr nur noch ein erheblicher Spannungsunterschied zwischen dem oberen Teil des Gerippes und der nassen Schicht auf der Hülle besteht. Es wäre somit die Möglichkeit eines Durchschlages von der nassen Hülle nach dem Gerippe hin gegeben, also gerade an einer sehr gefährlichen Stelle. Denn gerade in dem Raume zwischen Pegamoidhülle und den im Gerippe liegenden Gaszellen kann sich nach längerer Fahrt durch Penetration ein explosibles Gemisch ansammeln. Ein metallischer Überzug der Pegamoidhülle, der mit dem Gerippe verschiedentlich leitend verbunden ist, würde unter Umständen die Gefahr herabmindern.

Weitere Vorschläge[1] zielen auf Verkleinerung der Ladung des Gerippes durch Anbringung von Metallspitzen, die nach der bekannten Spitzenwirkung ein Ausstrahlen der Ladung ermöglichen. Endlich sind auch Vorschläge gemacht worden, die Ladung des freischwebenden Ballons durch die Einwirkung radioaktiver Substanzen zu neutralisieren, wobei ein langsamer Ausgleich durch die stark ionisierende Wirkung der Radioaktivität angestrebt wird. Ist das Luftschiff positiv geladen, so werden die positiven Ionen weggestoßen, die negativen angezogen, so daß in kurzer Zeit die gesamte positive Ladung durch die auftreffenden Ionenladungen neutralisiert sein soll.[2] Im Jahre 1903 in dieser Hinsicht in Berlin angestellte Versuche sollen zwar negative Resultate ergeben haben; Dieckmann[2] glaubt indessen sich von der Verwendung radioaktiver Substanzen doch noch Erfolg versprechen zu dürfen, da die Berliner Versuche mit noch sehr unentwickelten Hilfsmitteln angestellt worden sind und jetzt bessere zur Verfügung stehen.

§ 236. Vorschlag des Verfassers.

Inwieweit es gelingen kann, gefahrlose Ausgleiche von auftretenden hohen Potentialunterschieden durch die genannten Beeinflussungen der Ladungen zu erzielen, muß der Zukunft überlassen bleiben. Man kann aber die Frage aufwerfen, ob es nicht zweckmäßiger erscheint, etwa durch Anordnung von geeignet angebrachten und mit den entferntesten Punkten leitend verbundenen Funkenstrecken mögliche Entladungen an bestimmte ungefährliche Stellen des Luftfahrzeuges zu verweisen.

§ 237. Die Echterdinger Katastrophe.

Daß die bekannte Katastrophe eines Z-Luftschiffes zu Echterdingen auf eine atmosphärische Entladung zurückzuführen ist, dürfte heute wohl außer Zweifel sein, wenn auch über den tatsächlichen Vorgang keine volle Klarheit herrscht. Eine Möglichkeit der Erklärung des Vorganges ließe sich vielleicht aus einer Mitteilung Dieckmanns ableiten. Dieckmann führt an, daß Ebert als Begleiterscheinung des Ballastgebens Ladungen feststellen konnte.

[1] L. Zehnder, Die Gefahren der Luftelektrizität für die Luftfahrzeuge. Elektrotechnische Zeitschrift. 1910, Heft 32.

[2] Dieckmann, Magnetische und elektrische Probleme usw. Deutsche Zeitschrift für Luftschiffahrt. 1910, Nr. 4, S. 11.

Er findet auf experimentellem Wege selbst, daß 1 kg Ballastsand, den man fein verteilt an Holz oder Metallblechen herabrieseln läßt, einem freischwebenden Kugelballon von 12 m Durchmesser eine Ladung (positiv) von 1900 Volt erteilen kann.[1] In bezug auf die Echterdinger Katastrophe ist nun festgestellt, daß das Z-Luftschiff beim Eintreten des Sturmes verankert lag, sich dann losriß und dabei, wahrscheinlich durch die elastische Rückwirkung des Haltetaues, mit einer Spitze dem Erdboden nahe kam. In diesem Momente soll auch die Zündung erfolgt sein. Es wäre nun möglich, daß die Hülle des gewaltigen Körpers durch die daran hinstreichenden stark mit Sandstaub durchsetzten Sturmwinde eine erhebliche Ladung erfuhr, die sich im Momente ausglich, wo die Spitze sich der Erde näherte oder gar berührte.

§ 238. Gefährdung durch Blitzschläge.

Ob es aber je gelingen wird, Luftfahrzeuge gegen atmosphärische Entladungen, die sich in Form von Blitzschlägen etwa von einer Wolke zur anderen abspielen, zu schützen, erscheint fraglich. Ein in eine Blitzbahn geratendes Luftschiff dürfte wohl meist dem Untergange geweiht sein, da es nicht möglich sein wird, die dabei auftretenden Energiemengen gefahrlos vorbeizuleiten, selbst wenn das Fahrzeug vollständig von einem leitenden Netz nach Art des Faradayschen Käfigs umgeben wäre.

§ 239. Die Katastrophe des Ballons Delitzsch.

Daß der Spannungsausgleich bei Blitzschlägen nicht immer nach der Erde zu, sondern auch häufig nach oben von einer Wolke zur anderen führt, kann man beobachten, wenn man sich auf einem hohen Berge über dem Gewitter befindet. Ein Beweis dafür ist u. a. auch die Bahn, die der Blitz bei Zerstörung des Ballons Delitzsch (Reichensachsen 16. April 1910) genommen hat,[2] der vier Menschenleben zum Opfer fielen. Der Blitz trat von unten in den Korb ein (Fig. 54) durchschlug den Schuh des Führers Luft, ging am Körper des Luft und dann am Strickwerk entlang auf den Korbring über, schlug von dort über nach dem Füllansatzring, durchschlug den Füllansatz an zwei Stellen und trat dann in das Innere der

[1] Dieckmann, Deutsche Zeitschrift für Luftschiffahrt. 1910, Nr. 4, S. 9.
[2] Deutsche Zeitschrift für Luftschiffahrt. 1910, Nr. 9, S. 19.

Ballonhülle ein, wo er zündete. Da er in dem unteren Teil Knallgas vorfand, erfolgte die Explosion. Charakteristisch für die Blitzentladung ist das Abspringen von der gekrümmten Bahn auf den Korbring. Da jede Form strömender Elektrizität von einem Magnetfeld umgeben ist und da sich disruptive Ausgleiche von der Art der Blitzschläge innerhalb sehr kurzer Zeiträume (Bruchteile von Sekunden) abspielen, so hat man es hier mit einem sehr raschen Anschwellen der Stromstärke und damit auch mit einem sehr raschen Anschwellen der die Strombahn umgebenden Magnetfelder zu tun. Rasch anschwellende Magnetfelder haben aber eine Rückwirkung auf die Strombahn, die man Selbstinduktion nennt. Diese Erscheinung ruft in dem Stromleiter eine Gegenkraft hervor, die so wirkt, als ob nun der Widerstand des Leiters sich plötzlich bedeutend erhöht hätte. Bei gekrümmten Strombahnen, die Windungen oder auch nur Teile von Windungen bilden, werden diese induktiven Gegenkräfte so groß, daß der Blitz häufig von guten metallischen Leitern (Blitzableiterdraht) abspringt und an schlechten, aber induktionsfreien Leitern (wie Mauerwerk, Lufträume) weiter läuft. In diesem Sinne mag auch die Induktionswirkung bei dem vorliegenden Beispiele den Blitz veranlaßt haben, vom Ballonring abzuspringen und den Luftraum nach dem Füllansatz hin zu durchschlagen.[1]

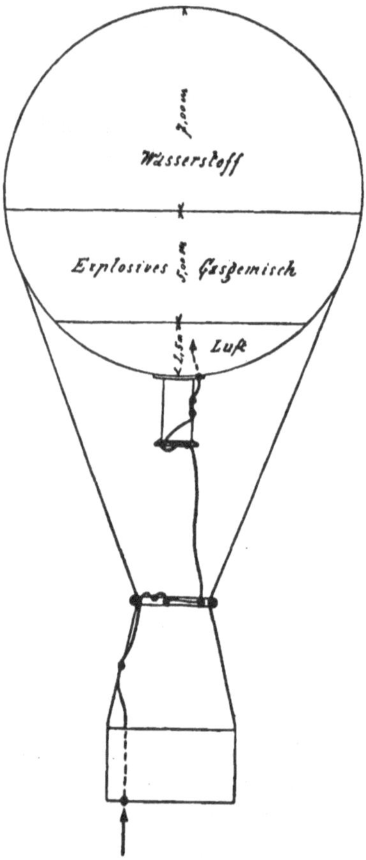

Fig. 54.

[1] Emde (Elektrot. Zeitschr. 1910, S. 675) nimmt an, daß bei Blitzschlägen schwingende Entladungen mit 2000 bis 8000 Perioden (Doppelschwingungen) in der Sekunde auftreten. Zur Erklärung des eigentümlichen Abspringens des Blitzes ist, wie aus dem Angeführten hervorgeht, diese heute noch umstrittene Annahme nicht erforderlich.

Katastrophen, wie die des Delitzsch werden wohl nur dadurch zu vermeiden sein, daß Luftfahrzeuge den Gewitterzonen sorgfältig aus dem Wege gehen.[1]

Dreizehnter Abschnitt.

Optische Erscheinungen in der Atmosphäre.

§ 240. Farbe des Himmels.

Die blaue Farbe des Himmelsgewölbes kann auf die stärkere Reflexion zurückgeführt werden, die die blauen Strahlen des Sonnenlichtes durch zahllose in der Luft schwebende fremde Partikelchen erfahren. Größere in der Luft schwebende Staub- oder auch Wasserteilchen, die größer als die kleinste Wellenlänge des Lichtes (größer als $^{35}/_{100\,000}$ mm) sind, reflektieren das Licht wie gewöhnlich und lassen die Luft weißlich wie das diffuse Tageslicht erscheinen.

§ 241. Szintillieren.

In der Luft durchdringen sich stetig Massen verschiedener Dichte, wodurch ein Zittern entfernter Gegenstände, wie z. B. auch das Funkeln der Sterne (Szintillieren) hervorgerufen wird. Bei warmer trockener Witterung und starker Einstrahlung kann man dieses Zittern auch über dem erwärmten Erdboden deutlich bemerken, das hier von den durch den heißen Erdboden erwärmten aufsteigenden Luftmassen kommt. Bei lokal auftretenden starken Erwärmungen der Luft können auch zwei Luftschichten sehr verschiedener Dichte übereinander liegen. Lichtstrahlen, die unter einem spitzen Winkel an der Grenzfläche ankommen, werden dann total reflektiert und erzeugen umgekehrte Bilder (Luftspiegelungen, Fata morgana).

§ 242. Morgen- und Abendrot.

Da die roten Strahlen beim Durchgang durch die Luft am wenigsten geschwächt werden, so sind Rotfärbungen vorherrschend, wenn das Sonnenlicht bei schiefer Stellung den längsten Weg durch die Atmosphäre zurückzulegen hat (Morgen- und Abendrot). Das

[1] Vgl. auch Ebert und Lutz, Beiträge zur Physik der freien Atmosphäre. Bd. II, Heft 3. Der Freiballon im elektr. Felde der Erde.

bekannte Alpenglühen entsteht, wenn die letzten roten Strahlen der bereits unter dem Horizont stehenden Sonne noch hohe Gipfel treffen und von diesen reflektiert werden.

§ 243. Lichthöfe.

Höfe um Sonne und Mond sind auf Beugungen zurückzuführen, die das Licht an den Dunstpartikelchen und Wassertröpfchen erfährt. Die großen Ringe um Sonne und Mond sowie auch Nebensonnen führt man auf Brechung und Spiegelung des Lichtes in den Eiskristallen der höheren Schichten zurück.

§ 244. Luftschiffersonnen. Brockengespenst.

Die Luftschiffersonnen und das Brockengespenst, bei dem man den eigenen ins riesenhafte verzerrten Schatten umgeben von farbigen Ringen sieht, kann durch Beugung des Lichtes an den den Beobachter umgebenden Wolkenteilchen und durch Zurückwerfung der farbigen Strahlen von der Wolkenwand erklärt werden.

§ 245. Regenbogen.

Die Regenbogen, die sich auf der der Sonne abgewendeten Seite des Himmels zeigen, werden durch Brechung und Reflexion des Sonnenlichtes in den Regentropfen erzeugt, wobei ein Teil der Strahlen nach dem Beobachter hin parallel austritt. Durch zweimalige Reflexion treten schwächere Nebenregenbogen auf mit umgekehrter Reihenfolge der prismatischen Farben. Pernter, der eine vollkommene Theorie des Regenbogens gegeben hat, führt die Verschiedenheit der Erscheinungen auf die verschiedene Größe der Regentropfen zurück.[1]

[1] Mascart, Traité d'optique 1894. Tome III. Perntner, Meteorologische Optik.

Drittes Buch.

Luftwiderstand und dynamische Tragkraft.

Erster Abschnitt.

Die Theorie von Newton und die ideale Flüssigkeit.

§ 246. Die Theorie von Newton und ihre Unzulänglichkeit.

Es ist bis heute noch nicht gelungen, eine vollständige, den tatsächlichen Naturvorgängen gerecht werdende Theorie der Strömungserscheinungen bei der Bewegung von Körpern durch die Luft zu geben. Voraussichtlich wird eine solche auch noch auf sich warten lassen, da zurzeit noch zu viele theoretische und experimentelle Vorfragen zu erledigen sind.

Die erste bis gegen das letzte Drittel des vergangenen Jahrhunderts unbestrittene Theorie des Luftwiderstandes rührte von Newton her. Newton zerlegte die gegen einen Körper anströmende Luft in einzelne, in parallelen Bahnen strömende Massenteilchen und berechnete den Luftwiderstand aus der Stoßwirkung ihres Aufpralles.[1] Aus diesem anschaulichen Gedankenbilde ließen sich Folgerungen ziehen, die durch die Erfahrung ohne weiteres bestätigt wurden: 1. die Abhängigkeit des Luftwiderstandes vom Quadrat der Geschwindigkeit, da mit der Geschwindigkeit nicht nur die Stoßwirkung eines Luftmassenteilchens, sondern auch die Zahl der aufprallenden Luftmassenteilchen zunimmt; 2. die Abhängigkeit von der Luftdichte; 3. die Abhängigkeit von dem größten senkrecht zur Strömungsrichtung gemessenen Querschnitt (Hauptspant) des Körpers.

[1] Vgl. S. Finsterwalder, Die Aerodynamik als Grundlage der Luftschiffahrt. Zeitschr. für Flugtechnik und Motorluftschiffahrt. 1910, Heft 1, 2, 3, 4.

Die Newtonsche Vorstellung gestattete die Berücksichtigung der Reibung durch Einführung der sogenannten Oberflächenreibung des Luftstromes und vor allem die Einzelwirkung auf jedes Flächenelement unabhängig von den übrigen zu berechnen, da diese nur von der Stellung des Flächenelementes gegen den Luftstrom abhing und dem Sinusquadrat des Stoßwinkels verhältnisgleich war. Allerdings ließen sich Schlüsse auf das weitere Verhalten der Massenteilchen nach dem Aufprall aus dieser Vorstellung nicht gewinnen. Zum Verlassen der Newtonschen Theorie führten aber vor allem die Widersprüche, die sich mit dem Naturgeschehen daraus ergaben.

Besonders zeigten die Beobachtungen Lilienthals, daß die Vögel mit einem wesentlich geringeren Arbeitsaufwand sich in der Atmosphäre zu halten und zu bewegen verstehen, als sich aus der auf die Newtonsche Annahme gründenden Berechnung ergab. Auch lehrte die Erfahrung, daß der Luftwiderstand ebener Flächen bei schiefem Luftstoß nicht unabhängig von der Form des Umrisses ist, wie die Newtonsche Theorie voraussetzt. Es hatte sich gezeigt, daß langgestreckte Rechtecksflächen weit weniger Luftwiderstand erfahren, wenn sie an der Schmalseite angeblasen werden, als wenn sie an der Längsseite angeblasen werden (zuerst von Wenham 1866 beobachtet). Endlich müßte die Resultante aller Luftkräfte bei ebenen Flächen nach der Newtonschen Auffassung stets durch den Schwerpunkt gehen, während bei schiefem Stoß ein erhebliches Vorrücken gegen die angeblasene Kante beobachtet wurde, ähnlich wie dies für den Wasserstoß durch Avanzini festgestellt wurde. Auch die für ebene Flächen von Newton abgeleitete Abhängigkeit des Luftwiderstandes vom Sinusquadrat des Luftstoßwinkels ließ sich mit den gemachten Beobachtungen nicht in Einklang bringen.

§ 247. Die ideale Flüssigkeit.

Man ging dazu über, die Luft als elastische Flüssigkeit aufzufassen, deren Kennzeichen sind: 1. Die Dichte ist in bestimmter Weise vom Druck abhängig, so daß Volumänderungen der bewegten Flüssigkeitsteile nur unter gleichzeitiger Druckänderung vor sich gehen. 2. Die an dem einzelnen bewegten Flüssigkeitsteil in Betracht kommenden Kräfte sind: die Schwere, die Druckunterschiede sowie die innere Reibung oder Zähigkeit, die einen Widerstand gegen die Formänderung des Flüssigkeitsteiles darstellt.

Die Wirkung der Schwere, das ist die Abnahme des Luftdruckes mit der Höhe, kann für die zu betrachtenden Bewegungsvorgänge innerhalb der Luft außer acht gelassen werden; denn einmal wird jedes Luftteilchen durch den Auftrieb der umgebenden Luft gerade getragen, das andere Mal beträgt die Druckabnahme für einen Höhenunterschied von 80 m nur etwa 1 $^0/_0$, so daß für die praktisch in Betracht kommenden Räume der Luftdruck als konstant angesehen werden kann. Die Luftteilchen erfahren nun Beschleunigungen durch die aus den Druckdifferenzen und den Reibungen resultierenden Kräfte. Eine weitere Bedingung wird durch die Forderung der Kontinuität gestellt. Die betrachtete Luftmenge soll auch bei der durch die Beschleunigungen abgeänderten Bewegung den ihr zugewiesenen Raum lückenlos ausfüllen.

Zur Vereinfachung der Betrachtung werden nun die beiden Annahmen eingeführt: 1. daß die Reibung der betrachteten Flüssigkeit vernachlässigt werden darf, die Flüssigkeit also als reibungslos anzusehen sei, 2. daß das Volumen jedes Teilchens während der Bewegung als unveränderlich anzusehen sei. Man gelangt so zu der Theorie der idealen Flüssigkeit, die sowohl in physikalischer als auch mathematischer Hinsicht sehr vollkommen durchgearbeitet vorliegt. Mathematische Ansätze für die vollkommene (ideale Flüssigkeit) wurden von Euler und Lagrange geliefert, bei deren Aufstellung Euler eine bestimmte Stelle des Raumes betrachtete, in dem die Flüssigkeitsströmung erfolgt, während Lagrange das Verhalten eines bestimmten Flüssigkeitsteilchens während des Verlaufes des Bewegungsvorganges verfolgte. Auf eine mathematische Formulierung des Verhaltens der idealen Flüssigkeit müssen wir hier aber verzichten, da diese immerhin schon mehr mathematische Vorkenntnisse erfordert als wir bei den vorliegenden Betrachtungen voraussetzen wollten. Für Leser, die mit den Elementen der Infinitesimalrechnung vertraut sind, gibt Prandl in der Zeitschrift für Flugtechnik und Motorluftschiffahrt 1910, Heft 6, Seite 62, eine elementare Ableitung der Druckgleichung. Wir wollen uns hier damit begnügen, der angeführten Quelle die wichtigsten Resultate zu entnehmen.

§ 248. Wirbel und ideale Flüssigkeit.

Die erste Annahme der Reibungslosigkeit führt zu der wichtigen Folgerung, daß eine ideale Flüssigkeit ohne innere Drehung dauernd drehungsfrei bleibt. Drehende Bewegungen (Wirbel) können in einer idealen Flüssigkeit weder erzeugt, noch, wenn sie vorhanden sind, vernichtet werden. Eine ideale Flüssigkeit bleibt daher dauernd wirbelfrei, wenn sie vorher wirbelfrei war. Diese Folgerung ist leicht verständlich, wenn wir uns einen in der Flüssigkeit vorhandenen Wirbel in irgend einer Form vorstellen. Wir können dabei an einen Wirbelring denken, wie ihn z. B. geschickte Raucher erzeugen (Rauchring). Die Bewegungsverhältnisse eines solchen Wirbelringes lassen sich am einfachsten dadurch veranschaulichen, daß man einen Kautschukring mit kreisförmigem Querschnitt auf einem Stock, der stramm in die Ringöffnung paßt, fortwälzt. Dabei bewegen sich die einzelnen Punkte der Ringoberfläche auf Kreisbahnen, deren Mittelpunkte auf einer zur Achse des Stockes konzentrischen Kreislinie, der Wirbelachse, liegen. Die Rotation ist bei den Wirbeln allerdings im entgegengesetzten Sinne, etwa so, als ob der Ring sich auf der Innenfläche eines Rohres, in das er stramm eingepaßt ist, abwälzen würde.

Enthält nun eine vollkommene Flüssigkeit einen solchen Wirbelring, so könnte dessen Bewegung nur durch Reibungskräfte, ähnlich wie die Reibung beim Abwälzen des Gummiringes auf dem Stock oder im Innern des Rohres, gehemmt werden. Solche Kräfte sind aber in der idealen Flüssigkeit von vornherein ausgeschlossen, weshalb ein Wirbel in dieser nicht zum Erlöschen kommen und auch nicht entstehen könnte.

Denkt man sich einen solchen kreisförmigen Wirbelfaden durch eine in der Achse des Wirbelfadens liegende Ebene in zwei Teile geschnitten, wobei die Ebene die Begrenzung der Flüssigkeit bilden möge, so könnte auch der noch verbleibende halbkreisförmige Wirbelring in der idealen Flüssigkeit nicht zur Ruhe kommen. Denn wegen der nach Voraussetzung bestehenden Unmöglichkeit des Auftretens von Reibungskräften, kann auch eine Hemmung der Rotation nicht eintreten, wenn der Wirbelfaden nicht in sich geschlossen ist, sondern die Begrenzung der Flüssigkeit trifft. In diesem Sinne spricht man davon, daß ein Wirbelfaden entweder in sich geschlossen sein oder die Begrenzung der Flüssigkeit in zwei Stellen erreichen könne.

§ 249. Das Entstehen eines Wirbels in einer natürlichen Flüssigkeit.

Ein anschanliches Beispiel von dem Entstehen eines Wirbels in einer natürlichen Flüssigkeit gibt Figur 55, die wir dem Lehrbuch der Experimentalphysik von Riecke[1] entnehmen. Die Figur zeigt, wie ein kurzdauernder Flüssigkeitsstrahl durch eine kreisförmige

[1] Riecke, Experimentalphysik. 2. Aufl. Veit & Comp., Leipzig, § 138.

Öffnung in eine andere Flüssigkeit ausgestoßen wird. Durch den Massenwiderstand der Flüssigkeit entsteht zuerst eine Hemmung in der Bewegung des Strahles; der eintretende Strahl sucht sich nach den Seiten hin auszubreiten. Dabei entstehen Reibungskräfte, die die Rotation der Flüssigkeitsteilchen des Strahles einleiten. Der zuerst in Form einer flachen Scheibe eintretende Strahl nimmt die gezeichnete pilzförmige Gestalt an. Mittlerweile hat die Zuströmung aufgehört, die eingeleitete Rotation verbleibt, so daß schließlich der gezeichnete kreisförmige Wirbelfaden verbleibt, bis die Reibungswiderstände der Flüssigkeit ihn wieder auflösen.

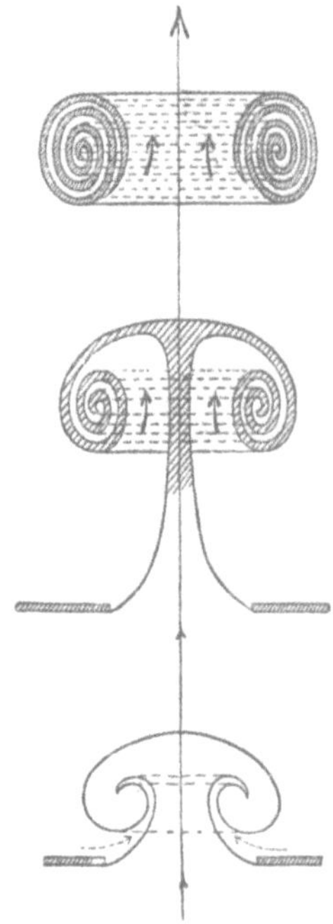

Fig. 55.
Bildung eines Wirbelringes (Riecke).

§ 250. Die Erhaltung der Wirbelenergie.

Bewegten Massen kommt ein gewisses Arbeitsvermögen, eine Energie, zu. In diesem Sinne besitzt auch ein Wirbelfaden eine gewisse Energie, die in einer reibungslosen Flüssigkeit ebenso unzerstörbar ist, wie der Wirbel selbst. Wir können diese Wirbelenergie darstellen durch das Produkt aus dem Querschnitt des Wirbelfadens und der Winkelgeschwindigkeit der Wirbelbewegung. Dieses Produkt stellt dann ebenfalls eine unzerstörbare Eigenschaft des Wirbels dar. Es läßt sich daraus folgern, daß mit einer Änderung der Rotationsgeschwindigkeit gleichzeitig eine Änderung des Querschnittes des Wirbelfadens notwendig verbunden sein muß. Mit einer Verminderung der Winkelgeschwindigkeit des Wirbelfadens wird somit eine Vergrößerung des Querschnittes verbunden sein.

§ 251. Das gegenseitige Verhalten von Wirbelfäden.

Parallele Wirbel von gleichem Drehungssinn umkreisen sich mit einer Geschwindigkeit, wie sie bei jedem der Kreisbewegung des andern entspricht (Fig. 56). Wir haben solche Bewegungen bereits bei der Betrachtung der Zugstraßen der Zyklone (§ 181) kennen gelernt, wo wir feststellten, daß die Minima sich entgegen dem Uhrzeigersinn umkreisen.

Parallele Wirbelfäden von entgegengesetztem Drehsinn sind im Gleichgewicht, wenn sie eine Verschiebungsbewegung (Translation) besitzen (Fig. 56a).

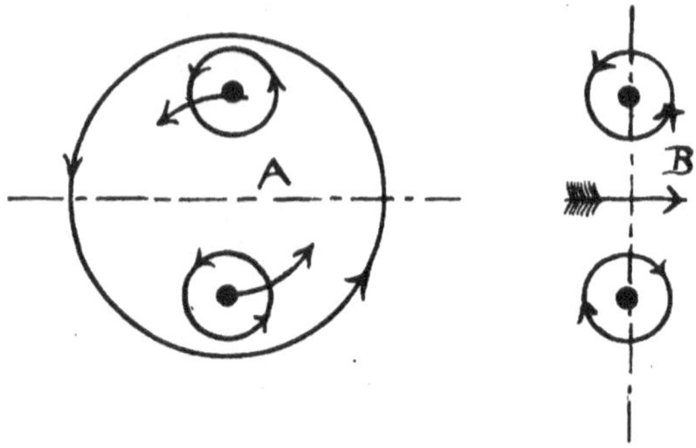

Fig. 56a. Fig. 56b.

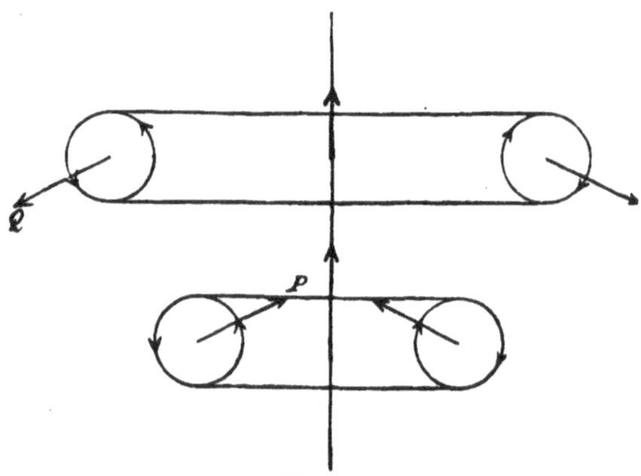

Fig. 57.
Gleichsinnig rotierende kreisförmige Wirbelfäden mit gemeinsamer Figurenachse (aus Riecke, Experimentalphysik I. Veit & Co.).

Zwei kreisförmige Wirbelfäden mit gemeinsamer Figurenachse, die im gleichen Sinne rotieren, schreiten auch im gleichen Sinne fort (Fig. 57). Dabei sucht aber der nachlaufende den vorangehenden zu erweitern, wobei die Verschiebungsgeschwindigkeit des vorangehenden abnimmt und die des nachfolgenden wächst, bis der nachfolgende durch den vorangehenden hindurchschlüpft. Dann beginnt das gleiche Spiel im umgekehrten Sinne. Die Wirbel schlüpfen also so lange durcheinander hindurch, bis sich die Bewegung durch die Flüssigkeitsreibung auflöst.

Rotieren die kreisförmigen Wirbelfäden bei gleicher Figurenachse im entgegengesetzten Sinne, so daß sie sich einander nähern,

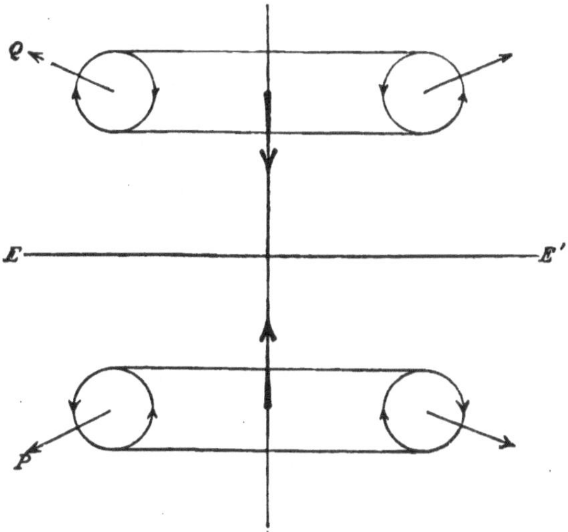

Fig. 58.
Gegensinnig rotierende kreisförmige Wirbelfäden mit gemeinsamer Figurenachse (aus Riecke, Experimentalphysik I).

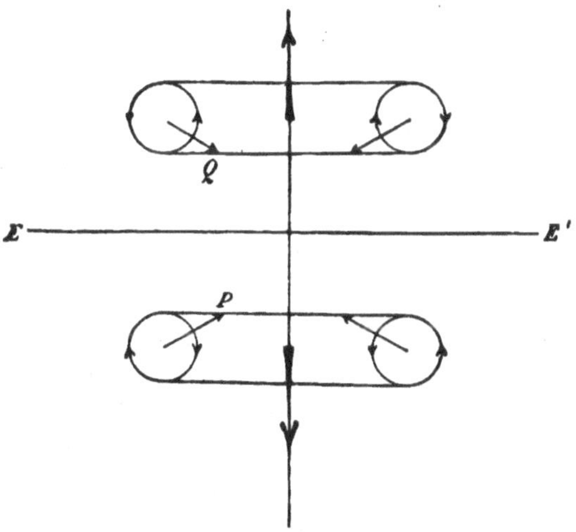

Fig. 59.
Gegensinnig rotierende, sich verengende Wirbelringe (aus Riecke, Experimentalphysik I).

so suchen sie sich gegenseitig durch die in der Figur 58 angedeuteten Antriebe *P* und *Q* zu erweitern, wobei sich die Translationsgeschwindigkeit vermindert. Im umgekehrten Sinne (Fig. 59) suchen sie sich zu verengen, die Entfernungsgeschwindigkeit nimmt dabei zu.

Legt man in beiden Fällen der Figur 58 und 59 eine Symmetrieebene zwischen die beiden Wirbelfäden (EE'), so haben die in der Symmetrieebene liegenden Flüssigkeitsteilchen keine Geschwindigkeit senkrecht zu dieser Ebene. Man kann an ihrer Stelle eine feste Wand in die Flüssigkeit einsetzen, ohne daß an dem Bewegungszustand etwas geändert wird. Es ergibt sich daraus ohne weiteres

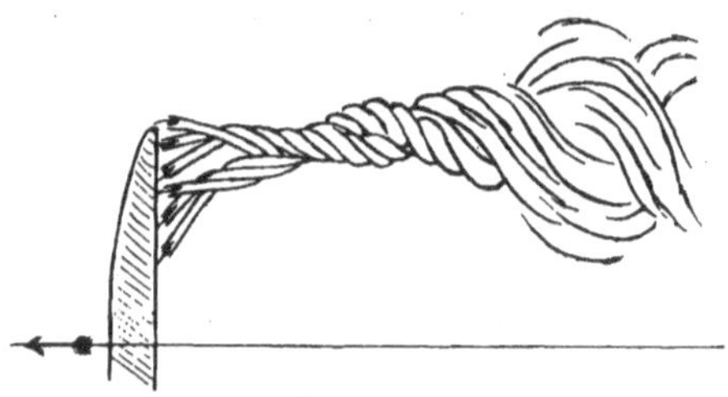

Fig. 60.

die Bewegung, die die Wirbelfäden gegenüber einer festen ebenen Begrenzung der Flüssigkeit annehmen würden.[1]

Treten mehrere parallele Wirbelfäden nebeneinander auf, so können sie sich auch wie die Litzen eines Seiles umeinander wickeln, worauf die Bewegung sich in eine unzusammenhängende auflöst. In Figur 60 ist ein solcher Wirbelzopf, der beispielsweise am Ende der Tragfläche eines Aeroplans entstehen kann, dargestellt.

§ 252. Bewegung in der Umgebung von zwei parallelen Wirbelfäden.

In der Figur 61 sind zwei parallele, kreisförmige Wirbelfäden von entgegengesetzter Drehrichtung im Schnitt senkrecht zur Wirbelachse dargestellt. Sie suchen sich in einer Richtung fortzutreiben, die mit der Bewegungsrichtung der Flüssigkeitsteilchen an der inneren Seite übereinstimmt. Die von den Wirbeln wechselseitig ausgeübten Impulse veranlassen eine Fortschreitbewegung senkrecht zu der die Wirbel verbindenden Ebene. Die Zirkulation, die durch die Wirbel in der Umgebung hervorgerufen wird, wird durch einen Zylinder von

[1] Siehe E. Riecke, Lehrbuch der Experimentalphysik. Leipzig 1896, S. 155 u. 156.

ovalem Querschnitt abgegrenzt, der sich mit den Wirbeln fortbewegt. Man bezeichnet diesen Zylinder als den Wirbelkörper. Innerhalb

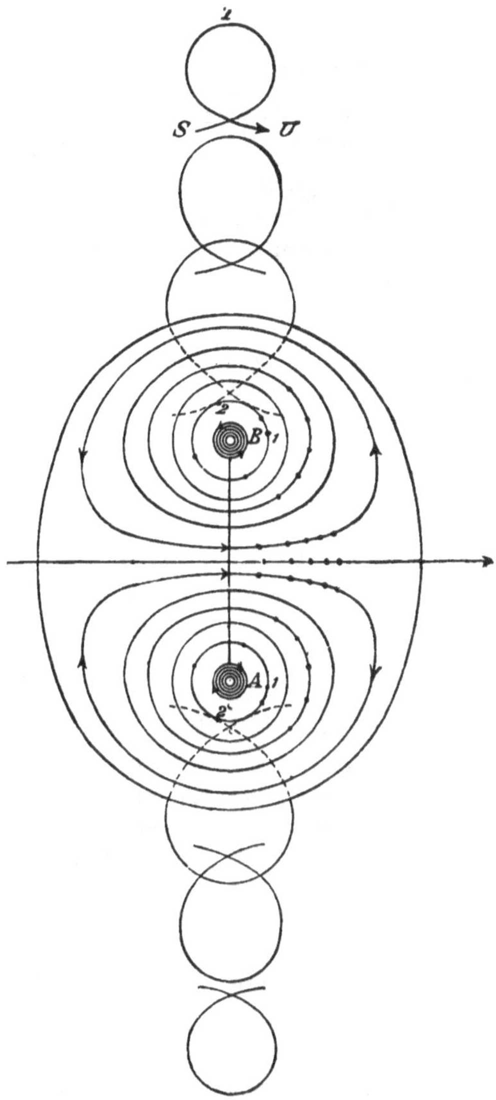

Fig. 61.
Zwei geradlinige, parallele Wirbel (aus Riecke, Experimentalphysik I).

des Wirbelkörpers, der immer von denselben Flüssigkeitsteilchen erfüllt bleibt, erfolgen kreisende Strömungen in der gezeichneten Art.

Die Bewegung der außerhalb des Wirbelkörpers liegenden und mit diesem in Berührung kommenden Flüssigkeitsteilchen ist durch die Schleifen (*STU*) angedeutet.

§ 253. Abweichendes Verhalten der Luft.

Die Luft weicht nun in einem Punkte von dem Verhalten der idealen Flüssigkeit wesentlich ab. Die Luft ist weder drehungs- noch reibungsfrei, wie wir später noch eingehender erläutern werden. Trotzdem ist die mit dem Naturgeschehen nicht im Einklang stehende Vorstellung der idealen Flüssigkeit wertvoll, da sie uns Wege weist, wie wir durch Annäherung an den drehungsfreien Zustand die Widerstände verringern können.

Dagegen kann die zweite Annahme auch für das tatsächliche Verhalten der Luft bestehen bleiben.

Unter der Annahme, daß die hier in Betracht kommenden schnellen Änderungen der Luftdichte (Kompressionen und Expansionen) adiabatisch erfolgen, berechnet Prandtl[1] die Dichteänderungen für Geschwindigkeiten von 45 Sekundenmetern zu unter 1 %. Luftschiffe haben bisher kaum viel größere Geschwindigkeiten als 15 Sekundenmeter, Flugapparate solche von annähernd 30 Sekundenmeter erreicht; bei Luftschrauben können allerdings Geschwindigkeiten von über 100 Sekundenmeter vorkommen. Bei diesen Geschwindigkeiten sind aber die auftretenden Dichteänderungen der Luft so gering, daß es in den Grenzen der praktisch vorkommenden Geschwindigkeiten wohl zulässig erscheint, sie zu vernachlässigen und die Luft als unzusammendrückbar anzusehen. Das hat nun vor allem den Vorteil, daß man unter diesen Umständen Bewegungen in Luft ohne weiteres mit Bewegungen eines Körpers vergleichen darf, der allseitig von Wasser umgeben ist.

§ 254. Druckausgleich und Schallgeschwindigkeit.

Erklären lassen sich die bei den angegebenen Geschwindigkeiten vernachlässigbar geringen Dichteunterschiede mit der Tatsache, daß der Ausgleich von Druckunterschieden in der Luft mit der Geschwindigkeit des Schalles (333 Sekundenmeter) erfolgt. Gewiß erfolgen auch bei den angegebenen weit geringeren Geschwindigkeiten

[1] Prandtl, Luftwiderstand, Zeitschrift für Flugtechnik und Motorluftschiffahrt. 1910, Heft 6, S. 63.

vor dem die Luft durchschneidenden Körper Verdichtungen; die dadurch eingeleitete Bewegung breitet sich aber so rasch aus, daß nur ein geringfügiger Betrag davon vor dem Körper übrig bleibt. Verdichtungen von erheblicher Größe sind also erst zu erwarten bei Geschwindigkeiten, die der Schallgeschwindigkeit nahe kommen oder sie überschreiten.

§ 255. Die Widerstandsgleichung.

Prandtl leitet, wie bereits erwähnt, aus der Betrachtung der Bewegung eines Flüssigkeitsteilchens[1] die Druckgleichung der idealen Flüssigkeit ab und erhält aus dieser für den Widerstand eines Körpers in einer idealen Flüssigkeit die Gleichung:

$$w = \psi F \frac{\gamma w^2}{2g} \tag{82}$$

Bezeichnungen: F = Fläche des größten, senkrecht zur Bewegungsrichtung gemessenen Querschnittes (Hauptspantes bei Luftschiffen).

ψ = Widerstandsziffer, abhängig von der Körperform;
w = Relativgeschwindigkeit zwischen Flüssigkeit und bewegtem Körper;
g = Erdbeschleunigung = 9,81 m pro Quadratsekunde;
γ = Gewicht der Raumeinheit der Flüssigkeit.

§ 256. Der Widerstand in der idealen Flüssigkeit.

Für die Bewegung in einer drehungsfreien Flüssigkeit ergibt sich allerdings das merkwürdig erscheinende Ergebnis, daß der Widerstand gleich Null wird. Man kann zur Erklärung dieser Tatsache der Überlegung Prandtls folgen und bedenken, daß die Arbeitsmenge, die für das Vorwärtstreiben des Körpers durch die Flüssigkeit verbraucht wird, in irgend einer anderen Energieform wieder zutage treten müßte. Die drehungsfreie, ideale Flüssigkeit läßt aber eine solche Umwandlung nicht zu; folglich muß der Widerstand gleich Null sein. Diese Erklärung läßt sich vielleicht im Anschluß an einen von Froude gegebenen Beweis[2] wie folgt etwas plausibler gestalten.

[1] Prandtl, Luftwiderstand, Zeitschrift für Flugtechnik und Motorluftschiffahrt. 1910, Heft 6, S. 63.

[2] F. W. Lanchester, Aerodynamics. London. Constable & Cy. 1909, § 10.

Wir betrachten zu diesem Zwecke eine Kugel, die sich durch eine ideale Flüssigkeit bewegt (Fig. 62). Es genügt dabei, wenn wir unsere Betrachtung auf einen in der Bildebene liegenden Schnitt der Kugel anwenden. Wie wir bereits bei Besprechung der geometrischen Hilfsvorstellungen zeigten, können wir den Druck der Flüssigkeit auf den Körper als geometrische Summe aus den durch die Ablenkung in den Flüssigkeitsteilchen hervorgerufenen Zentrifugalkräften ansehen. Wir denken uns nun den Schnitt durch ein Achsenkreuz weiter zerlegt. Bilden wir dann auf der rechts

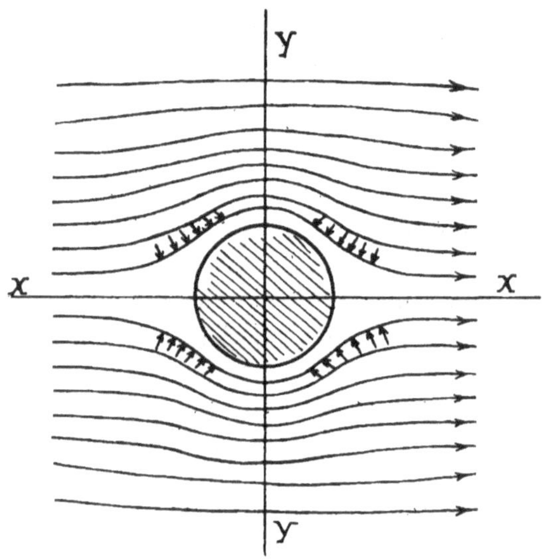

Fig. 62.

und links von der Y-Achse belegenen Hälfte jeweils die geometrische Summe der Zentrifugalkräfte, so ergeben sich zwei in der X-Achse liegende gleichgroße und entgegengesetzt gerichtete Resultierende. Durch Bildung der geometrischen Summen oberhalb und unterhalb der X-Achse läßt sich in gleicher Weise zeigen, daß hinsichtlich des auf die Kugel wirkenden Flüssigkeitsdruckes auch in dieser Richtung Gleichgewicht herrscht. Wie wir nun auch die Kugel in der Flüssigkeit verschieben mögen, es wird hinsichtlich des Druckes immer nach jeder Richtung hin Gleichgewicht herrschen. Ein Bewegungswiderstand könnte also hier nur entstehen, wenn die Flüssigkeit fähig wäre, Reibungen zu übertragen, was aber der Voraussetzung nach nicht der Fall ist. Auch müßte die Kugel ohne weiteres an der Stelle verbleiben, falls man die Kugel in Ruhe und die ganze Flüssigkeit als bewegt annimmt, denn sie könnte hier nur durch tangential wirkende Reibungskräfte mitgenommen werden, da Druckunterschiede nach keiner Richtung hin bestehen.

Zweiter Abschnitt.

Die Unstetigkeitsfläche.

§ 257. Beobachtungen von Helmholtz.

In Wirklichkeit zeigt sich nun allerdings in dem Verhalten der Flüssigkeiten und auch der Luft ein wesentlicher Unterschied, der von Helmholtz dazu führte, die Theorie von den Flüssigkeitsstrahlen aufzustellen. Helmholtz wies unter anderem auf das Verhalten der den Schornsteinen entströmenden Rauchsäulen hin. Bei wirbelfreier Bewegung müßte sich der Rauch unmittelbar nach dem Verlassen des Schornsteines nach allen Seiten hin ausbreiten. Man kann aber beobachten, daß der Rauch häufig weit hinaus in geschlossenem Strahl zusammenhält, während die Luft in geringer Entfernung von dem Rauchstrahl in Ruhe bleibt. Ein näherer Anschluß der Theorie ist nach Helmholtz nun dadurch zu gewinnen, daß man die Bewegung im Strahl und außerhalb des Strahles immer noch als wirbelfrei ansieht, an der Grenze des Strahles aber eine Trennungsfläche, die Wirbelfläche, annimmt, längs deren die Art der Bewegung sprungweise wechselt. Auch wenn man die Bewegung immer noch wie vorher für die ideale Flüssigkeit als reibungs- und drehungsfrei annimmt, so ergibt sich nun durch die Hereinziehung der Unstetigkeitsfläche, d. h. durch das Aufgeben der Kontinuitätsbedingung, für die Bewegung eines Körpers durch die Flüssigkeit ein Widerstand.

§ 258. Einfluß der Vorgänge auf der Rückseite des angeströmten Körpers.

Es zeigt sich nun, daß ein in die strömende Flüssigkeit gebrachter Körper in der Richtung der Flüssigkeit fortgerissen werden muß oder beim Festhalten in der Strömung einen Druck erfährt, ein Ergebnis, mit dem man der Wirklichkeit schon näher kommt.

Der Vorgang im letzteren Falle ist nun etwa folgender. Die hinter dem in der Strömung festgehaltenen Körper in Ruhe befindliche Flüssigkeit, das sogenannte Totwasser, grenzt in der Wirbelfläche an die schnell strömende Flüssigkeit an, die sich um das Hindernis herumgebogen hat. Zu beiden Seiten der Unstetigkeitsfläche herrscht gleicher Flüssigkeitsdruck; das ruhende Totwasser steht unter demselben Drucke wie das schnell strömende im Strahle. Nimmt man die Bewegung jenseits der Unstetigkeitsfläche im Strahle und vor dem Hindernis überall als drehungsfrei an, so gilt nach der Druckgleichung[1] für die vollkommene Flüssigkeit innerhalb dieses Gebietes, daß die Summe aus kinetischer Energie, potentieller Energie und Flüssigkeitsdruck konstant ist. Auf der Vorderseite des Körpers, in dessen nächster Nähe sind die Geschwindigkeiten jedenfalls gering und daher ist der Druck dort viel größer als in den Grenzlinien des Strahles oder auch als auf der Rückseite des Körpers. Der Widerstand, den der Körper nun dem Mitreißen in der Flüssigkeit entgegensetzt, das ist die Kraft, mit der er festgehalten werden muß, ergibt sich nun als Druckunterschied zwischen Vorder- und Rückseite. Die Einführung der Unstetigkeitsfläche bringt somit nicht allein die Theorie dem tatsächlichen Naturgeschehen näher, sondern sie leitet unmittelbar auf eine besonders für Luftschiffe wichtige Überlegung hin. Der Umstand, daß sich nun der Widerstand als Differenzwirkung aus den Vorgängen auf der Vorder- und Rückseite ergibt, weist schon darauf hin, daß bei Beurteilung des Widerstandes die Vorgänge auf der Rückseite nicht zu vernachlässigen sind. Insofern es also gelingt, die Vorgänge auf der Rückseite durch die Formgebung zu beeinflussen, wird somit die Gestaltung des der Stromrichtung abgewendeten Teiles des Körpers auf die Größe des zu erwartenden Widerstandes nicht ohne Einfluß sein.

§ 259. Versuch von Lanchester.

Lanchester gibt eine hübsche experimentelle Darstellung der Entstehung der kinetischen Unstetigkeit[2] (Fig. 63). In eine hohle Kugel ragt eine zylindrische Röhre in der angedeuteten Weise hinein. Die Kugel wird sorgfältig mit Rauch gefüllt und von rechts nach links durch die Luft bewegt. Die in das Rohr eindringende Luft treibt den Rauch heraus, der nun etwa bis zum Äquator der Kugel-

[1] Prandtl, Zeitschrift für Flugtechnik und Motorluftschiffahrt. 1910, Heft 6, S. 62.

[2] Lanchester, Aerodynamics. London 1909, § 21 und 30.

oberfläche folgt und dann in Richtung der Tangente von der Kugel abströmt. Die Schicht der Unstetigkeit, der Bereich des Totwassers und die turbulente Natur der Bewegung ist bei diesem einfachen

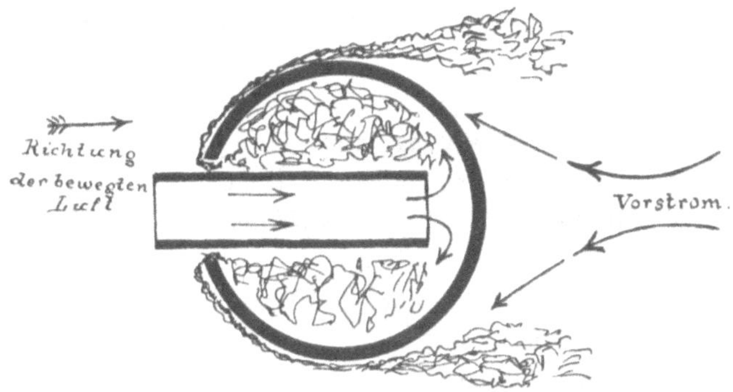

Fig. 63.

Versuch deutlich erkennbar. Die Strömungserscheinung weicht also von der in Figur 62 skizzierten, wo die Stromlinien sich um die Kugel herum gegen den anderen Pol zu bewegen, wesentlich ab.

§ 260. Praktische Verwertung der Unstetigkeit.

Endlich soll an dieser Stelle eine praktische Verwendung der Unstetigkeitsfläche nicht unerwähnt bleiben, auf die Lanchester gleichfalls hinweist. Bei schnellfahrenden und dem Wind ausgesetzten Fahrzeugen wie auf Schnelldampfern und auch auf Automobilen verwendet man zum Schutz der Wache oder des Führers einen vertikalen Schirm, der etwa bis über Brusthöhe hinaufreicht, somit also das Gesichtsfeld nicht beeinträchtigt. Die nach oben hin abgelenkte strömende Luft bildet nun eine Unstetigkeitsfläche, unter der mehr oder minder Windstille herrscht. Auch die Windstille, die sich häufig bei sehr starkem Winde auf der Höhe von steil ansteigenden Klippen zeigt, ist auf die Bildung einer solchen Unstetigkeitsfläche zurückzuführen.

§ 261. Formwiderstand und Wirbelwiderstand.

Da nun alle praktisch vorkommenden Flüssigkeiten weder drehungs- noch reibungsfrei sind, so kann man die bei einer Bewegung sich ergebenden Widerstände nach dem Vorgange Prandtls[1]

[1] Prandtl, Luftwiderstand, Zeitschrift für Flugtechnik und Motorluftschiffahrt. 1910, S. 63 und 64.

in einen Reibungswiderstand und einen Wirbelwiderstand zerlegen. Da die Reibung hauptsächlich von der Erstreckung der Oberfläche des die Flüssigkeit durchdringenden Körpers abhängt, so nennt Prandtl den Reibungswiderstand Oberflächenwiderstand und den Wirbelwiderstand Formwiderstand, da die Wirbelbildung wie noch gezeigt wird, stark von der Form des Körpers abhängt. Der Formwiderstand verdankt ja seine Entstehung hauptsächlich dem Umstande, daß die Bewegung nicht in ihrem ganzen Verlaufe drehungsfrei bleibt, sondern zu einer Wirbelbildung führt, die in einer dem Kielwasser ähnlichen Schleppe hinter dem Körper herzieht.

Während nun der Oberflächenwiderstand immer in den Kauf genommen werden muß, läßt sich, wie wir nun betrachten wollen, der Formwiderstand durch geeignete Formgebung erheblich vermindern. Aus dem bereits Erörterten kann aber schon entnommen werden, daß es sich in dem Bestreben, den Formwiderstand zu vermindern, darum handeln wird, den drehungsfreien Bewegungszustand nach Möglichkeit anzustreben, also die Wirbelschleppe möglichst zu verkleinern.

Dritter Abschnitt.

Die Prandtlsche Theorie der Ablösung.

§ 262. Die Reibung an der Grenzschicht.

Wir wollen uns nun im folgenden an die von Prandtl an der bereits mehrfach erwähnten Stelle[1] gegebenen Ausführungen halten. Prandtl weist zunächst darauf hin, daß einwandfreie Versuche, im besonderen über die Strömung in engen Rohren (Kapillaren) ergeben haben, daß die äußerste Flüssigkeitsschichte, die unmittelbar mit dem festen Körper in Berührung steht, an diesem haftet, also seine Bewegung vollständig mitmacht. Die Reibungsvorgänge zwischen dem festen und einem flüssigen Körper wären somit auf Reibungsvorgänge innerhalb der Flüssigkeit selbst zurückzuführen. Wenn nun auch, wie dies beispielsweise für Luft zutrifft, die Reibungswirkungen bei Flüssigkeiten mit geringer Zähigkeit verschwindend

[1] Prandtl, Luftwiderstand, Zeitschrift für Flugtechnik und Motorluftschiffahrt. 1910, Heft 7, S. 73 und 74.

klein sein können, so können doch in einer oft äußerst dünnen Grenzschicht merkliche Reibungskräfte auftreten. In der unmittelbar an die Körperoberfläche anschließenden Grenzschicht vollzieht sich durch die Wirkung der Zähigkeit der Übergang von der allein durch die Druckdifferenzen beherrschten Geschwindigkeitsverteilung in der freien Flüssigkeit zu der Körpergeschwindigkeit; in dem damit verbundenen schroffen Geschwindigkeitsabfall ist die Ursache für das Auftreten der merklichen Reibungskräfte zu suchen. Das Gesetz für diese Reibungswiderstände erscheint wenig einfach; es gilt weder die Proportionalität mit der Fläche noch die mit einer einfachen Potenz der Geschwindigkeit. Prandtl gibt unter dem Vorbehalt, daß die Gesetzmäßigkeiten diese Reibungswiderstände zurzeit noch nicht hinreichend erforscht sind, die folgende Gleichung, die das tatsächliche Verhalten wenigstens annähernd beschreibt:

$$W_R = k \cdot b \cdot l^n w^{n+1} \tag{83}$$

Bezeichnungen: k ein von der Dichte und Zähigkeit sowie von der Rauhigkeit der Oberfläche abhängiger Koeffizient, b = Breite der Fläche, l = Länge der Fläche, n = ein Exponent, der zwischen 0,5 und 1 liegt und von der Rauhigkeit der Fläche und der Turbulenz (inneren Unruhe) der Luft abhängt; für den theoretischen Fall der vollkommen glatten Fläche gilt der Wert $n = 0{,}5$, für eine Fläche mit groben Rauhigkeiten der Wert $n = 1$. Im letzteren Falle handelt es sich um eine Art Formwiderstand, weshalb hier das für Formwiderstände geltende Gesetz in Betracht kommt.

Für die glatten Flächen der Praxis findet Prandtl bei größeren Geschwindigkeiten $n = 0{,}8$ bis $0{,}85$.

§ 263. Die Grenzschicht als Wirbelursache.

Nach Prandtl bildet nun gerade die durch Reibung verzögerte Grenzschicht die Veranlassung zu der Wirbelbildung, die den Formwiderstand verursacht. Sobald irgend welche Ursachen gegeben sind, die die Flüssigkeit längs der Grenzschicht beschleunigen, werden damit auch die Teilchen der Grenzschicht selbst beschleunigt. An Stellen, an denen aber die Bedingungen für eine Verzögerung gegeben sind, wie z. B. durch einen Druckanstieg längs der Körperoberfläche, werden die Teilchen der Grenzschicht, die durch die Reibung einen Teil ihrer kinetischen Energie eingebüßt haben, eher zur Umkehr gezwungen als die Teilchen der freien Flüssigkeit. Es entsteht somit eine Gegenströmung in der Grenzschicht, die zur

Folge hat, daß an einer Stelle das Material der Grenzschicht sich aufstaut und ziemlich schnell, einen Wirbel bildend, in die freie Flüssigkeit eindringt (Fig. 64). Der Wirbel zieht dann mit der Strömung fort und hinterläßt am Körper eine Ablösung der Strömung (Wirbelschleppe), die nun dauernd bestehen bleibt. Hinter der Trennungsschicht ist die Flüssigkeit meist in unregelmäßig wirbelnder Bewegung, während sich die Wirbelschleppe in weiterer Entfernung vom Körper in einzelne Wirbel auflöst (Fig. 65).

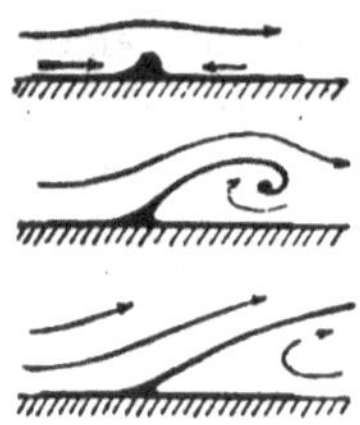

Fig. 64.

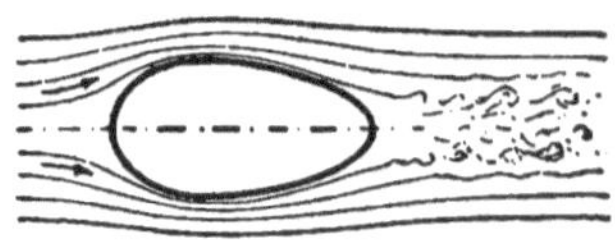

Fig. 65.

§ 264. Der Ort der Ablösung.

Wenn auch die Theorie der Ablösung, wie Prandtl selbst anführt, zurzeit noch wenig ausgebildet ist, so sind von ihrem weiteren Ausbau zweifellos wertvolle Aufschlüsse zu erwarten. Eine wertvolle positive Aussage liefert sie bereits heute, nämlich, daß Ablösungen immer nur an solchen Stellen entstehen können, an denen die Flüssigkeit längs der Wand in verzögerter Bewegung strömt, also der Druck in der Strömungsrichtung ansteigt. Sehr wichtig ist, wie Prandtl noch besonders anführt, daß sowohl der Ort der Ablösung als auch der Strömungszustand im Wirbelgebiet stark davon abhängig sind, ob die Luft, wie bei Bewegung in ruhiger Luft, in glatter Strömung an der Ablösungsstelle ankommt oder ob in der ankommenden Luft bereits Wirbel enthalten sind. Beim natürlichen Wind, der stets voll innerer Unruhe (Turbulenz) ist, wird das letztere ja immer zutreffen. Es läßt sich daraus der größere Widerstand bei Bewegung im natürlichen Wind gegenüber der Bewegung in ruhender Luft erklären.

§ 265. Der Wirbelwiderstand bei schlagenden Bewegungen.

Auch die Tatsache, daß die Widerstände bei raschem Wechsel der Geschwindigkeit und der Bewegungsrichtung, wie z. B. beim Flügelschlag der Vögel, andere Werte annehmen können, wie bei gleichförmiger Bewegung, kann durch den Unterschied in der Wirbelbildung zwanglos erklärt werden. Bei kurzen, kräftigen, rhythmischen Schlägen, bei denen die Luftbewegung durch hohe Beschleunigungen eingeleitet wird, entstehen größere Wirbel als bei der gleichförmigen Bewegung; dementsprechend sind auch größere Widerstände zu erwarten. Nach Lilienthals Messungen sind die Unterschiede sehr erheblich. Lilienthal sagt darüber: „Wenn eine Fläche flügelschlagartig bewegt wird mit einer gewissen Durchschnittsgeschwindigkeit, so kann der neunfache, ja sogar ein 25 mal größerer Luftwiderstand entstehen, als wenn dieselbe Fläche mit derselben Geschwindigkeit gleichmäßig durch die Luft geführt wird."[1] Es mag hiermit ein ähnliches Bewenden haben wie mit stoßartigen Erscheinungen, bei denen ja immer sehr hohe Anfangsbeschleunigungen auftreten. Die hohen Anfangsbeschleunigungen veranlassen erhebliche Wirbelbildung, die aber hier keinen Nachteil bedeutet. Es handelt sich ja beim Schlagflug gerade darum, die aufgewendete Energie möglichst zur Erzeugung des tragenden Widerstandes auszunutzen. Man kann bei dem Vorgange des Schlagflugs geradezu sagen, der Vogel stütze sich bei jedem Flügelschlag auf die durch den Schlag erzeugten Wirbelsäulen in ähnlicher Weise, wie dies ein Raddampfer bei seiner Fortbewegung tut (siehe als Illustration zu dieser Ausdrucksweise Figur 86).

Vierter Abschnitt.

Die Theorie des Einflusses der Rückseite des bewegten Körpers. Widerspruch und Bestätigung.

§ 266. Einwand von Wegner.

Die Theorie, daß der Luftwiderstand nicht allein aus dem Überdruck auf der Vorderseite, entstehend aus dem Verdrängen der Luftmassen, besteht, sondern auch aus Saugwirkungen (oder auch aus dem Ausfallen von Druckwirkungen) auf der Rückseite der Körper findet gelegentlich Widerspruch durch die Aussage, daß die mit dem Vorderprofil des Körpers einmal in Berührung gewesenen Luftteilchen

[1] O. Lilienthal, Der Vogelflug als Grundlage der Fliegekunst. 2. Aufl. von G. Lilienthal. München und Leipzig 1910, S. 39.

den Körper nicht weiter beeinflussen können. So sagt Wegner: „Ebensowenig wie der Lauf oder der Kraftbedarf eines Schiffes von dem Wasser beeinflußt wird, das vom Schiffskörper abgeglitten ist, und nun als Welle durch das Weltenmeer eilt, und hier und dort noch die mannigfachsten Wirkungen äußert“, können die Luftteilchen, die nicht mehr in unmittelbarer Berührung mit dem sich bewegenden Körper sind, dessen dynamische Verhältnisse noch beeinflussen.[1]

Es handelt sich aber hier auch nicht um ein nachträgliches Beeinflussen als um ein — wenn man so sagen darf — vorheriges, durch die Energielieferung für die nachträglich eintretende Wasser- oder Luftbewegung. Gerade das von Wegner angezogene Beispiel der Schiffsbewegung spricht nicht gegen die im vorstehenden erörterte Theorie; denn es ist eine erwiesene und bekannte Tatsache, daß ein großer Teil der zur Fortbewegung des Schiffes erzeugten Energie für die Erzeugung der Oberflächenwellen verbraucht wird. In diesem Falle gelingt es nun nicht, diese Wellen zu vermeiden, da die Hebungen und Senkungen des Wasserspiegels beim Vorrücken des Schiffes sich immer wieder durch Wellenbewegungen ausgleichen müssen. Ein an der Wasseroberfläche schwimmendes Schiff würde deshalb auch in einer idealen Flüssigkeit einem Widerstand begegnen.

§ 267. Die Stromliniengestalt.

Bei dem im flüssigen Medium vollkommen untergetauchten Körper — und um solche handelt es sich bei der Bewegung in Luft — ist die Beeinflussung des Widerstandes durch die Formgebung von besonderer Wichtigkeit, da ja hier die Widerstandsquelle der Oberflächenwellen wegfällt. Eine Verminderung der nachher entstehenden Wirbel ist gleichbedeutend mit einer Verminderung des für die Bewegung erforderlichen Energieaufwandes und damit auch gleichbedeutend mit einer Verminderung des Widerstandes. Die sich hieraus ergebende Forderung für die Ausbildung der zweckmäßigsten Körperform führt zu dem Begriff der Stromliniengestalt, die von Lanchester[2] wie folgt definiert wird:

„Ein Stromlinienkörper ist ein Körper, der bei seiner Bewegung durch eine Flüssigkeit keine Veranlassung zur Bildung einer Unstetigkeitsfläche gibt.“

---

[1] Dr. Wegner von Dallwitz, Die beste Tragdecksform und der Luftwiderstand. Rostock 1910, S. 17.

[2] Lanchester, Aerodynamics. London 1909, § 23.

Mit anderen Worten: die ideale Stromliniengstalt wäre gegeben, wenn die nicht reibungs- und drehungsfreie Flüssigkeit den Körper in denselben Stromlinien umschließen würde, wie dies in einer idealen Flüssigkeit geschähe.

Das ist nun praktisch nicht zu erreichen. Gestalten, die der Stromlinienform nahe kommen, finden sich bei einzelnen schnell schwimmenden Fischen, wie z. B. beim Hering, der Forelle und dem Lachs.

Allgemein ausgedrückt, würde die praktisch erreichbare Stromliniengestalt dadurch gekennzeichnet sein, daß der größte Querschnitt (Hauptspant) des Körpers etwa nach vorn zu im ersten Drittel seiner Länge liegt; nach vorn schließt sich an den Hauptspant eine stumpfe

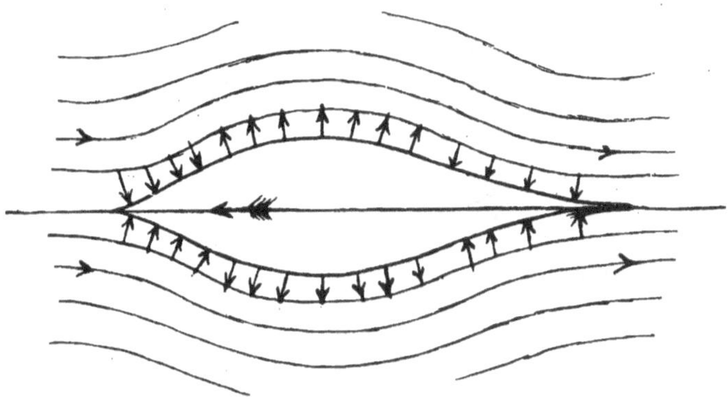

Fig. 66.

Spitze an, während der Körper nach hinten zu allmählich zu einer scharfen Spitze ausläuft (Fig. 66). Von den zurzeit ausgeführten Luftschiffen zeigt z. B. angenäherte Stromlinienform das italienische Militärluftschiff; auch die Zuschärfung des Rückteiles des neuen Parsevalschiffes entspricht den Bedingungen der Stromlinienform. Allerdings ist, wie wir bereits an dieser Stelle nicht unerwähnt lassen wollen, die Gestalt der Stromlinienform für den Aerostaten in anderer Hinsicht sehr wenig günstig. Das Verhältnis des für den Aerostaten so wichtigen Rauminhaltes zu den sonstigen Abmessungen, wird sehr unvorteilhaft.

§ 268. Die Versuche von Eiffel und Prandtl.

Endlich wird auch durch die gut übereinstimmenden Versuche von Eiffel und Prandtl unzweideutig bewiesen, daß Körper mit gleichem Vorderende nicht als gleichwertig für den Luftwiderstand angesehen werden dürfen. Eiffel ermittelte den Luftwiderstand einer senkrecht zur Bewegungsrichtung stehenden Kreisscheibe, dann dreier Kreiszylinder von gleichem Durchmesser (d) und einer Höhe (h) gleich dem halben, dem einfachen und anderthalbfachen Durchmesser durch Fallversuche im freien Luftraum, während Prandtl die Versuche im Luftstrom der Göttinger Versuchsstrecke wiederholte. Es ergaben sich dabei die folgenden Werte:

für $h =$	0	$^1/_2 d$	d	$1^1/_2 d$	
wurde	0,56	0,57	0,55	0,405	Eiffel
	0,55	0,59	0,55	0,395	Prandtl

Für die überraschende Tatsache, daß sich für den längsten Zylinder eine wesentlich geringere Widerstandsziffer ergibt, bringt Prandtl folgende Erklärung:[1] In den ersten drei Fällen ergibt sich ein einziger großer Wirbelring, der die Mantelflächen und die Rückfläche einhüllt und stark saugend wirkt (Fig. 67). Beim längsten

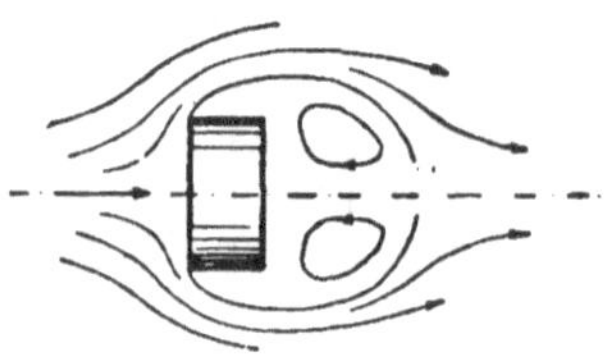

Fig. 67.

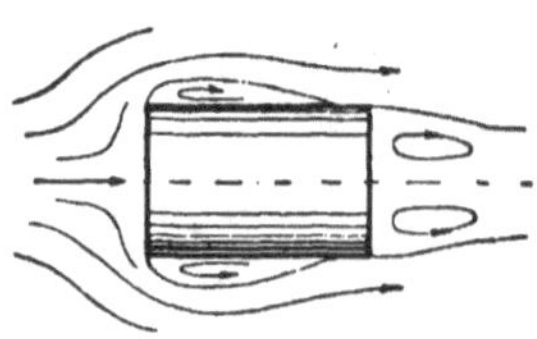

Fig. 68.

Zylinder aber zerfällt der Wirbelring in zwei, einen längs der Mantelfläche und einen davon getrennten mit nur schwacher Saugwirkung (Fig. 68).

Ähnliche Verhältnisse fand Eiffel für zwei hintereinander aufgestellte Kreisscheiben (Zylinder ohne Mantel) in verschiedenen Entfernungen. Auch hier zeigt sich bis zu einer gewissen Entfernung eine Abnahme der Widerstandsziffer. Einen weiteren Beweis für die Wichtigkeit der Beachtung der Vorgänge an der Rückseite bringt Prandtl an gleicher Stelle. Er untersucht den Widerstand einer quadratischen Platte, die unter verschiedenen Neigungswinkeln gegen den Luftstrom eingestellt wird. Bei Neigungen von 38 bis 42° ergeben sich nun erheblich verschiedene Werte, je nachdem man die Platte vom kleineren Winkel auf den größeren oder umgekehrt einstellt. Es ergeben sich dabei zwei grundverschiedene Wirbel-

[1] Prandtl, Zeitschrift für Flugtechnik und Motorluftschiffahrt. 1910, Heft 7.

gebilde, auf die bereits Professor Ahlborn[1] hingewiesen hat. Dem größeren Widerstand entspricht eine Form mit zwei von den Seitenkanten des Quadrats ausgehenden Wirbelzöpfen, dem kleineren eine Art unsymmetrischer Wirbelring.[2]

§ 269. Die Druckverteilung an Ballonkörpern.

Bei Ermittlung des Widerstandes von Ballonkörpern kann zunächst eine Trennung des Oberflächenwiderstandes von dem Formwiderstand dadurch vorgenommen werden, daß man die Resultante auf jedem Flächenelement in eine Komponente senkrecht zum Flächenelement und in eine in die Tangentialebene fallende zerlegt. Die Resultante der Normalkräfte ergibt den Formwiderstand, die Resultante der Tangentialkräfte den Reibungswiderstand. Beim Versuch kann zuerst durch eine Kraftmessung mittels Dynamometer oder Wage der Gesamtwiderstand gemessen und dann die Druckverteilung an der Oberfläche bestimmt werden. Das letztere

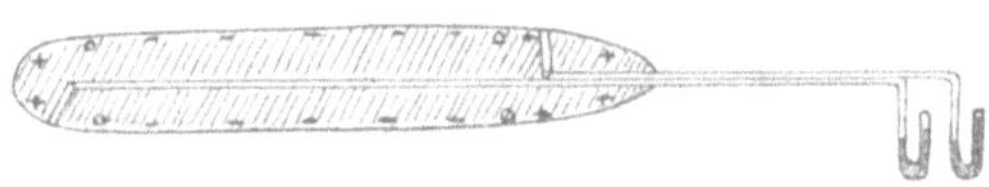

Fig. 69.

kann dadurch geschehen, daß man mit Hilfe geeigneter Anbohrungen des Versuchskörpers die Drucke an verschiedenen Stellen der Oberfläche mit empfindlichen Manometern mißt (Fig. 69). Bei einem fischförmigen Umdrehungskörper ergibt sich dann annähernd die in Figur 69 skizzierte Druckverteilung, wobei die Vorzeichen Über- (+) und Unterdruck (−) bedeuten. Die Ablösung erfolgt dann, wie bereits erläutert, an einer Stelle des Druckanstieges nach dem Druckwechsel.[3] Aus der Druckverteilung läßt sich der Formwiderstand durch Rechnung oder auch durch ein von Prandtl angegebenes zeichnerisches Verfahren[4] ermitteln. Der Reibungswiderstand verbleibt dann als Differenz aus Gesamt- und Formwiderstand.

---

[1] F. Ahlborn, Jahrbuch der Schiffbautechnischen Gesellschaft. 1909, S. 372; 1905, S. 63 und 1904, S. 417.

[2] Prandtl, Zeitschrift f. Flugtechnik u. Motorluftschiffahrt. 1910, S. 75.

[3] Finsterwalder, ebenda. 1910, S. 8 und 10.

[4] Prandtl, ebenda. 1910, S. 75.

§ 270. Modellversuche und Wirklichkeit.

Das von Prandtl für den Druckverlauf der idealen Flüssigkeit auf Grund hydrodynamischer Ansätze berechnete Modell (Fig. 70 Nr. I) ergab beim Versuch im Luftstrom bereits eine sehr gute Annäherung an die Bewegung in der idealen Flüssigkeit. Der Formwiderstand ergab sich nur als etwa der 21. Teil des Widerstandes einer kreisförmigen Platte von den Abmessungen des Hauptspantes.

Die Versuche wurden für eine Modellänge[1] von 1 m und eine Geschwindigkeit von 9,5 m/sec durchgeführt. Da der Reibungswiderstand, der sich hier größer als der Formwiderstand gezeigt hat, bei Vergrößerung der Abmessungen und beim Anwachsen der Geschwindigkeit langsamer als der Formwiderstand wächst, so kann angenommen werden, daß bei großen Ausführungen der Formwiderstand überwiegt. Trotz dieser günstigen Verhältnisse ergibt die Bewegung der Motorluftschiffe unverhältnismäßig große Widerstände, die sich durch die sehr erheblichen Widerstände des Tauwerkes[2] und der über den Luftschiffkörper vorragenden Teile erklären lassen. Auch bei Modellversuchen kommt der Widerstand der Haltevorrichtungen wesentlich in Betracht und wird durch gesonderte Versuche ermittelt.

§ 271. Reibungswiderstand, bezogen auf die Oberfläche des Fahrzeugs.

Zum Schlusse sei noch eine Beziehung angeführt, die Prandtl für den Reibungswiderstand aufstellt, bei der der Reibungswiderstand nicht auf den Hauptspant, sondern auf die von der Luftströmung bestrichene Oberfläche bezogen ist. Die von Wirbeln eingehüllten Teile sind dabei abzurechnen. Man erhält dann unter Anwendung der Gleichung $W = \psi F \frac{\gamma w^2}{2g}$.

$$W_2 = \chi \frac{O \gamma w^2}{g} \tag{84}$$

[1] Prandtl, Luftwiderstand. Zeitschrift für Flugtechnik und Motorluftschiffahrt. 1910, S. 75.

[2] Versuche über den Widerstand von Drähten und Seilen wurden in jüngster Zeit in den „Mitteilungen aus der Göttinger Modellversuchsanstalt" durch O. Foeppl veröffentlicht. Siehe Zeitschrift für Flugtechnik und Motorluftschiffahrt. 1910, S. 259 f.

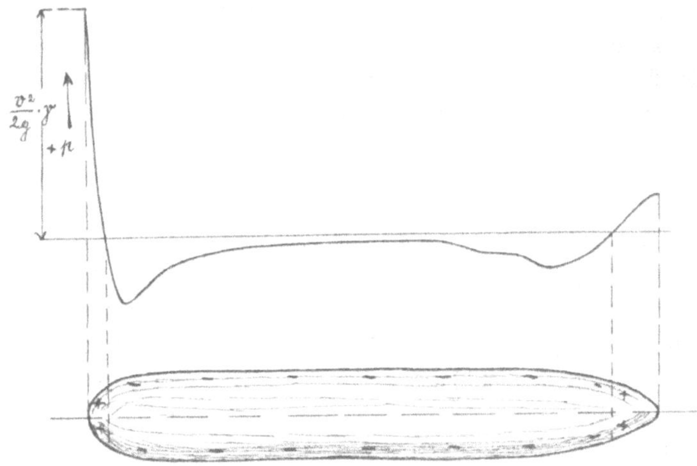

Fig. 70 I.

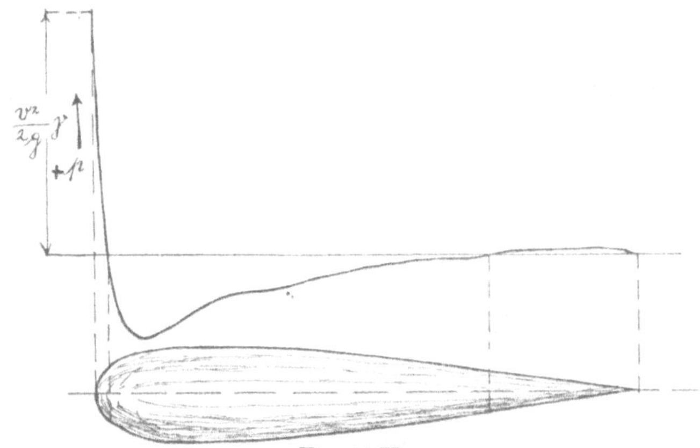

Fig. 70 II.

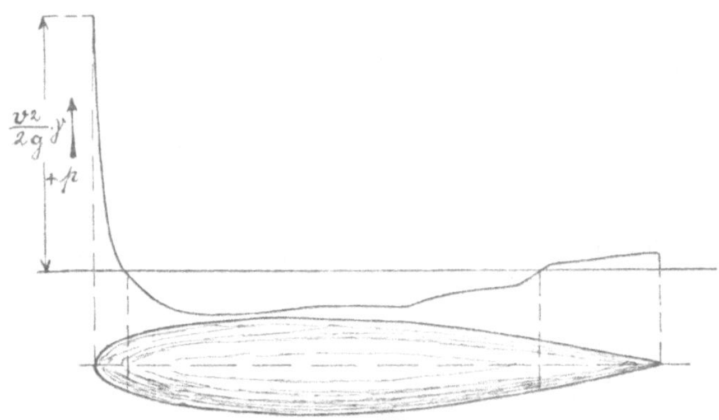

Fig. 70 III.

Bezeichnungen: W_2 = Reibungswiderstand, O = Oberfläche, χ = eine mit Länge und Geschwindigkeit etwas veränderliche Widerstandsziffer für die Oberflächenreibung. Für das Prandtlsche Modell ergab sich 0,0015.

§ 272. Die Benennung der Versuchsziffer.

Es ist zweckmäßig, die Versuchsziffern als dimensionslose Größen zu wählen, das heißt als Größen, die als absolute Zahlen aufgefaßt werden. Die durch theoretische Erwägungen ermittelte Beziehung wird dann durch die Versuchsziffer mit dem tatsächlichem Geschehen nach Möglichkeit in Einklang gebracht. Die Versuchsziffer gibt also gewissermaßen das Verhältnis der Abweichung des tatsächlichen Vorganges von dem idealen theoretischen an. So wird sich zum Beispiel ein nach der Stromliniengestalt ausgebildeter Körper bei seiner Bewegung durch die Luft dem theoretischen Vorgang in der idealen Flüssigkeit um so mehr nähern, je mehr sich die durch Versuche ermittelte Ziffer für den Formwiderstand dem Werte Null nähert.

Fünfter Abschnitt.

Das Wesen der dynamischen Tragkraft.

§ 273. Die Kraftfrage beim Flugproblem.

Das unbestrittene Verdienst, aus Beobachtungen des Vogelfluges und im Anschluß an diese angestellten Versuchen einen für den Menschenflug beschreitbaren Weg nicht nur abgeleitet, sondern auch praktisch gezeigt zu haben, gebührt O. Lilienthal. Die Verdienste Lilienthals, die Bendemann in seiner Arbeit: „Der heutige Stand der Flugtechnik in Theorie und Praxis“[1] trefflich charakterisiert, erleiden durch die Tatsache, daß Lilienthal schließlich die Beschreitung eines ganz anderen Weges, als ursprünglich von ihm beabsichtigt, gewiesen hat, keinen Abbruch. Denn der Umstand, daß Lilienthal eben als ihn das Schicksal ereilte, damit umging, motorische Kräfte zu Hilfe zu nehmen, darf doch

[1] Dr. ing. F. Bendemann, Der heutige Stand der Flugtechnik in Theorie und Praxis. Zeitschrift des Vereins Deutscher Ingenieure. 1910, S. 787.

wohl dahin gedeutet werden, daß er gerade auf Grund seiner Versuche sich der Erkenntnis nicht verschließen konnte, zu der Borelli schon im Jahre 1680 und von Helmholtz im Jahre 1873 gelangt waren, nämlich der Erkenntnis, daß es dem Menschen auch durch den geschicktesten Mechanismus nicht gelingen werde, aus eigener Kraft zu fliegen. Die Helmholtzsche Aussage ist vielfach falsch gedeutet worden; namentlich in Kreisen der reinen Empiriker war man geneigt, die schließlich gezeitigten Erfolge als ein Fiasko akademischer Weisheit anzusehen. Freilich hat man dabei einen sehr wesentlichen Punkt übersehen: weder Borelli noch nach ihm von Helmholtz haben bestritten, daß der Mensch in irgend einer Form überhaupt fliegen könne, sondern nur daß es ihm nicht möglich sein werde „aus eigener Kraft". Das zu widerlegen ist aber noch keinem Lebenden gelungen; denn nicht die eigene Kraft, sondern die Kraft des Motors hat schließlich den Erfolg gezeitigt.

Lilienthal freilich dachte zunächst nur daran, den Gleit- und Schwebeflug, den die Vögel ausüben, wenn sie mit ausgestreckten Flügeln unter dem Einflusse der Schwerkraft schräg nach abwärts streichen oder wenn sie sich durch aufsteigende Luftströme tragen lassen, als Mittel zum Zweck zu benutzen. Er wollte sich durch den Gleitflug erst eine gewisse Vertrautheit mit der Bewegung in den Lüften verschaffen und dann zum Ruderflug mit Flügelschlag übergehen. Die günstige Flächenwirkung, die sich bei der schlagartigen Bewegung der Flügel ergibt und die wir im vorhergehenden dem Entstehen einer anderen Wirbelform zuschrieben, läßt den Ruderflug als erstrebenswert erscheinen, um so mehr, wenn er ein Erheben von Ort und Stelle gestatten würde im Gegensatz zu dem Drachenflug, der immer je nach der augenblicklich vorhandenen Windstärke einen mehr oder minder großen Anlauf erfordert. Indessen weist Lilienthal selbst nach, daß einer Anzahl von Vogelarten, die zu den gewandtesten und ausdauerndsten Fliegern gehört, die Kraft zu einem senkrechten Aufsteigen in windstiller Luft mangelt, daß auch diese zum Aufflug einer gewissen Drachenwirkung bedürfen, zu der sie sich die erforderliche Relativgeschwindigkeit der Luft durch Vorwärtshüpfen (wie z. B. die Reiher und Kraniche), also durch Anlauf, erst verschaffen müssen.[1]

[1] O. Lilienthal, Der Vogelflug. 2. Aufl. München 1910, S. 29.

§ 274. Das dynamische Schweben.

Lilienthal unterscheidet drei Arten des Vogelfluges. Ehe wir auf diese eingehen, wollen wir noch einmal die physikalischen Vorgänge bei einem Erheben und beim Schweben über dem Erdboden wiederholen.

Nach dem allgemeinen Massenanziehungsgesetz von Newton zieht nicht allein die Erde die auf ihr befindlichen Körper an, sondern sie erfährt auch wechselseitig durch diese Körper eine Anziehung. Es erteilen sich somit Erde und Körper mit der gleichen Kraft wechselseitig Beschleunigungen, nur daß die Beschleunigung der Erde durch die gleiche Kraft entsprechend der unendlich größeren Masse der Erde unendlich klein ausfallen wird. Erheben wir uns zum Beispiel in die Luft, indem wir, getrieben durch die Muskelkraft unserer Beine, hochspringen, so erteilen wir beim Abstoß nach unten der Erde und nach oben uns selbst eine Beschleunigung. Die Kraftwirkung wird aber aus den eben angeführten Gründen nur für uns selbst durch die Abhebung von der Erde bemerkbar werden. Sobald wir uns über der Erde befinden, hört aber die Möglichkeit auf, direkt weitere Beschleunigungen auszuführen, da wir keine Fernkräfte ausüben können. Gelingt es uns aber, irgend welche Massen in Richtung der Schwerkraft gegen die Erde fortgesetzt zu beschleunigen, so kann erreicht werden, daß der Beschleunigungsrückdruck dieser Massen der Schwerkraft jedem Augenblick gerade Gleichgewicht hält. In diesem Falle können wir uns dynamisch schwebend erhalten. Insofern nun die von uns aus den beschleunigten Massen mitgeteilte Energie schließlich wieder von dem festen Erdboden aufgenommen wird, wobei eine Beschleunigung der Erde eintritt, können wir sagen, daß in letzter Linie auch beim dynamischen Schweben die Erde in gewissem Sinne der tragende Teil ist. Wir sehen somit, daß die Spannkraft der festen Stütze, die uns in einer gewissen Lage statisch über dem Erdboden schwebend halten kann, beim dynamischen Schweben durch einen fortgesetzten zur Erde abgeleiteten Massenstrom ersetzt werden kann.

§ 275. Der kontinuierliche Massenstrom.

Nach den Begriffsfestlegungen, die wir bei Besprechung der Hilfssätze aus der Mechanik für die mechanische Arbeit gegeben haben, könnte es scheinen, als ob das Schweben in einer bestimmten

Lage ohne Arbeitsaufwand möglich wäre. Denn, da der Schwerpunkt des Körpers seinen Ort relativ zu der festen Erde nicht verändert, so findet eine Bewegung in Richtung der Kraft nicht statt und eine Arbeit wird scheinbar nicht geleistet. Nach den Erläuterungen, die wir in dem Abschnitt über atmosphärische Elektrizität gegeben haben, können wir auch sagen, daß der in gleicher Höhe über der Erde schwebende Körper sein Potential gegenüber der festen Erde nicht verändert. Zum Vergleich können wir einen im Erdfeld befindlichen und gegen Erde schlecht isolierten Konduktor betrachten. Soll das Potential dieses Konduktors auf gleicher Höhe erhalten werden, so muß ihm fortgesetzt die gleiche Menge an elektrischer Energie zugeführt werden, die zufolge der ungenügenden Isolierung zur Erde abfließen kann. Es wird also eine fortgesetzte Arbeitsleistung erforderlich sein, um einen solchen Konduktor auf seinem Potential halten zu können. Für den im Kraftfeld der Schwerkraft schwebenden Körper vertritt die Festigkeit der Stütze die Isolierung gegen die Wirkung des Kraftfeldes. Fehlt diese, so wird auch hier eine fortgesetzte Energiezufuhr erforderlich, um das Potential des Körpers auf seiner ursprünglichen Höhe zu erhalten.

Ein Beispiel, das die Verhältnisse treffend erläutert, bringt Baumann[1] in seiner Arbeit: Die Berechnung der Gleitflieger. Er sagt: „Die Temperatur eines Körpers kann nur gleich gehalten werden, wenn ihm beständig eine den Verlusten nach außen gleichkommende Wärmemenge zugeführt wird, ohne daß sich deshalb sein Wärmeinhalt vergrößerte. Der Fall, daß er mit einem undurchdringlichen Wärmeschutz (analog der Isolation im elektrischen Fall) umgeben wird, entspricht aber der Zuhilfenahme eines festen Stützpunktes für den schwebend zu haltenden Körper".

In unserem Falle bildet nun die ebenfalls den Gesetzen der Trägheit unterworfene Luft das Mittel zur Erzeugung des erforderlichen kontinuierlichen Massenstromes. Das eigentliche Problem des dynamischen Fluges bildet nun die Erzeugung eines Massenstromes mit möglichst hohem Nutzeffekt, d. h., wir müssen bestrebt sein, nach Maßgabe der für uns erreichbaren Mittel Verhältnisse zu suchen, die ein Mindestmaß von Energievergeudung für nebenherlaufende Vorgänge bedingen.

[1] Baumann, Die Berechnung der Gleitflieger. Zeitschrift des Vereins Deutscher Ingenieure. 1909, S. 281.

Sechster Abschnitt.

Der Vogelflug.

§ 276. Die drei Arten des Vogelflugs.

Die erste Art des Vogelfluges ist nach Lilienthal das Schweben in ruhiger Luft oder beim Treiben mit dem Winde, wobei der Vogel gegen die umgebende Luft keine wesentliche Ortsveränderung erfährt. Das ist nur möglich, wenn der Vogel durch die Schlagwirkung seiner Flügel zwei senkrecht nach unten gerichtete Massenströme erzeugt, also sich durch den Beschleunigungsrückdruck dieser Massenströme stützt. Es ist auch nur dadurch möglich, daß der Vogel seinen Federmechanismus so verstellen kann, daß die aufschlagenden Flügel der Bewegung durch die Luft einen geringeren Widerstand als beim Niederschlag bieten, da sonst die Wirkung beim Aufschlag die Wirkung beim Niederschlag vernichten müßte. Endlich wird sich der Vogel auch beim Niederschlag eine größere Beschleunigung erteilen müssen als zum Ausgleich der Schwerkraftsbeschleunigung erforderlich ist. Denn er bedarf eines Beschleunigungsüberschusses nach oben hin für die Periode des Aufschlages. Man darf sich dabei nur vor Augen halten, daß der Vogel beim Aufschlag auch noch die Massen seiner eigenen Flügel beschleunigen muß und daß nach dem Gesetz der Wirkung und Gegenwirkung die nach oben beschleunigten Massen der Flügel seinem eigenen Körper eine gleich große und entgegengesetzt gerichtete Beschleunigung erteilen müssen. Diese Beschleunigung kann also nur bestritten werden aus einem Energieüberschuß, den sich der Vogel beim Niederschlag sammelt. Soll daher die Schwebelage ohne größere Hebungen (beim Niederschlag) und Senkungen (beim Aufschlag) bestritten werden, so müssen bei dieser Art des Fluges die Schläge am raschesten aufeinander folgen. Der Vogel braucht daher zu dieser ersten Art des Fluges, die er nur zur Erhebung und bei Jagdmanövern anwendet, den größten Energieaufwand.[1]

Die zweite Art bildet der für die gewöhnliche Fortbewegung angewendete Ruderflug mit mäßig schnellem Flügelschlag. Die große Ausdauer, mit der dieser mit einer schnellen Ortsveränderung verbundene Flug von vielen Vögeln ausgeführt wird, läßt den Schluß

[1] O. Lilienthal, Der Vogelflug. München 1910, S. 29.

zu, daß den Vögeln die Ausführung des Ruderfluges eine mäßige Anstrengung verursacht.

Die dritte Art des Fluges, der Schwebeflug mit ausgebreiteten Flügeln bedarf keines Energieaufwandes.

Der Vogel benützt hier den Beschleunigungsdruck der durch seine Flügel abgelenkten Luftmassen nach Art der Drachenwirkung. Er geht dabei entweder im Gleitflug zu Boden oder kann sich bei Vorhandensein aufsteigender Luftströme schwebend erhalten.

§ 277. Der Dauerflug und der Einfluß der schnellen Vorwärtsbewegung.

Beim Vorwärtsfliegen der schnellfliegenden Vögel kann man sehr häufig beobachten, daß der Vogel den Ruderflug unterbricht und zu einer Art Drachenflug übergeht, wobei ihn die angesammelte kinetische Energie vorwärts treibt. In ähnlicher Weise kann sich ja auch ein Radfahrer, dessen Rad mit einer Freilaufachse ausgestattet

Fig. 71.
Modell des Vogelfluges von Marey.

ist, durch das angesammelte Arbeitsvermögen treiben lassen, bis ihn die Verminderung der Geschwindigkeit wieder zum Pedaltreten zwingt.

Aus den durch Marey hergestellten kinematographischen Aufnahmen des Vogelfluges kann man aber schließen, daß der Vogel auch beim Aufschlagen der Flügel durch Verdrehen der Flügel die Drachenwirkung ausnützt. Er läßt sich also durch das angesammelte Arbeitsvermögen beim Aufschlag vorwärts treiben und benützt gleichzeitig den Beschleunigungsrückdruck der unter den entsprechend gestellten Flügeln abstreichenden Luft, um die Senkung beim Aufschlag zu vermindern.

Der Flügelschlag beim Vorwärtsflug erfolgt schräg nach hinten, wobei sich aus dem schräg gerichteten Beschleunigungsdruck auf den Vogelkörper eine vorwärts treibende und eine hebende Teilkraft ergeben. Die Tatsache, daß die großen Vögel überhaupt nur unter rascher Vorwärtsbewegung zu fliegen vermögen, berechtigt zu der Annahme, daß diese es während der ganzen Dauer des Fluges verstehen, die bei der Vorwärtsbewegung entstehende Relativbewegung zwischen Flügel und Luft durch geeignete Flügelstellung zu einer Art Drachenwirkung zu gestalten.

§ 278. Der Vogelflug als Grundlage der Fliegekunst.

Über die Mechanik des Vogelfluges bestehen heute schon so genaue Beobachtungen, daß von einem weiteren Studium kaum wesentlich Neues zu erwarten ist. Insbesondere hat sich Marey um diese Untersuchungen verdient gemacht, dessen treffliche chronophotographischen Aufnahmen der fliegenden Vögel in drei Ebenen reichlich Aufschluß über die Bewegung geben. Es möge deshalb hier auf die beiden trefflichen Werke: Lilienthal, Der Vogelflug als Grundlage der Fliegekunst und E. Marey, Le vol des oiseaux, Paris 1890, noch besonders verwiesen werden.

Als Grundlage der Fliegekunst hat der Vogelflug zweifellos insofern gedient, als er Lilienthal zur Anstellung seiner Versuche anregte.

Die von Lilienthal gemachten Beobachtungen sind für jeden wertvoll, der sich mit der Materie beschäftigt. Ob aber weiterhin für den Menschenflug aus Beobachtungen des Vogelfluges noch wertvolle Resultate zu gewinnen sind, erscheint zum mindesten fraglich.

Es darf eben dabei nicht übersehen werden, daß andere Mittel andere Formen verlangen. Das Baumaterial des Vogelflügels wird uns wohl nie zur Verfügung stehen; und selbst wenn es uns gelänge, wirklich vogelähnliche Flügel zu bauen, so fehlt immer noch die Hauptsache: die organische Verbindung mit dem Körper. Mit den Flugapparaten, die nach dem Vorbilde des Vogels als Ruder- oder Schlagflieger gebaut sind, geht es ebenso wie mit allen Mechanismen, die einen animalischen Organismus nachahmen sollen. Es geht damit so wie mit der Idee eines „Dampfpferdes“, die auch auftauchte, ehe die Lokomotive auf das Geleise gesetzt wurde. Mehr wie schwerfällige automatenhafte Gebilde lassen sich auf diesem Wege nicht erreichen.

Wir wollen an dieser Stelle noch eines Mannes gedenken, der die Bedeutung des Weges, auf dem die heutigen Erfolge erzielt wurden, das heißt die Zukunft des Drachenfliegers, schon im Jahre 1864 voll erkannte, Ingenieur Wilhelm Kress. Man darf wohl sagen, daß auch die Verdienste dieses Mannes heute noch nicht hinreichend gewürdigt werden, denn bei geeigneter Unterstützung hätte auch er uns die Erfolge der Wright zeigen können. Seine interessante Arbeit: „Wie der Vogel fliegt und wie der Mensch fliegen wird“[1] stellt die Leidensgeschichte so vieler dar, die die Bedeutung einer Idee erfaßt haben, ehe die Mitwelt zu ihrer Würdigung reif geworden ist.

Siebenter Abschnitt.

Erzeugungsmöglichkeiten der aerodynamischen Tragkraft und Arbeitsaufwand.

§ 279. Die Vertikalbewegung von Flächen.

Der naheliegendste Weg zur Erzeugung des nach abwärts gerichteten Luftmassenstromes wäre die senkrecht nach abwärts gerichtete Bewegung von großen Flächen. Da die dynamische Tragkraft dauernd aber nur durch dauernde Massenbeschleunigung, also durch einen ununterbrochenen Massenstrom, erhalten werden kann, so könnte dies nur durch die gleichzeitige Bewegung von mindestens zwei Flächen geschehen, von denen die eine sich aufwärts zurückbewegt, während die andere mit der erforderlichen Geschwindigkeit gleichzeitig nach abwärts getrieben wird. Die sich nach aufwärts bewegende Fläche müßte dabei so verändert werden können, daß sie bei dieser Rückbewegung durch die Luft nur einen geringen Widerstand erfährt, was ja durch geeignete Vorrichtungen, wie Klappen oder Jalousien, die sich beim Aufschlag öffnen und beim Niederschlag schließen, erreicht werden könnte.

§ 280. Arbeitsaufwand der Ruder- und Schlagflugmaschine.

Der zur Abwärtsbewegung einer solchen Fläche erforderliche Arbeitsaufwand ergibt sich aus der einfachen Überlegung, daß die Schwerkraft (das ist in unserem Falle das Gewicht des Apparates)

[1] Aviatik, Wie der Vogel fliegt und wie der Mensch fliegen wird. Von Ingenieur Wilhelm Kress. Wien 1905.

die gleiche Arbeit leisten würde, wenn sie den Apparat die gleiche Strecke, die die Fläche zurücklegt, herabziehen könnte. Der Gegendruck des Luftwiderstandes, den die jeweils nach abwärts gehende Fläche zu erzeugen hat, muß also in jedem Augenblick gleich dem Gewichte des ganzen Apparates mit Bemannung und Zubehör sein, wenn der Apparat schwebend erhalten werden soll. Dazu käme noch der für die Aufwärtsbeschleunigung der gleichzeitig zurückgehenden Fläche entfallende Kraftaufwand, der gleichfalls durch den Widerstand der niedergehenden Fläche bestritten werden muß. Wir wollen zur Vereinfachung unserer Betrachtung von dem für die Hebung der Fläche erforderlichen Arbeitsaufwand absehen und das Gesamtgewicht = dem Widerstandsdruck, den die niedergehende Fläche zu erzeugen hat, mit G bezeichnen. Bewegt sich die niedergehende Fläche dabei mit der Geschwindigkeit v, so ist die in Pferdestärken gemessene Leistung gleich:

$$N = \frac{G v}{75} \tag{85}$$

Bezeichnungen:
N = Leistung in Pferdestärken,
G = Gesamtgewicht des Apparates in Kilogramm,
v = Geschwindigkeit der niedergehenden Fläche in Metersek.

Aus dem bereits besprochenen Luftwiderstandsgesetz können wir entnehmen, daß der Widerstandsdruck einer gegen die Luft bewegten Fläche verhältnisgleich der Flächengröße und dem Quadrat der Geschwindigkeit ist, mit der die Fläche gegen die ruhende Luft vorgetrieben wird. Es ergibt sich daraus, daß der gleiche Widerstandsdruck durch eine große Fläche, die mit geringer Geschwindigkeit oder durch eine kleine Fläche, die mit größerer Geschwindigkeit bewegt wird, erzeugt werden kann. Dagegen besagt die Leistungsgleichung, daß bei gleichbleibender Kraft die Leistung mit der Geschwindigkeit, mit der sich der Angriffspunkt der Kraft bewegt, steigt. Die Erzeugung des Luftwiderstandes durch rasch bewegte Flächen ist zwar insofern vorteilhaft, als man zu kleinen Flächenabmessungen kommt, sie ist aber weniger ökonomisch, weil sie höhere Leistungen bedingt. Sobald nun der Druck, der bei der Bewegung der Fläche durch die Leistung einer Pferdestärke erzeugt werden soll, gegeben ist, liegt auch die Geschwindigkeit fest, mit der sich die Fläche bei der gegebenen Leistung bewegen darf.

Wir wollen zum Vergleich mit der Leistung eines Schlagfliegers einen modernen Wright-Apparat ins Auge fassen. Der von Thelen gesteuerte Wright-Apparat mit 4 Zylinder Argusmotor und Etaschraube von 34 P.S. Leistung kann bei einem Areal der Tragflächen von 50 qm eine Gesamtlast von 680 kg tragen. Das ergibt eine verfügbare Leistung von 1 P.S. für je 20 kg.

Die Geschwindigkeit, mit der eine Fläche nach abwärts bewegt werden darf, um mit einer Leistung von 1 P.S. einen Luftwiderstand von 20 kg zu erzeugen, ergibt sich nun aus der Leistungsgleichung wie folgt:

$$\frac{W}{N} = \frac{75}{v} = 20 \frac{\text{kg}}{\text{P.S.}} \quad \text{oder} \quad v = \frac{75}{20} = 3{,}75 \frac{\text{m}}{\text{sec}} \tag{86}$$

Die erforderliche Fläche können wir aus dem bereits erläuterten Luftwiderstandsgesetz berechnen:

$$W = \psi' F \frac{\gamma v^2}{2g} = \psi F \frac{\gamma v^2}{g} \tag{87}$$

Bezeichnungen:

F = Fläche in Quadratmeter,

g = Erdbeschleunigung in Meterquadratsekunden,

= Raumgewicht von 1 cbm Luft,

= Widerstandsziffer, abhängig von der Körperform,

$\psi = \frac{\psi'}{2}$, wobei der im Nenner auftretende Faktor 2 in die Widerstandsziffer einbezogen ist,

W = Gesamtwiderstand der Luft

(Den Bruch $\frac{\gamma}{g}$ könnte man ebenfalls zu einer Größe, etwa γ', zusammenziehen. γ' würde dann die spezifische Masse der Luft, das heißt die Masse der Raumeinheit bedeuten.)

Für gleichförmige Bewegung kann man als Mittelwert die Widerstandsziffer $\psi = 0{,}6$ annehmen; für ungleichförmige, kurze Schlagbewegungen ergibt sich nach Prandtl als theoretisches Maximum $\psi = 2$.

Wir berechnen nun den Widerstand pro Quadratmeter der bewegten Fläche und erhalten:

$$\frac{W}{F} = 0{,}6 \frac{\gamma \cdot v^2}{g} = \text{rund } 0{,}075\, v^2 \frac{\text{kg}}{\text{m}^2} \tag{88}$$

Die Ruderflugmaschine müßte also bei gleicher Tragfähigkeit und gleichem Leistungsaufwand ununterbrochen eine Fläche von 680 qm mit einer Geschwindigkeit von 3,75 m/sec nach abwärts bewegen. Da gleichzeitig eine ebensogroße Fläche nach aufwärts gehen muß, um keine Unterbrechung der Hebewirkung eintreten zu lassen, so müßte die Maschine ein Gesamtareal von 1360 qm erhalten!

Mehr wie die Hälfte des Gesamtgewichtes würde man auf Maschine, Getriebe und Tragflächen kaum verwenden dürfen. Mit diesem Gewicht läßt sich aber eine haltbare Konstruktion in diesem Umfange nicht durchführen.

Für die Schlagbewegung gestalten sich die Verhältnisse erheblich günstiger. Rechnet man mit $\psi = 2$, so ergibt sich:

$$\frac{W}{F} = 0{,}25\, v^2 = \text{rund } 3{,}5 \frac{\text{kg}}{\text{m}^2} \tag{89}$$

Der jeweils niederschlagende Flügel müßte nun 680:3,5 = 194 qm Fläche erhalten, so daß das Gesamtareal immer noch zu 388 qm zu bemessen wäre. Dabei ist noch zu berücksichtigen, daß Prandtl die Ziffer $\psi = 2$ für ideale Verhältnisse (kurze Schlagbewegungen von mit Klappen versehenen Flächen, die beim Aufschlag der Luft keinerlei Widerstände bieten), also gewissermaßen als nicht erreichbar angibt.

Lilienthal findet allerdings erheblich günstigere Ziffern. Er hatte den von ihm durch Treten betätigten Apparat mit Hilfe eines über die Rollen eines Kranauslegers laufenden Seiles und Gegengewicht so weit ausbalanciert, daß die Wirkung der niederschlagenden Flügel gerade genügte, um den Apparat in Schwebe zu halten.[1] Der Schlagflieger bestand aus zwei Paaren abwechselnd auf- und niederschlagender Flügel mit Jalousieklappen und wog mit Bemannung 80 kg. Bei einer mittleren Geschwindigkeit von 1,5 m/sec (gemessen in dem geschätzten Angriffspunkt des Luftwiderstandes) konnte Lilienthal durch eine Fläche von 8 qm einem Gewicht von 40 kg die Wage halten.

Berechnen wir mit Hilfe dieser Angaben die Widerstandsziffer und mit dieser die Wirkung für die für 20 kg pro P.S. berechnete Geschwindigkeit von 3,75 m/sec, so ergibt sich:

$$\frac{W}{F} = 2{,}2\, v^2 = 2{,}2 \cdot 3{,}75^2 = 31 \frac{\text{kg}}{\text{m}^2} \tag{90}$$

Der Schlagflügel müßte somit eine Fläche von 680:31 = 22 qm erhalten; das Gesamtareal des Apparates wäre 44 qm. Man wird nun die von Lilienthal angegebene außergewöhnlich günstige Ziffer um so mehr in Zweifel ziehen dürfen, als wohl Lilienthal selbst

[1] Lilienthal, Der Vogelflug. München 1910, S. 41 und 42.

sie im Hinblick auf die primitive Versuchseinrichtung nicht für festliegend hielt. Aber selbst wenn der von Lilienthal gefundene Wert durch genauere Versuche bestätigt würde, wäre damit immer noch nichts erreicht gegenüber den Leistungen des Wright-Apparates.

Denn der Wright-Apparat mit seinem wenig größeren Areal kann bei gleicher Leistung mit seiner Last nach Belieben vorwärts fliegen und steigen, während der Schlagflieger sich bei gleichem Arbeitsaufwand nur gerade in der Schwebe zu halten vermöchte. Dieser Weg verspricht somit, abgesehen von den bereits erörterten Ausführungsschwierigkeiten, keinen Vorteil.

§ 281. Die Radflugmaschine und das Segelrad.

Einen anderen Weg weist Wellner mit den Worten:

„Die Eisenbahnlokomotive ist dem schnellfüßigen Reh nicht nachgebaut und übertrifft es dennoch an Geschwindigkeit; desgleichen hat das Ruderrad und der Schraubenpropeller eines Dampfbootes mit der Flossenwirkung des Fisches nur das Prinzip der Repulsion gemein; das intermittierende Hin und Her der organischen Welt wird in der Technik durch den stetigen kreisförmigen Umlauf des Rades ersetzt; und ebenso wird auch die dynamische Flugmaschine der Zukunft voraussichtlich nicht den schwingenden Flügelschlag in Anwendung bringen, sondern die bequeme Rotation.“ Der Ausspruch Wellners ist bemerkenswert, weil er eine beachtenswerte Warnung vor der sklavischen Nachahmung der organischen Natur ausspricht, die uns mit unseren unzureichenden Mitteln ja doch nicht gelingt. Wir haben die gleiche Anschauung bereits mit den Worten, daß „andere Mittel andere Formen verlangen“, vertreten.

Wellner schlug in den neunziger Jahren ein Segelradsystem vor, das aus Flügelradgruppen bestand. Er ordnete also die Schlagflächen auf Radkörpern so an, daß nur die niedergehenden Flächen voll auftrafen. Die zurückgehenden Flächen wurden durch Exzenter so verstellt, daß sie mit möglichst geringem Widerstand die Luft durchschneiden konnten. Im übrigen verspricht sich Wellner von diesem Wege selbst keinen großen Erfolg und wir wollen deshalb das unvermeidliche Grundübel aller Schlagflügelanordnungen mit seinen eigenen Worten charakterisieren. Wellner sagt:[2] „Baut man die Räder klein, damit sie nicht gar zu schwer werden, und läßt

[1] G. Wellner, Die Flugmaschinen. Wien 1910, S. 99.
[2] Ebenda S. 104.

man sie, um ihre Wirkung größer zu bekommen, rasch umlaufen, dann wird ihr Betrieb unökonomisch, weil die durch je eine Pferdekraft des Motors gewonnene Hebekraft sehr gering wird; will man dagegen den Betrieb ökonomisch haben, dann darf die Drehbewegung nur langsam vor sich gehen (mit etwa 4—8 m/sec Geschwindigkeit) und hierfür fallen die Schlagflügelräder sehr groß aus und ihr Gewicht wird viel zu schwer."

§ 282. Der Drachenflug.

Der bis heute und vielleicht auch in der Zukunft erfolgreichste Weg zur Erzeugung des tragenden Luftmassenstromes beruht auf der Ablenkung von Luftmassen durch in schräger Stellung gegen die Luft vorgetriebene ebene oder gerade Flächen. Da die Verschiebung einer Fläche in ihrer Ebene nur die sehr geringe Arbeit erfordert, die zur Überwindung der Luftreibung nötig ist, so läßt sich nach den angestellten Versuchen der Trageffekt solcher Flächen auf das Achtfache und mehr steigern. Durch diese Erkenntnis ist der mechanische Flug zur Tatsache geworden.

Achter Abschnitt.

Die Wirkung der Drachenfläche.

§ 283. Vergleich mit dem Kräftespiel an der schiefen Ebene.

Zur Erklärung der Drachenwirkung betrachten wir zunächst das Kräftespiel an einer Fläche oder Platte, die eine schiefe Ebene hinaufgezogen werden soll. Das im Schwerpunkt der Platte angreifende Gewicht G läßt sich in eine Teilkraft G_n senkrecht zur schiefen Ebene und in eine Teilkraft G_t parallel zur schiefen Ebene nach dem Kräfteparallelogramm zerlegen (Fig. 72). Die Teilkraft G_n wird durch die Festigkeit der schiefen Ebene im Gleichgewicht gehalten, so daß für das Aufwärtsziehen des Körpers nur die kleine Teilkraft G_t und außerdem noch die Reibung zwischen Platte und Ebene zu überwinden ist. Wir können also mit Hilfe der schiefen Ebene erheblich an Kraft sparen, indem wir gewissermaßen das Tragen eines Teiles des Gewichtes (der Teilkraft G_n) der schiefen Ebene überlassen. Für den Gleichgewichtsfall auf der schiefen Ebene ergibt sich die geometrische Summe aus den am Körper angreifenden vier Kräften (Gewicht, Normalwiderstand der Ebene,

Reibung und Zugkraft Z) gleich Null; wir erhalten also ein geschlossenes Kräftevieleck (Fig. 72a). Trägt man die Gesamtreaktion der schiefen Ebene gleich der geometrischen Summe aus Normalwiderstand und Reibung an[1], so braucht man für den Gleichgewichtsfall nur ein Kräftedreieck zu zeichnen (Fig. 72b).

Ähnliche Verhältnisse liegen nun vor, wenn wir eine Fläche in schräger Lage zu der Windrichtung festhalten oder gegen die ruhende Luft vortreiben. Man kann sich dabei die Festigkeit der schiefen Ebene durch den Massenwiderstand des kontinuierlichen Luftmassen-

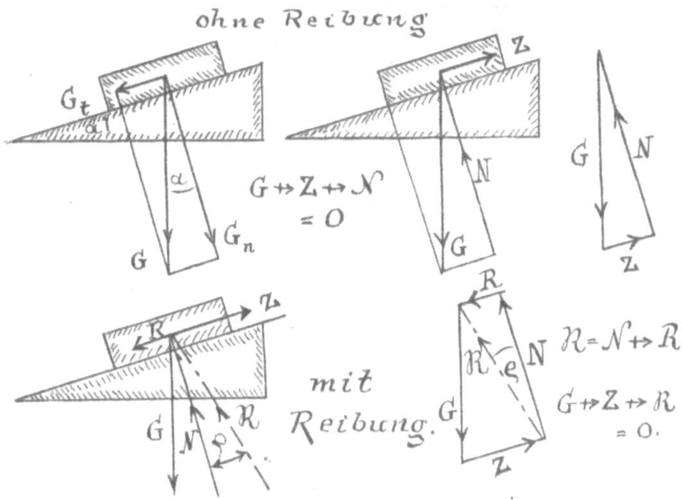

Fig. 72a u. b.

stroms ersetzt denken, der an der Drachenfläche entlang strömt. In Figur 73 ist das Kräftespiel für einen im Winde schwebenden und durch die Fadenspannung gehaltenen Drachen gezeichnet. Fadenspannung und Drachengewicht pressen die Drachenfläche gegen die von ihr abgelenkten Luftmassen ähnlich wie gegen eine feste schiefe Ebene. Für den Gleichgewichtsfall ergibt sich ein geschlossenes Kräftedreieck aus Fadenspannung, Drachengewicht und Widerstand der abgelenkten Luftmassen. Noch deutlicher tritt der

[1] Für Reibungsprobleme, die in der Mechanik in der Regel für den Gleichgewichtsfall gelöst werden, kann die Darstellung noch vereinfacht werden, wenn man die geometrische Summe aus Normalwiderstand der Ebene und Reibung als Gesamtreaktion der Ebene anträgt. Man hat dann nur die Gesamtreaktion unter dem Reibungswinkel ϱ_0 entgegen der Bewegungsrichtung aufzutragen und erhält für den Gleichgewichtszustand ein Kräftedreieck aus G, R und Z. Siehe Figur 72b.

Vergleich mit dem Kräftespiel an der schiefen Ebene beim Motordrachen hervor (Fig. 75). Die auf Seite 212 erläuterte günstigste Wirkung kann man hier damit erklären, daß gewissermaßen ein Teil der Schwerkraft selbst zu der erforderlichen Luftmassenbeschleunigung herangezogen wird.

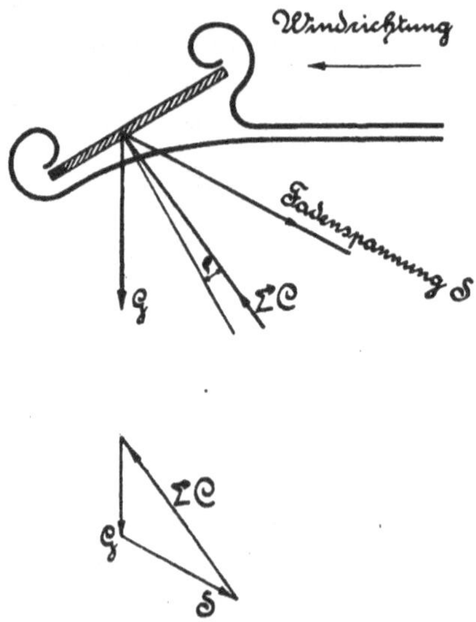

Fig. 73.

§ 284. Das Kräftespiel beim Gleitflug.

Das Kräftespiel des Gleitfluges und des motorischen Drachenfluges läßt sich nach diesen Erläuterungen im wesentlichen sehr einfach darstellen. So zeigt uns Figur 74a eine Platte, die wir in schräger Richtung zu Boden fallen lassen. Auf die Platte wirkt das Gewicht, sowie die senkrecht zur Platte gerichtete Reaktion der abgelenkten Luft (= geometrischen Summe der Trägheitswiderstände der abgelenkten Luftmassenteilchen). Beide Kräfte greifen aber zunächst nicht in dem gleichen Angriffspunkt an. Es entsteht somit ein Kräftepaar, das die Platte zu einem Aufkippen und Überschlagen veranlaßt. Durch Beschweren der Vorderkante läßt sich aber erreichen, daß der Angriffspunkt der Schwerkraft (Schwerpunkt) so weit nach vorn herabgezogen wird, daß er mit dem Angriffspunkt der Luftmassenreaktion zusammenfällt. Dann gleitet die Platte ähnlich wie auf einer schiefen Ebene zu Boden. Der Fall der gleichförmigen Gleitbewegung (Gleichgewichtsfall) läßt sich wieder durch ein Gleichgewichtsdreieck darstellen. Wir tragen (Fig. 74b) die uns der Größe und Richtung nach bekannte Schwerkraft in irgend einem passenden Maßstab auf, ziehen die Gesamtreaktion der Luftmassen (= geometrische Summe aus Massenwiderstand und Luftreibung[1]) unter dem Luftreibungswinkel gegen die Bewegungsrichtung verschoben und vollenden das Kräftedreieck dadurch, daß wir aus dem unteren Ende der Schwerkraftsstrecke eine Parallele zu der Fläche ziehen. Dieses letzte Stück stellt die Massenreaktion der durch die Kante ver-

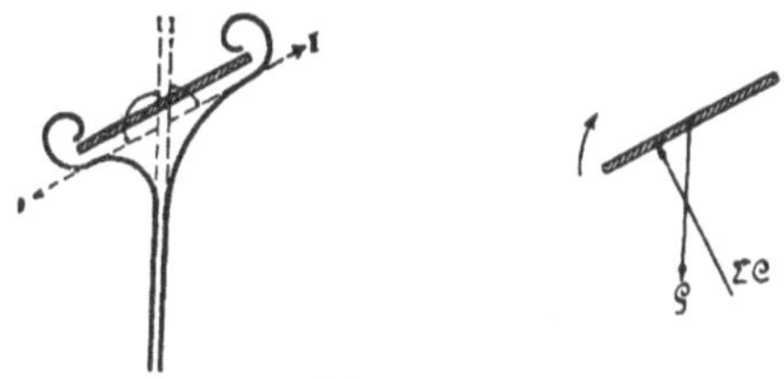

Fig. 74a.

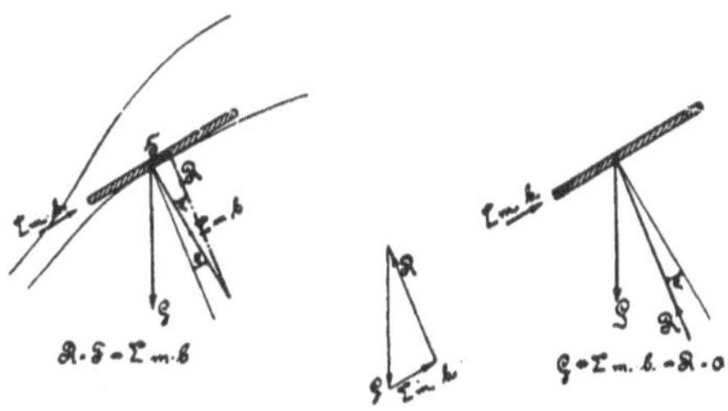

Fig. 74b.

drängten Luft (Stirnwiderstand) dar. Sobald der Stirnwiderstand gleich der in derselben Richtung, aber entgegengesetzt, vorhandenen Teilkraft des Gewichtes gleich geworden ist, tritt gleichförmiges Gleiten ein.

§ 285. Kräftespiel beim Motorflug.

Für den motorischen Drachenflug ergeben sich folgende Verhältnisse: Die Schnurkraft beim Drachen läßt sich ersetzen durch

[1] Der Reibungswinkel ist hier als Maß der Abweichung aufzufassen, den der auf die Fläche wirkende resultierende Druck mit der Normalen bei der gegebenen Flächenneigung einschließt. Er ist mit der Neigung der Fläche zur Strömungsrichtung stark veränderlich. Siehe Schüle, Der Luftwiderstand auf Grund der neueren Versuche. Zeitschrift des Vereins Deutscher Ingenieure. 1910, S. 97.

die in der Figur 75 gezeichnete Luftschraube. Diese wirft entgegen der Flugrichtung Luftmassen zurück, deren Reaktion ein Vortreiben der Platte in der Flugrichtung bewirkt. Zeichnen wir hier für den Fall der gleichförmigen Bewegung ein Gleichgewichtsdreieck, so läßt sich zunächst die der Größe und Richtung nach bekannte Schwerkraft antragen und aus dem oberen Ende der Schwerkraftsstrecke wie vorher die uns der Richtung nach bekannte Gesamtreaktion der Luftmassen ziehen. Die zur Vollendung des geschlossenen Kräftedreiecks noch fehlende Strecke wird am kürzesten, wenn wir sie

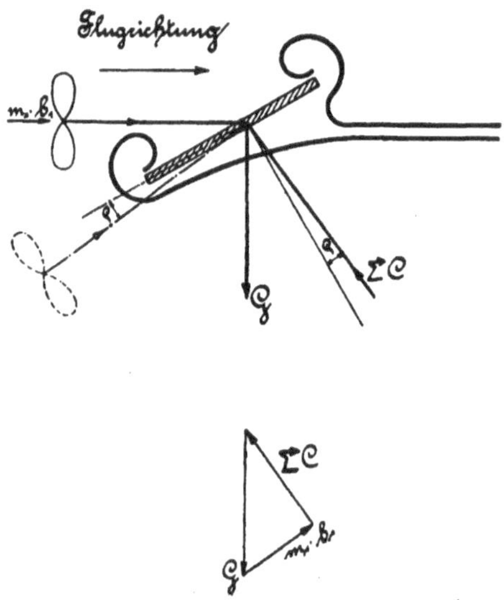

Fig. 75.

senkrecht zur Gesamtreaktion der Luftmassen ziehen. Es ergibt sich daraus, daß die Schraube die geringste Kraftwirkung zu äußern hat, wenn ihre Achse annähernd in Richtung der Drachenfläche liegt, ein Resultat, das nach der vorhergehenden Analogie der schiefen Ebene nicht überraschen kann. Denn in diesem Falle hat die Schraubenkraft nur den bereits erwähnten Teilbetrag der Schwerkraft, die Luftreibung und den Stirnwiderstand zu überwinden. Auch ist aus der Figur 75 ersichtlich, daß die letzte Kraft des Gleichgewichtsdreiecks um so kleiner wird, je kleiner der Winkel zwischen Gewicht und Gesamtreaktion der Luftmassen wird, d. h., je geringer die Neigung der Ebene gegen die Horizontale ist.

§ 286. Steigen und Fallen.

Im Fall des eben erläuterten dynamischen Gleichgewichtes wird der Apparat mit der einmal angenommenen Geschwindigkeit sich horizontal fortbewegen. Sind die Kräfte nicht im Gleichgewicht, ist zum Beispiel die Zugkraft der Schraube größer als die parallel zur Fläche gerichtete Teilkraft des Gewichtes, so erfährt der Apparat in Richtung des Schraubenzuges eine Beschleunigung, er steigt. Im umgekehrten Falle kann auch ein Abgleiten nach rückwärts eintreten. Ein Steigen oder Fallen kann auch ohne Anwendung einer Hilfsfläche (Höhensteuer) durch Steigerung oder Verminderung der Schraubenkraft (etwa durch Tourenregulierung des Motors) erzielt werden, wie dies bei einzelnen ausgeführten Konstruktionen auch geschieht. Aber auch die Flieger, deren Apparate mit Höhensteuern arbeiten, benutzen dieses Manöver bei der Landung, um einen zu kräftigen Aufstoß zu vermeiden.

§ 287. Die Tragkraft der Aeroplanfläche.

Prandtl gibt für die wagrechte Bewegung einer Tragfläche für die entwickelte Tragkraft, das ist in diesem Falle die senkrechte Teilkraft der Luftreaktion, die bekannte Widerstandsgleichung mit $\psi = 0{,}56$ an. Der Wert $\psi = 0{,}56$ ist aus noch nicht abgeschlossenen Versuchen der Göttinger Versuchsanstalt, zum Teil aus Versuchen von Eiffel entnommen. Die entwickelte Tragkraft, das ist das von der Fläche zu tragende Gewicht, ist somit bei günstigster Flächengestaltung gleich:

$$G = 0{,}56\, F \frac{w^2 \gamma}{g} \tag{91}$$

somit annähernd gleich dem Betrag, der sich bei Vertikalbewegung der Fläche F gegen die Luft ergeben würde.

Hingegen wird die zur Vorwärtsbewegung der Fläche erforderliche Kraft nur gleich $^1/_8$ der Tragkraft, also gleich:

$$T = 0{,}07\, F \frac{w^2 \gamma}{g} \tag{92}$$

Für $T = \frac{G}{5}$ kann man an Stelle des Koeffizienten $\psi = 0{,}56$ den Wert 0,7 in die Gleichung (92) für die Tragkraft einführen.

Unter der Annahme $T = G:8$ können wir die Leistungsgleichung nun schreiben:

$$N = \frac{T w}{75} = \frac{G w}{600} \tag{93}$$

wobei w die Horizontalgeschwindigkeit der Bewegung in Metersekunden bedeutet.

Für den Wrightapparat hatten wir ein Gewicht von 20 kg pro Pferdestärke festgestellt. Der Höchstwert der Geschwindigkeit im Hinblick auf die zur Verfügung stehende Leistung d. h. die höchst mögliche Geschwindigkeit:

$$w_{max} = 600 : 20 = 30 \text{ m/sec.}$$

Die Tragfähigkeit pro Quadratmeter der Tragfläche würde sich somit zu:

$$\frac{G}{F} = 0{,}56 \frac{w^2 \gamma}{g} = \text{rund } 0{,}07\, w^2 = 63 \frac{\text{kg}}{\text{m}^2} \tag{94}$$

berechnen. Tatsächlich arbeitet der Wrightapparat aber mit $680 : 50 = \text{rund } 14 \frac{\text{kg}}{\text{m}^2}$. Berechnet man mit diesem Wert aus der obigen Gleichung die Geschwindigkeit, so kommt man auf rund 15 m/sec, was den wirklichen Verhältnissen annähernd entspricht.

Der von Moran gesteuerte Blériotapparat arbeitet (mit Last gerechnet) etwa mit 65 kg pro Quadratmeter. Er besitzt bei einer Tragfläche von nur 12 qm eine verfügbare Leistung von 100 P.S. Die Berechnung der Höchstgeschwindigkeit nach den oben angeführten Gleichungen ergäbe hier eine Geschwindigkeit von 24 m/sec = rund 97 km/st, also annähernd die von dem Apparate tatsächlich erreichte Geschwindigkeit von 100 km/st.

Neunter Abschnitt.

Die Wirkung der Schraubenfläche.

§ 288. Die Luftschrauben.

Führt man eine schiefe Ebene um einen Kreiszylinder herum, so entsteht eine Schraubenfläche. In ähnlicher Weise kann man eine schiefe Fläche schraubenförmig um eine Achse führen oder auch mehrere Flächen um eine lotrechte Achse drehbar anordnen und gelangt so zum Schraubenflieger oder Gyroplan. Der Gyroplan hätte vor allem gegenüber dem Drachenflieger den unbestrittenen Vorzug, daß er sich senkrecht erheben kann, während der Aeroplan sich die erforderliche Relativgeschwindigkeit der Luft erst durch Anlauf verschaffen muß. Trotz dieses Vorzugs konnte der Schraubenflieger bis heute zu keinem Erfolg gelangen, wohl hauptsächlich wegen der vorliegenden Konstruktionsschwierigkeiten. Die unbewegliche feste Aeroplanfläche läßt sich verhältnismäßig leicht herstellen, während es erhebliche Schwierigkeiten macht, eine gleichwertige rotierende Schraubenfläche mit annähernd gleichem Gewicht herzustellen. Gelingt es, der Schraubenachse durch die Aufhängung des Gestelles eine schräg nach vorn geneigte Lage zu geben, so läßt sich mit diesen „Hubschrauben“ auch eine horizontal fortschreitende Bewegung erzielen, wie Figur 76 zeigt. Dabei verursacht aber die zufolge des meist hohen Dralles auftretende Kreiselwirkung Pendelerscheinungen, die durch gegenläufig angeordnete Paarschrauben behoben werden können.

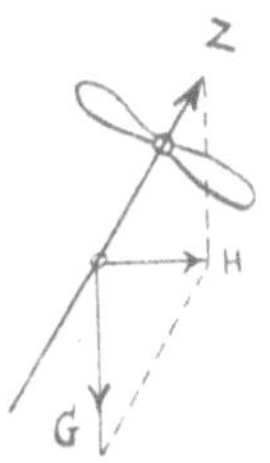

Fig. 76.

Fig. 77.

§ 289. Die Berechnung der Luftschrauben.

Für die Berechnung der Luftschrauben können zwar wertvolle Aufschlüsse aus den bereits für Schiffsschrauben entwickelten Theorien gewonnen werden; eine umfassende Theorie der Erscheinungen und damit eine befriedigende Methode der Berechnung liegt zurzeit auch hier noch nicht vor. Auf Grund der bisherigen Erfahrungen nimmt man an, daß die Schraube einen annähernd zylindrischen Strom zurückwirft, dessen Reaktion den Vortrieb liefert. Durch die Rotation der Schraube wird dieser Rückstrom verdreht. Die Verdrehung läßt sich durch eine hinter einem Ventilator angebrachte Windfahne leicht zeigen. Die Windfahne nimmt die in der Figur 77 angedeutete Gestalt an. Die Form der Schraubenflügel hat sich nun dem sich frei ausbildenden Vorstrom und dem verwundenen Rückstrom möglichst anzupassen (Fig. 78).

Wir entnehmen einen Ansatz zu einer Berechnung von Luftschrauben einer Arbeit von Dr. ing. Bendemann. Nachdem Bendemann zuerst darauf hingewiesen hat, daß zum vollen

Erfassen der physikalischen Vorgänge beim Fluge eines Apparates durch die Luft nicht allein die unmittelbare Umgebung des Flugzeuges ins Auge gefaßt werden dürfe, sondern die Betrachtungen bis an die Grenzen der Atmosphäre auszudehnen seien, führt er aus, daß indessen doch auch aus der Betrachtung der von den Flugapparaten unmittelbar in Bewegung gesetzten Luftmasse wichtige Ansätze abgeleitet werden können. Wir wollen im folgenden den eigenen Worten des Herrn Dr. Bendemann folgen.[1]

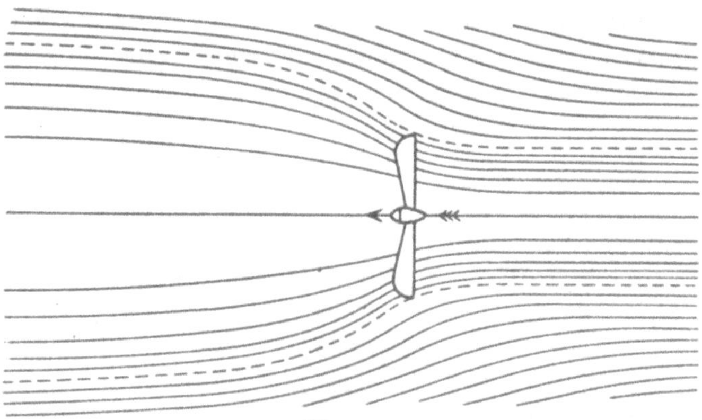

Fig. 78.
Strömung in der Umgebung einer Vortriebsschraube. Die punktierte Linie begrenzt die mit der Schraube in unmittelbare Berührung kommenden Luftmassen. Der Abstrom hinter der Schraube ist gewunden.

Wird in jeder Sekunde ein Luftvolumen Q von der spezifischen Masse $\mu = \frac{\gamma}{g}$ um eine Geschwindigkeit v beschleunigt, so ist der Rückstoß = der Geschwindigkeitsgröße : Masse × Geschwindigkeit; $P = \mu Q v$; dabei ist die sekundlich verbrauchte Arbeit gleich der erzeugten lebendigen Kraft:

$$L = \mu Q \frac{v^2}{2} \tag{95}$$

Der erzielte Rückstoß verhält sich zur notwendigen Leistung also wie

$$\frac{P}{L} = \frac{2}{v} \tag{96}$$

[1] Aus: Dr. ing. Bendemann, Der heutige Stand der Flugtechnik in Theorie und Praxis. Zeitschrift des Vereins Deutscher Ingenieure. 1910, S. 790 und 791.

d. h. zur Erzeugung einer bestimmten Kraft durch gleichförmige Beschleunigung von Luftmassen kommt man stets mit um so geringerer Leistung aus, je geringer die erteilte Geschwindigkeit, je größer aber anderseits die bearbeitete Luftmasse ist.

Man hat vielfach versucht, diesen wichtigen Ansatz zu einer allgemeinen Theorie der Drachenwirkung auszubauen, wobei das gehobene Gewicht offenbar durch den Rückstoß der senkrechten Komponente der von den Flügeln nach unten abgelenkten Luftmasse getragen werden muß. Es gelingt aber nicht, die bearbeitete Luftmasse rechnerisch zu erfassen, da sie ja im Grunde unbegrenzt ist und von keiner gleichförmigen Geschwindigkeit die Rede sein kann.

Weiter als bei Drachenflächen ist bei Luftschrauben der obige Ansatz durchzuführen, nach einer im wesentlichen zuerst von Prof. S. Finsterwalder angegebenen Ableitung (1906 in bisher unveröffentlichten Mitteilungen). Hier kann nämlich die beschleunigte Luftmasse tatsächlich einen geschlossenen Strahl bilden, dem man eine in allen Teile gleiche und parallele Geschwindigkeit beimessen kann. Das stellt zugleich den günstigsten Fall einer Schraube dar. Denn wenn die Geschwindigkeit v an irgend einem Punkte größer ist als im Durchschnitt, so wird hier die verzehrte Arbeit nach obigem offenbar schlechter ausgenutzt, und der Verlust kann nicht an den Stellen mit niedrigerem v ausgeglichen werden. Für den Arbeitsverbrauch ist nämlich Σv^2, für den Rückstoß aber Σv der einzelnen Teile maßgebend. Bei konstantem Σv^2 ist aber Σv dann am größten, wenn alle v gleich groß sind.

Steht die Schraube gegenüber der umgebenden Luft still (was nur in Sonderfällen zutrifft), so ist demgemäß in obigen Gleichungen $Q = Fv$ zu setzen, wenn F den Querschnitt des Strahles bedeutet:

$$P = \mu F v^2; \quad L = {}^1/_2\, \mu F v^3 \tag{97}$$

Durch Elimination von v ergibt sich dann eine direkte Beziehung der größten erzielbaren Axialkraft Py zur aufgewandten Leistung:

$$P^3 = 4\, \mu F L^2 \tag{98}$$

Hierin ist aber der Strahlquerschnitt F nicht der von den Flügelspitzen der Schraube umschriebenen Kreisfläche F_1 gleichzusetzen. Betrachtet man nämlich den Reaktionsstrahl als einen gegen den Widerstand P fortgeschobenen Körper, so sieht man, daß auch die Bedingung $L = Pw$ erfüllt sein muß, in der w die Geschwindigkeit bedeutet, mit der die Luft durch den Schraubenkreis strömt. Man hat also: $L = Pw = \frac{\mu}{2} Fv^3$, worin $P = \mu Fv^2$. w ist also von v verschieden, nämlich $w = \frac{v}{2}$. In der Schraube erreicht die Luft demnach nur die Hälfte ihrer schließlichen Geschwindigkeit; sie beschleunigt sich vermöge des ihr erteilten Überdruckes noch weiter, wobei sich der Strahlquerschnitt von der Größe F_1 auf F einschnürt. Es ist $Q = Fv = F_1 w$, woraus mit $w = \frac{v}{2}$ folgt:

$$F = \frac{F_1}{2}. \tag{99}$$

Durch F_1 ausgedrückt wird, nun die höchste erzielbare Axialkraft

$$P = \sqrt[3]{2 \mu F_1 L^2}; \tag{100}$$

schreibt man dafür

$$P = L \sqrt{2 \mu \frac{F_1}{P}}, \tag{101}$$

so sieht man, daß P bei gleichem L um so höher werden kann, je größer F_1, oder je kleiner die Einheitsbelastung $\frac{P}{F_1}$ der Schraubenkreisfläche gewählt ist.

Ist in einem bestimmten Falle P_1 die wirklich gemessene Axialkraft einer Schraube am Festpunkt, so bildet das Verhältnis $\zeta = \frac{P_1}{P}$ eine Wertziffer, die ähnlich dem „Gütegrad“ bei Wärmekraftmaschinen die wirkliche Kraftleistung in Vergleich setzt mit der höchsten, die beim gleichen Prozeß theoretisch erzielt werden könnte, d. h. hier also bei gleicher Einheitsbelastung der Fläche. Sie gibt also ein Vergleichsmaß für die Güte der Flächenausnutzung, nicht aber, wie man leicht meint, für die Höhe der Kraftausnutzung an sich. Eine flache Schraube mit geringer Flächenbelastung kann bei niedrigem Gütegrad doch eine höhere Axialkraft auf 1 P.S. geben, als eine steilere, stärker belastete mit besserem Gütegrad.

Hat die Schraube eine fortschreitende Geschwindigkeit V in Richtung der Achse und ist v wieder die absolute Rückflußgeschwindigkeit der Luft in bezug auf die ruhend gedachte Luft der Umgebung, so gilt auch hier

$$P = \mu Q v \tag{102}$$

Außer der auf Beschleunigung der Luft verwandten Arbeit $\mu\, Q \frac{v^2}{2}$ muß nun aber noch die Nutzarbeit $P\, V$ geleistet werden Es ist also mindestens zu leisten:

$$L = P\, V + {}^1\!/_2\, \mu\, Q\, v^2 \tag{103}$$

und daraus ergibt sich der höchst mögliche Wirkungsgrad

$$\eta_{\max} = \frac{P V}{L} = \frac{V}{V + \frac{v}{2}} \tag{104}$$

Um ihn für bestimmte Verhältnisse ausrechnen zu können, muß wieder v ausgeschaltet werden. Zunächst gilt auch hier noch $L = P w$, wenn w jetzt die relative Durchtrittsgeschwindigkeit der Luft durch die Schraube bedeutet. Sie findet sich durch Verbindung dieser Gleichung mit den obigen Ausdrücken für L und P zu

$$w = V + \frac{v}{2} \tag{105}$$

Die sekundliche Luftmenge ist nun

$$Q = F_1\, w = F_1 \left(V + \frac{v}{2} \right) \tag{106}$$

Damit wird

$$P = \mu\, F_1 \left(V + \frac{v}{2} \right) v \tag{107}$$

woraus

$$v = V \left(\sqrt{2\, \varphi + 1} - 1 \right) \tag{108}$$

wenn zur Abkürzung die Größe $\frac{P}{\mu\, F_1\, V^2} = \varphi$ gesetzt wird.

Mit diesem Werte von v wird nun

$$\eta_{\max} = \frac{2}{1 + \sqrt{2\, \psi + 1}} \tag{109}$$

Ist $\eta_1 = \frac{P_1\, V}{L}$ der in einem bestimmten Falle wirklich beobachtete Wirkungsgrad, so ist der dem obigen entsprechende Gütegrad

$$\zeta = \frac{\eta_1}{\eta_{\max}} = \frac{\eta_1}{2} \left(1 + \sqrt{2\, \varphi + 1} \right) \text{ [1]} \tag{110}$$

[1] Diese Formeln sind zuerst in den Bestimmungen über den von Prof. Prandtl auf der ILA veranstalteten Wettbewerb für Treibschrauben angegeben worden. Wochenrundschau der ILA Nr. 3 und 9.

Die Strahlenkontraktion ergibt sich aus obigem, da Q auch $= F(V + v)$ ist, zu

$$\frac{F}{F_1} = \frac{2V + v}{2(V + v)} \tag{111}$$

sie verschwindet bei $v = 0$; dann ist der Strahl zylindrisch; es wird $\eta_{max} = 1$, aber $P = 0$.

Diese einfachen, wenn auch keineswegs ganz nahe liegenden Ansätze geben also immerhin einige Einsicht in den Verlauf der Bewegungsvorgänge in den Schrauben. Über die günstigste Formgebung ist ihnen indessen nur zu entnehmen, daß die Wirkung um so schlechter wird, je höher die Größe $\frac{P}{F}$, die Einheitsbelastung der Schraubenkreisfläche gemacht wird. Die nach obigem anzustrebende gleichförmige Verteilung der Luftgeschwindigkeit über den Schraubenkreis ist voraussichtlich bei reiner Schraubenform zu erreichen, wenn, was nach den sonstigen aerodynamischen Bedingungen allerdings fraglich erscheint, dann auch die Zuströmgeschwindigkeit gleichförmig ausfällt.

Für die Querschnittsform der Schraubenflügel ist wie für die Formgebung von Drachenflächen die Bedingung geringsten Luftwiderstandes in der Bewegungsrichtung bei möglichst hoher, senkrecht dazu gerichteter Seitenkraft maßgebend.[3]

Zehnter Abschnitt.

Die Wirkung der gekrümmten Fläche.

§ 290. Strömungserscheinung an geraden Flächen.

Wir müssen zunächst noch einmal auf die Strömungserscheinungen an geraden Flächen zurückgreifen. Fig. 79 zeigt die Strömung an einer senkrecht beaufschlagten Platte, wie sie nach H. Lamb[1] in der idealen Flüssigkeit zu erwarten wäre. Fig. 80 dagegen die wirklich zu erwartende Strömung nach den von Ahlborn[2] durch Versuche ermittelten Strömungsbildern. Fig. 80 zeigt, daß die

[1] H. Lamb, Hydrodynamics, Cambridge. 1895, S. 93.

[2] Ahlboren, Der Mechanismus des hydrodynamischen Widerstandes. Vgl. auch Jahrbuch der Schiffbautechnischen Gesellschaft 1904 und 1909, sowie Illustrierte Aeronautische Mitteilungen 1904, S. 185.

[3] Interessante Aufschlüsse geben die photo-stereoskopischen Aufnahmen von Prof. O. Flamm. Vgl. Flamm, Die Schiffsschraube und ihre Wirkung auf das Wasser. München 1911.

Strömung auf der Vorderseite dem idealen Vorgange nahekommt. Es tritt zunächst in einer gewissen Entfernung von der Platte eine Teilung des Stromes ein, die man an jedem in schnell strömendes

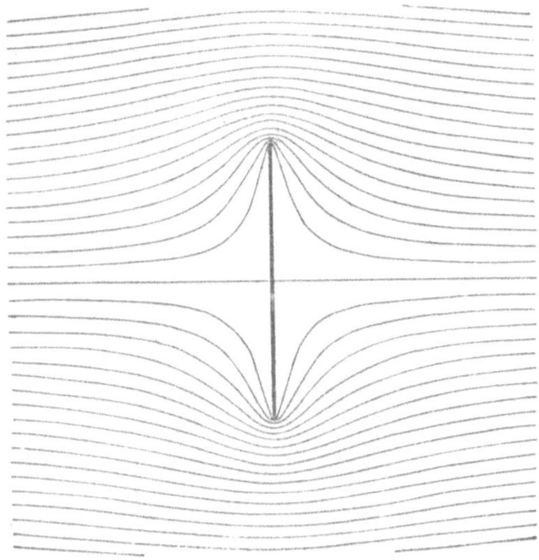

Fig. 79.
Theoretische Strömung an senkrecht beaufschlagter Platte (Nach H. Lamb, Hydrodynamics, Cambridge 1895, S. 93).

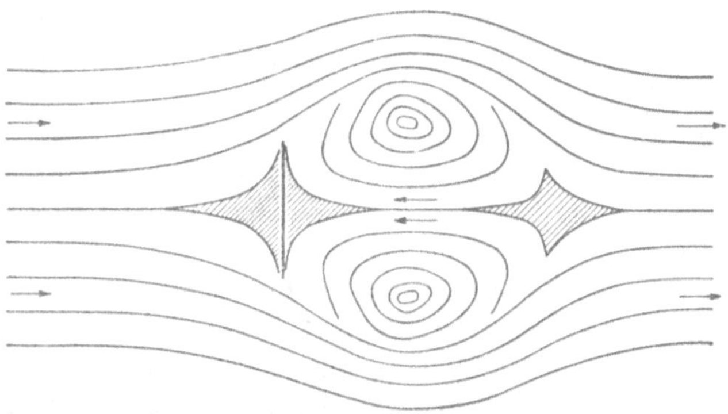

Fig. 80.
Wirkliche Strömung an senkrecht beaufschlagter Platte (aus Bendemann, Z. d. V. D. I. 1910, S. 832).

Wasser gehaltenen Brett oder auch an einem in schnell strömenden Wasser eingerammten Balken beobachten kann. Ein Stauhügel im Sinne Lössls, der von Reibungsflächen konstanter Böschung umgeben ist, kann nach der Prandtlschen Ablösungstheorie nicht entstehen. Die Grenze des schraffierten Staugebietes ist nur als willkürliche Grenze anzusehen, von der ab man die Geschwindigkeiten als sehr klein ansehen kann. In der Mitte ist die Geschwindigkeit der auftreffenden Luftteilchen gleich Null und demgemäß der Druck am größten. Von da findet nach allen Seiten eine Druckabsenkung statt, so daß sich nach den Seiten ein beschleunigtes Abströmen ergibt. An der Kante, wo die Stromfäden wieder zu einer Richtungsänderung gezwungen werden, steigt der Druck an und hier tritt dann auch die Bildung der Unstetigkeitsflächen ein, die sich hinter der Platte im Wirbel auflösen. In das so entstehende Gebiet geringeren Druckes schießt der „Vorstrom' ein, solange die Geschwindigkeit der Platte sich der Schallgeschwindigkeit nicht nähert. Die Strömungsenergie des Vorstromes erzeugt beim Abbiegen an der Rückseite eine kleinere Stauung, wobei aber der Druck überall erheblich unter dem hydrostatischem Druck zurückbleibt. Der Vorstrom, bei dem das Wasser mit größerer Geschwindigkeit als das Schiff selbst vorschießt, ist eine bei Schiffen bekannte Erscheinung. Man kann ihn auch in einem schnell fahrenden Gefährt, z. B. Automobil, beobachten, wenn der Wagen vorne durch eine Glaswand geschützt und hinten offen ist. Die Geschwindigkeit der von rückwärts während der Fahrt zuströmenden Luft läßt sich mit Hilfe eines Anemometers feststellen. Bei Eisenbahnzügen erreicht dieser Vorstrom eine erhebliche Stärke. So mußte z. B. bei einer Wettfahrt in Amerika der hinter dem Eisenbahnzug fahrende Radfahrer gegen Ende der Wettfahrt auf die Plattform des letzten Wagens gehoben werden, da ihm ein Anhalten in dem Vorstrom nicht möglich gewesen wäre. Lanchester ist es auch gelungen, den Vorstrom an einem im Rauchstrom befindlichen Zylinder photographisch nachzuweisen.

Für die schräg getroffene Platte ergibt sich das Bild der Figur 81. Es liegt nun der Gedanke nahe, die zur Ablenkung des Luftstromes dienende Fläche so zu biegen, daß sowohl das Einströmen als auch das Abströmen der Luft glatt erfolgt, also etwa so, daß die schraffierten Flächen völlig verschwinden. Das würde zu einem Strömungsbild nach Figur 82 führen mit tangentialer Einströmung. Auf Grund der von Lanchester und anderen angenommenen Kreisströmung, die infolge des Vorstromes um die Fläche entstehen soll, kommt Bendemann[1] zu der Ansicht, daß die

[1] Bendemann, Der heutige Stand der Flugtechnik in Theorie und Praxis. Zeitschrift des Vereins Deutscher Ingenieure 1910, S. 856.

Luft durch die vorn aufsteigende Kreisströmung der Fläche schräg von unten zuströmt. Falls dies zutrifft, würde die in Figur 83 von Bendemann als richtige Vorstellung bezeichnete Strömungsform den Verhältnissen in der Tat entsprechen und die von vielen für die Aeroplanfläche verlangte vorn niedergebeugte Kante hätte ihre Berechtigung.

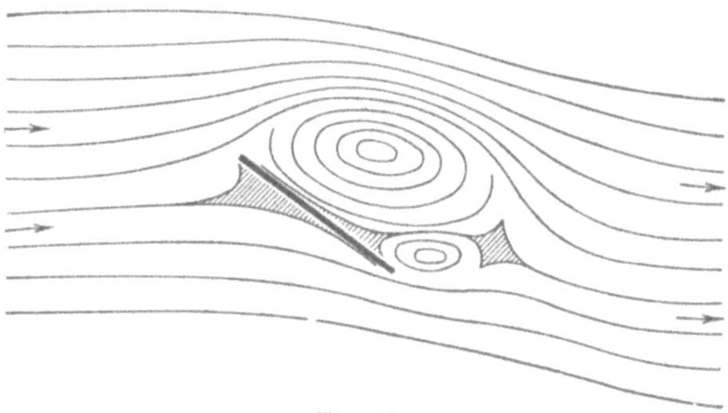

Fig. 81.
Wirkliche Strömung an Schrägplatte bei Angriffswinkeln bis herab zu 40° (aus Bendemann, Z. d. V. D. I. 1910, S. 854).

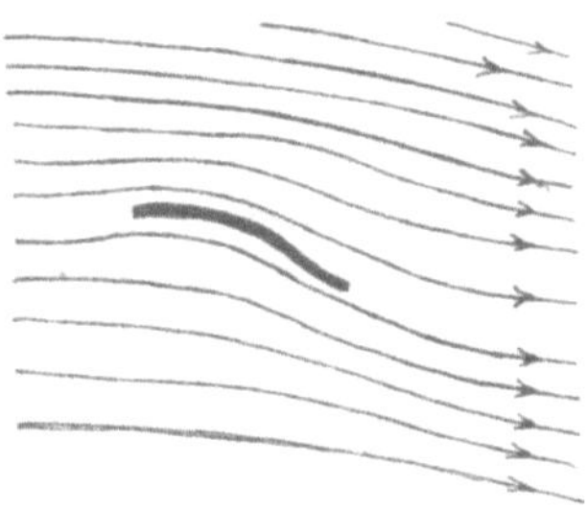

Fig. 82.

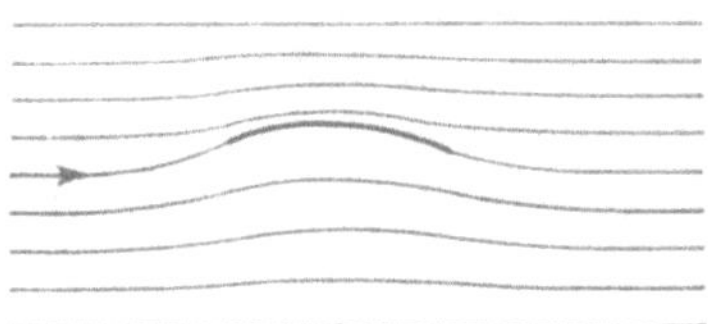

Fig. 83.
Strömung am gewölbten Flügel (nach Bendemann, Z. d. V. D. I. 1910, S. 856).

§ 291. Lilienthals Beobachtung.

Lilienthal[1] beobachtete, daß eine flügelförmig gewölbte Fläche mit der Höhlung nach oben „so schwer zu tragen war, als ob sie mit Sand gefüllt wäre“, auch wenn sie im Winde horizontal getragen wurde. Dagegen stellte er fest, daß die im Winde horizontal mit der Höhlung nach unten getragene Fläche eine auftreibende Wirkung hatte; der Wind half nicht nur gewissermaßen tragen,

[1] O. Lilienthal, Der Vogelflug. 1910, S. 115 u. 117.

sondern die Fläche mußte auch gegen den Auftrieb niedergehalten werden. Durch Pendelversuche mit gekrümmten Flächen fand er seine Ansicht bestätigt.

§ 292. Die Kuttasche Kreisströmung.

M. Kutta stellte durch Lilienthals Beobachtungen die Gleichungen für eine Strömung auf, die eine rechteckige, quer zur Langseite schwach zylindrisch gebogene lange, und schmale Platte hervorruft, wenn sie in horizontaler Richtung parallel zur Sehne des gebogenen Querschnittes durch die Luft bewegt wird. Er fand, daß dabei keine Unstetigkeit auftritt und dementsprechend auch kein dauernder Arbeitsaufwand für die Bewegung nötig wäre. Trotzdem bestätigte sich bei seinen Untersuchungen die Annahme eines Auftriebes, wobei auch die errechnete Größe des Auftriebes mit dem Experiment wohl im Einklang stand. Die Annahme einer auftreibenden Kraft steht im vorliegenden Falle mit der Kirchhoffschen Theorie im Widerspruch, die bei gleichförmiger, kontinuierlicher Bewegung das Auftreten eines Widerstandes verneint. Kutta und später Lanchester suchen diese Unstimmigkeit damit zu beseitigen, daß sie entgegen Kirchhoff annehmen, daß der Raum durch eine zur Bewegungsrichtung sehr ausgedehnte Platte nicht mehr als zusammenhängend anzunehmen ist, sondern so unterteilt wird, daß er, mathematisch gesprochen, als zweifach zusammenhängend angesehen werden kann. Die theoretische Betrachtung ergibt für diese Annahme einen viel natürlicheren Verlauf, der den Querschnitt des Körpers umkreisenden Luftströme, wobei ein Umfließen des Längsschnittes ausgeschlossen erscheint.

Nach einem von Joukovsky ausgesprochenen Satze ergeben solche kreisende Bewegungen im Zusammenhang mit einer fortschreitenden stets Auftriebswirkungen senkrecht zur Richtung des Fortschreitens. Auf der Oberseite der Platte wird die Strömungsgeschwindigkeit durch die Kreisströmung vermehrt, was einer Druckverminderung gleichkommt, während auf der Unterseite eine Verminderung der Strömungsgeschwindigkeit zu Druckerhöhung führt. Aus den so entstehenden Druckunterschieden auf der Ober- und Unterseite würde sich schließlich ein Auftrieb ergeben. Der Auftrieb steht senkrecht zur Bewegungsrichtung, folglich wäre die bei der Bewegung geleistete Arbeit gleich Null. Die Kreisströmung bildet gewissermaßen einen Wirbel, dessen Achse sich in der Längsrichtung des Körpers (also quer zur Bewegungsrichtung) erstreckt, sich über den Bereich der Platte bogenförmig nach rückwärts fortsetzt und in einer idealen Flüssigkeit den Erdboden in zwei Punkten erreichen müßte. In einer idealen Flüssigkeit könnte, wie wir bereits erläuterten, ein solcher Wirbel weder erzeugt, noch, wenn vorhanden, zerstört werden. Wir haben es aber praktisch nicht mit idealen Flüssigkeiten zu tun; folglich müßte sowohl zur Erzeugung dieses Wirbels als auch zu seiner Erhaltung eine, wenn auch geringe, Energie aufgewendet werden.

§ 293. Praktische Regel von Finsterwalder.

Finsterwalder[1], dessen Ausführungen wir hier gefolgt sind, leitet daraus die praktische Regel für die Ausführung der Tragflächen ab, vor allem Hindernisse auf der Oberfläche zu vermeiden, während Ecken und Kanten an der Unterseite weniger von Belang sind, ein Vorschlag, der darauf hinausgeht, die durch die beschleunigte Oberströmung entstehende Druckverminderung nicht zu beeinträchtigen.

§ 294. Die Parabelform und ihre Begründung.

Geht man von der Anschauung aus, daß die in die Fläche eintretenden Luftmassenteilchen eine gleichförmige Beschleunigung nach abwärts erhalten sollen, so läßt sich folgende einfache Berechnung ausführen. Ein Luftmassenteilchen, das in A (Fig. 84) ankommt und nach C abgelenkt werden soll, möge sich in horizontaler Richtung gleichförmig und in vertikaler Richtung gleichförmig beschleunigt bewegen. Das Teilchen führt also sozusagen gleichzeitig zwei verschiedene Bewegungen aus, für die wir nach den uns bekannten Geschwindigkeitsgleichungen die Wege in Richtung der x und y-Achse angeben können. Die beiden gleichzeitig zurückgelegten Wege lassen sich somit algebraisch ausdrücken wie folgt:

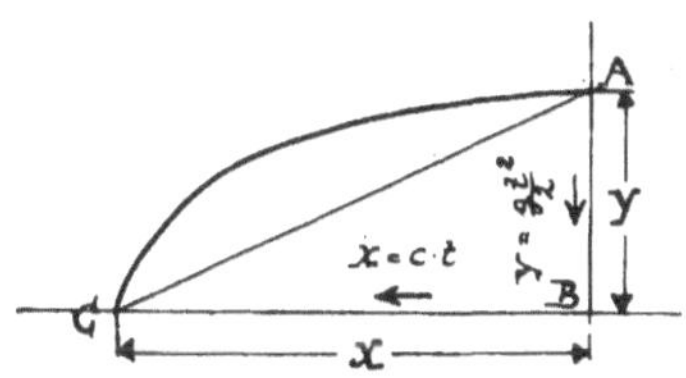

Fig. 84.

$$x = c\,t \quad \text{und} \quad y = \frac{b\,t^2}{2} \tag{112}$$

[1] Finsterwalder, Die Aerodynamik als Grundlage der Luftschiffahrt. Zeitschrift für Flugtechnik und Motorluftschiffahrt. 1910, S. 9.

wobei b die Abwärtsbeschleunigung und t die Zeit, innerhalb der das Teilchen von A nach C gelangt, bedeuten.

Da die Weglängen x und y gleichzeitig zurückgelegt werden, so läßt sich die Zeit t aus der ersten Gleichung berechnen und in die zweite einsetzen. Wir erhalten auf diese Weise die Gleichung $y = \frac{b x^2}{2 c^2} =$ die nach x aufgelöst, sich als Gleichung einer Parabel darstellt:

$$x^2 = 2 \left(\frac{c^2}{b}\right) y \tag{113}$$

Der Klammerausdruck stellt den Parameter der Parabel (Sehne im Brennpunkt) dar.

Auf die durch die Reibung eintretenden Verzögerungen wurde hier nicht Rücksicht genommen; es würde sich aber in dem Fall, daß man die Horizontalbewegung als durch die Reibung verzögert annimmt, ebenfalls eine Parabel, nur anderer Art, ergeben.

Die Anschauungen über die Zweckmäßigkeit der Parabelform sind zurzeit geteilt. Von einzelnen Flugtechnikern, besonders in Frankreich, wird sie bevorzugt, während andere sie direkt verwerfen.

§ 295. Die Form des Vogelflügels.

Wir haben in Fig. 85 die Flügelform eines unserer besten Flieger, der Silbermöve (Larus argentatus), wie sie Lanchester aus Naturaufnahmen gewonnen hat, mit der Form einer Tragrippe eines modernen Wrightapparates zusammengestellt.

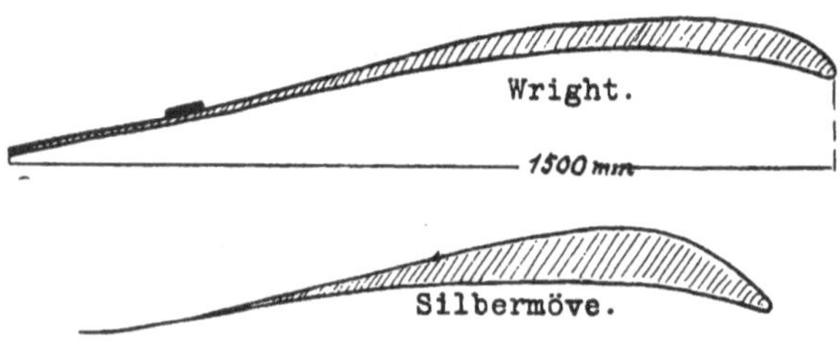

Fig. 85.

Charakteristisch ist in beiden Fällen nicht nur die vorne niedergesenkte Kante, deren theoretische Bedeutung wir bereits besprochen haben, sondern auch der mit schwächerer Neigung einsetzende Rückteil. Die Form des Ausläufers läßt sich damit begründen, daß die abströmende Luft allmählich wieder in die gerade Bahn übergeleitet werden soll, womit Unstetigkeiten in der Strömung vermieden werden. Bemerkenswert ist ferner in beiden Fällen die schwächere Ausführung des Ausläufers, die eine gewisse elastische Durchfederung und damit eine weitere Abnahme der Wölbung gestattet. Es mag damit bei größeren Geschwindigkeitsänderungen oder Windstößen eine gewisse selbsttätige Regulierung der Tragkraft durch Änderung der Wölbung verbunden sein, ähnlich wie bei elastischen Tragflächen, auf deren Wirkung von Sigsfeld und von Parseval zuerst hingewiesen haben. Dafür, daß bei der Ausführung des Wrightfliegers etwas Derartiges beabsichtigt ist, dürfte die Tatsache sprechen, daß die Ausläufer der einzelnen Tragrippen freitragend angeordnet sind.

§ 296. Einwände gegen die niedergesenkte Kante.

Sowohl die Berechtigung der niedergesenkten Kante als auch der allmähliche Auslauf wird in einer von dipl. ing. Dr. Wegner von Dallwitz[1] herausgegebene Abhandlung energisch bekämpft.

Wegner glaubt die Beobachtungen Lilienthals damit erklären und die Theorien von Kutta, Lanchester u. a. damit widerlegen zu können, daß er den Einfluß der Nähe des Erdbodens in Betracht zieht. Er glaubt die von Lilienthal beobachtete Auftriebswirkung bei mit nach unten gerichteter Konkavseite in horizontaler Richtung bewegten Flächen auf Ausgleichströme zurückführen zu können, die nur in der Nähe des Erdbodens entstehen können und erkennt in diesem Sinne die Berechtigung der niedergesenkten Kante nur für Apparate an, die sich unmittelbar über den Erdboden hin bewegen. Da nun die Flugmaschinen, wie Wegner selbst anführt, nicht dafür gebaut werden, daß sie sich nur nahe über dem Erdboden bewegen, so kommt Wegners Ansicht einer Verurteilung der Theorie gleich. Eine Entscheidung nach der einen oder anderen Richtung hin läßt sich bei dem heutigen Stande der Theorie nicht treffen.

§ 297. Andere Bedeutung der niedergesenkten Kante beim Vogelflügel.

Immerhin verdient die Wegnersche Anregung alle Beachtung. Gelänge es, das Lilienthalsche Phänomen auf andere Weise zu erklären als durch die Kuttasche Kreisströmung, so dürfte damit

[1] Dr. Wegner von Dallwitz, Die beste Tragdecksform. Rostock 1910.

die Hauptstütze der niedergesenkten Kante fallen. Denn aus der Tatsache, daß der Vogelflügel diese Form zeigt, kann noch nicht abgeleitet werden, daß die gleiche Form auch für den Drachenflug die zweckmäßigste ist. Sehen wir von der Kreisströmung ab, so könnte die niedergesenkte Vorderkante nach dem bereits wiederholt ausgesprochenen Grundsatz: „Andere Mittel, andere Formen“ für den Vogel doch wohl mehr bedeuten als für den Aeroplan. Der Vogel hat keine Schraube im Rücken, die ihn in horizontaler Richtung durch die Luft treiben kann. Wenn er die Drachenwirkung benützt, wie dies zweifellos beim Flügelaufschlag geschieht, so ist bei der dabei eintretenden Verwindung der Flügel von der niedergesenkten Kante nichts mehr zu erkennen. Geht er aber im Gleitflug nieder oder läßt er sich durch aufsteigende Luftströme tragen, so kommt ihm allerdings die niedergesenkte Kante zugute. Denn in beiden Fällen strömt die Luft relativ zum Vogelkörper mehr oder weniger schräg von unten, so daß ein Einströmen in die Flügelfläche tangential zu der niedergesenkten Kante erfolgen kann. Beim Durcharbeiten der in dieser Hinsicht reichhaltig vorhandenen Literatur kann man aber zu der Anschauung gelangen, daß auch diese Unterschiede in der Bewegung des Vogels und des Motorfliegers noch nicht hinreichend gewürdigt werden.

§ 298. Nachteile der zu starken Senkung der Vorderkante.

Fest steht jedenfalls das eine, daß die zu weit getriebene Absenkung der Vorderkante zu höchst unerwünschten unstabilen Erscheinungen führen kann, eine Tatsache, die Lanchester bei seinen Versuchen ebenfalls bestätigt fand. Modelle mit zu starker Absenkung verhalten sich ganz unberechenbar; sie gleiten eine Strecke tadellos und schießen plötzlich herab wie ein getroffener Vogel.

§ 299. Nachteile des zu weiten Aufbiegens der Rückseite.

Auch ein zu weit getriebenes Aufbiegen des Flügelauslaufes kann, wie Wegner richtig bemerkt, einen gegenteiligen Erfolg zeitigen. Es kann damit erreicht werden, daß man einen unnötigen Widerstand in die Bewegung einschaltet, anstatt den durch mögliche Unstetigkeiten in der Strömungsbewegung entstehenden Widerstand zu beseitigen.

§ 300. Theorie und Versuch.

Wir haben nun versucht, klarzulegen, wie weit die Theorie bis heute über die wesentlichen Vorgänge Aufschlüsse zu geben vermag. Die Aufschlüsse, die aus den vorliegenden theoretischen Anschauungen gewonnen werden können, sind wertvoll genug, als daß man sie außer Acht lassen könnte. Andererseits kann auch nicht verschwiegen werden, daß der Praktiker bei dem derzeitigen Stande der Wissenschaft in der Hauptsache auf den praktischen Versuch angewiesen ist. Aber auch der Versuch kann nur fruchtbare Ergebnisse zeitigen, wenn er planmäßig und zielbewußt angestellt wird. Und dazu dürfte die, wenn auch heute noch unvollkommene Theorie immerhin einen wertvollen Leitfaden bieten.

Elfter Abschnitt.

Versuche und Versuchsmöglichkeiten.

§ 301. Einfluß der Luftunruhe.

Die wesentlichste Rolle bei den Versuchen spielt der Zustand der Luft. Tage mit absoluter Windstille sind selten. Die natürlichen Luftströmungen, die Winde, sind aber stets voll innerer Unruhe. Aus diesem Grunde erweisen sich die im natürlichen Winde gewonnenen Widerstandsziffern stets größer als die in ruhender Luft ermittelten.

§ 302. Fallversuche.

Fallversuche, die in einem geschlossenen Raum oder auch an ganz windstillen Tagen im Freien vorgenommen werden, können, wie Eiffel zeigte, gute Resultate zeitigen. Bei diesen Versuchen wird der zu prüfende Körper (meist eine Platte) mit einem anderen schweren Körper von verhältnismäßig geringem Widerstand verbunden, der zugleich die Meßeinrichtung trägt. Der Luftdruck wird durch die Zusammendrückung einer Feder gemessen, die durch einen Schreibstift auf einer mit bestimmter Geschwindigkeit umlaufenden Trommel aufgezeichnet wird. Eingehende Betrachtungen über die Fehlerquellen dieser Fallversuche hat Schüle in der Zeitschrift des

Vereins Deutscher Ingenieure 1910, Seite 13 usf., angestellt. Wir müssen uns hier begnügen, auf diese Arbeit sowie auf die Originalarbeit von Eiffel hinzuweisen.[1]

§ 303. Pendelversuche.

Pendelversuche, bei denen die Versuchskörper an einem hin und her schwingenden Pendel angebracht sind, geben nach zwei Richtungen hin zu Bedenken Veranlassung. Einmal bewegt sich das Pendel fortwährend im Kielwasser des vorhergehenden Durchganges, also in einer gegenläufigen Luftströmung, das andere Mal aber hat man es hier mit einer abwechselnd beschleunigten und abwechselnd verzögerten Bewegung der Natur des Pendels entsprechend zu tun. Insofern es sich um die dabei auftretenden Beschleunigungen handelt, haben die Versuche eine gewisse Ähnlichkeit mit Schlagwirkungen. In diesem Sinne erweisen sich die so gewonnenen Werte als meist zu groß.[2]

§ 304. Rundlaufversuche.

Rundlaufversuche können ebenfalls durch störende Erscheinungen unzuverlässige Werte ergeben. Der Versuchskörper ist bei diesen Versuchseinrichtungen an einem Göpel (Rundlaufapparat) befestigt, der sich mit ihm im Kreise herumbewegt. Der Versuchskörper wird immer wieder von neuem durch die eben aufgerührte Luft hindurchgeführt; dazu tritt eine der Arbeit von Ventilatorflügeln ähnliche Pumpwirkung. Bei einiger Versuchsdauer tritt eine vollkommene Kreisströmung ein, die die Resultate wesentlich beeinflußt. Die Verhältnisse bei Rundlaufversuchen hat R. Knoller in einem Aufsatz „Gesetze des Luftwiderstandes" in der „Flug- und Motortechnik" 1909 Nr. 21 und 22 eingehend erläutert. Im allgemeinen sind bei Rundlaufversuchen nur für verhältnismäßig kleine Versuchskörper gute Resultate zu erwarten.

§ 305. Strömungsversuche.

Strömungsversuche, bei denen die Strömungslinien durch eingestreute Fremdkörper (Ahlborn), farbige Flüssigkeitsstrahlen (Hele Shaw) oder Rauchstrahlen (Wellner, Lanchester u. a.)

---

[1] Recherches expérimentales sur la résistance de l'air, executées a la tour Eiffel, par G. Eiffel. Paris 1907.

[2] A. Frank, Zeitschrift des Vereins Deutscher Ingenieure. 1906, S. 593 und 1908, S. 1522. Siehe auch Lilienthal, Der Vogelflug.

sichtbar gemacht werden, können zu Trugschlüssen führen, wenn die Strömungsgeschwindigkeiten sehr klein sind, wie dies bei Rauchstrahlen in der Regel der Fall ist. Sie können aber auch wertvolle Bestätigungen geben, wie die von Prandtl ausgeführten Momentbilder der an scharfen Kanten vorbeiströmenden Wasseroberfläche, die wir hier mit gütiger Erlaubnis des Herrn Prandtl reproduzieren. Die Prandtlschen Stömungsbilder können als eine gute Bestätigung der Helmholtzschen Aussage über das Verhalten der Unstetigkeitsflächen gelten. Helmholtz sagt:

Fig. 86.
Wellenbild eines Seedampfers vom Ballon aus aufgenommen.

„Eine ebene Fläche dieser Art, gleichmäßig mit parallelen geraden Wirbelfäden bedeckt, von unendlicher Ausdehnung könnte bestehen; wo aber die geringste Ausbiegung erst einmal eingetreten ist, rollt sie sich in immer enger sich zusammenziehende Spiralwindungen auf, welche immer weiter greifende Teile der Fläche in ihren Wirbel hineinziehen.“[1]

Bild 5 und 6 der Prandtlschen Strömungslinien ist namentlich bemerkenswert im Hinblick auf das, was wir über die niedergesenkte Kante der Aeroplantragfläche ausgeführt haben.[2]

Sehr schöne Rauchbilder enthält auch das bereits erwähnte Buch von Professor G. Wellner, Die Flugmaschinen.

[1] von Helmholtz, Tonempfindungen. Beilage VII, Bd. II.
[2] Siehe Tafel im Anhang.

Als gute Illustration zu der Wirkung der Schlagbewegung führen wir hier noch das von Professor Hergesell aus dem Ballon aufgenommene Bild eines Bodenseedampfers an. Die Wirbelsäulen, die durch die Schlagwirkung der Räder zu beiden Seiten des Dampfers entstehen, sind auf dem Bilde gut erkennbar (Fig. 86).

§ 306. Versuche im natürlichen Wind.

Versuche im natürlichen Wind sind zuerst von Lilienthal im ausgedehntesten Maße, dann von Chanute, Pilcher, Wright und neuerdings auch von Bendemann ausgeführt worden. Sie dürften zweifellos die richtigste Methode darstellen; nur ist ihre Durchführung nicht ungefährlich, wie das traurige Schicksal von Lilienthal und Pilcher zeigte. Außerdem sind sie sehr kostspielig, sobald sie sich nicht auf die Untersuchung eines Apparates beschränken und in ausgedehnterer Weise durchgeführt werden. Am zweckmäßigsten dürften für die Durchführung von Versuchen mit ausgeführten Apparaten im freien Winde, die von Bendemann[1] getroffenen Anordnungen sein (Fig. 87—89).

Zu den Versuchen im freien Winde zählt auch die Erprobung von fertigen Apparaten, auf die wir nach Erläuterung der erfolgreichsten Konstruktionen zu sprechen kommen.

§ 307. Modellversuche.

Modellversuche mit in kleinem Maßstabe hergestellten Modellen haben im Schiffbau gute Dienste geleistet. Auch die Aeronautik beschreitet diesen Weg mit Erfolg, z. B. in der Göttinger Versuchsanstalt. Nur dürfen die Beobachtungen an Modellen nicht ohne weiteres auf die Abmessungen der Ausführung übertragen werden, da sich ebensowohl bei Bewegung in Wasser wie in Luft besonders die Oberflächenreibung (von Froude skin friction genannt) einer genau zutreffenden Ähnlichkeitsregel nicht fügt. Man ist infolgedessen gezwungen, ähnlich wie dies im Schiffbau durch Froude und Schütte mit Erfolg bereits durchgeführt wurde, auf Grund von besonderen Versuchen und Vergleichen mit ausgeführten Formen Umrechnungsregeln zu finden, also auch für die Aeronautik eine „Theorie der Modelle“ zu schaffen.

---

[1] Bendemann, Zeitschr. d. Vereins Deutscher Ingenieure. 1910, S. 890.

Fig. 87.
Messungen des Luftwiderstandes an einem Gleitflieger im freien Wind von Bendemann (Z. d. V. D. I. 1910, S. 890).

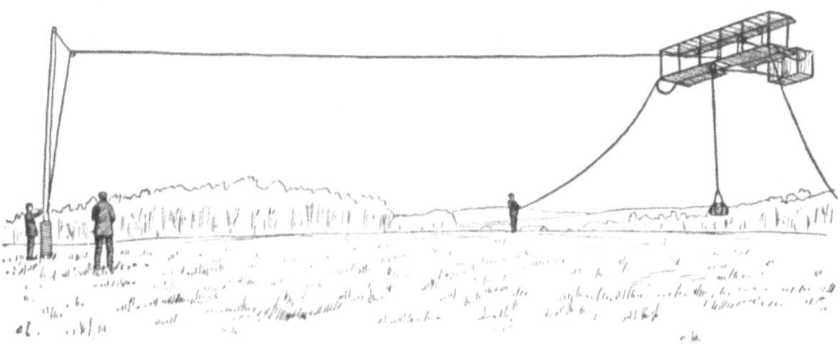

Fig. 88.
Messungen im freien Wind von Bendemann.

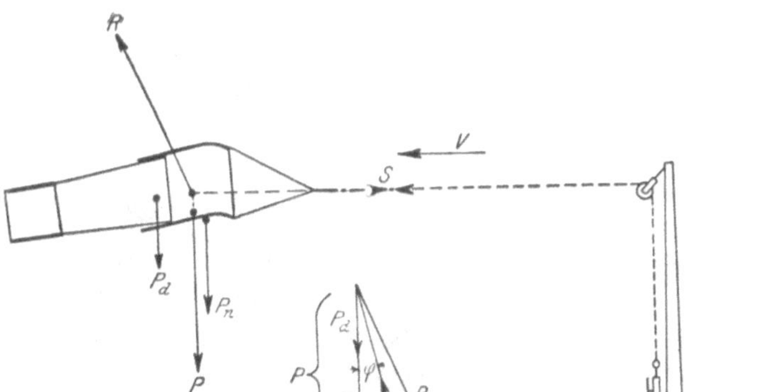

Fig. 89.
Versuchsanordnung und Kräfteplan. S = Luftwiderstand; P_n = Nutzlast; P und P_d = Gewichte des Flugzeugs.

§ 308. Modellregeln.

Den verschiedenen Modellregeln liegt der Gedanke zugrunde, daß zwei geometrische Systeme sich auch mechanisch ähnlich verhalten, wenn die auftretenden Kräfte bei beiden Systemen in jedem Augenblick in demselben Zahlenverhältnis zueinander stehen. In diesem Falle gilt das gleiche von den Beschleunigungen, weshalb sich bei entsprechenden Anfangsbedingungen geometrisch ähnliche Bewegungen einstellen müssen. Unter der mechanischen Ähnlichkeit ist somit zu verstehen, daß in entsprechenden Zeiten geometrisch ähnliche Bewegungen ausgeführt werden. So ergibt sich z. B. in bezug auf die Massen, falls Original und Modell sich in der gleichen Flüssigkeit bewegen, die folgende Vergleichsziffer:

$$\mu = \lambda^3 \tag{114}$$

wobei λ das Verhältnis der Längen zwischen Original und Modell bedeutet.

§ 309. Unterschied zwischen Luft- und Wasserfahrzeugen.

Die von Froude aufgestellten Modellregeln lassen sich für Luftfahrzeuge nicht verwenden. Denn zwischen den Wasserschiffen und den Luftfahrzeugen besteht ein sehr wesentlicher Unterschied. Während die Wasserschiffe (mit Ausnahme der Unterseeboote) sich an der Grenze zweier verschieden dichter Medien (Luft und Wasser) bewegen, ist das Luftfahrzeug gleich dem Unterseeboot von dem gleichen Medium allseitig umgeben. Es fällt somit für Luftfahrzeuge eine für Wasserschiffe sehr wesentliche Widerstandsquelle fort: die Bildung von Oberflächenwellen.

§ 310. Modellregeln für Luftfahrzeuge.

Prandtl[1] kommt bei Betrachtung der veränderten Verhältnisse für den Fall, daß von der Hautreibung abgesehen wird, zu der einfachen Umrechnungsregel: „Die Kräfte verhalten sich wie die Flächen und wie die Quadrate der Geschwindigkeiten, die für die Umrechnung vom Modell auf die große Ausführung bestimmt sind."

Die Regel gilt nur für den Fall, daß von den Wirkungen der Schwere abgesehen werden kann, nach dem Satz, daß im Innern

[1] Prandtl, Die Bedeutung von Modellversuchen für die Luftschiffahrt. Zeitschrift des Vereins Deutscher Ingenieure. 1909, S. 1711.

einer homogenen Flüssigkeit die bewegende Wirkung der Schwere ausgeschaltet werden darf. Bei Untersuchungen von Gleichgewichtsstörungen (Stabilitätsuntersuchungen), die man mit Modellen auch im Freien durchführen kann, wirken aber Schwere und Trägheit zusammen, weshalb hier die Modellregel, daß die „Gewichte sich wie die dritten Potenzen der Längen und die Geschwindigkeiten wie die Wurzeln der Längen verhalten", beachtet werden muß, wenn zuverlässige Ergebnisse erzielt werden sollen.

§ 311. Versuche mit Gleitmodellen.

Auch die Versuche mit kleinen Gleitmodellen, wie sie besonders durch die Firma Antoinette durchgeführt wurden, gehören hierher. Bei diesen wurde ein der späteren Ausführung geometrisch ähnliches Modell eines Flugzeuges von einem Turm unter verschiedenen Abflugwinkeln abgelassen. Man kann bei sorgfältiger Ausführung solcher Versuche immerhin gute Schlüsse auf das spätere Verhalten der Originalausführung ziehen. Auch Ausführungsschwierigkeiten, die entstehen können, lassen sich aus dem Modellversuch zutreffend beurteilen; sie werden ja in der Regel bei der großen Ausführung nicht geringer werden, wenn sie sich schon bei Herstellung eines Modelles zeigen.

§ 312. Wert der Modellversuche.

Modellversuche haben unter allen Umständen den Vorzug in der Aeronautik, daß ihre Anstellung nicht das Opfer von Menschenleben verlangt; sie haben aber auch den weiteren Vorzug, daß mit einem Bruchteil der Mittel, die ein einziger Fehlschlag einer planlos durchgeführten Originalausführung fordert, Resultate zu gewinnen sind, deren Verwertung Fehlschläge vermeiden läßt.

§ 313. Schleppversuche.

Schleppversuche, bei denen das Modell auf einem Wagen befestigt durch die Luft gezogen wird, wie dies mit Schiffsmodellen in Wasser geschieht, eignen sich für aeronautische Zwecke wenig. Es besteht dabei die Gefahr, daß das Resultat durch die Störungen, die der durch die Luft mitfahrende Wagen verursacht, zu sehr beeinträchtigt wird. Für Versuche in Luft hat es sich als zweckmäßiger herausgestellt, das Verhalten der Modelle in einem Luftstrom zu beobachten. Damit sich aber die Resultate einwandfrei vergleichen lassen, muß für einen gleichmäßigen Luftstrom Sorge getragen werden. Wir wollen im folgenden betrachten, wie dies durch Eiffel und Prandtl erreicht wird.

Zwölfter Abschnitt.

Versuchseinrichtungen.

§ 314. Die Versuchseinrichtung von Eiffel.

Eiffel erbaute sich auf dem Champs de Mars bei Paris einen großen Schuppen, der aus drei gegeneinander abgeschlossenen Kammern besteht. In dem eigentlichen Versuchsraum, der Kammer E (Fig. 90), wird ein gleichförmiger Luftstrom erzeugt und zwar durch

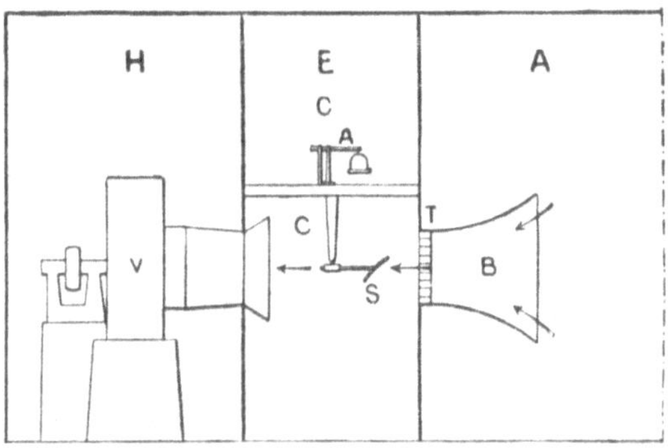

Fig. 90.
Schematische Darstellung der Versuchseinrichtung.

Ansaugen mit Hilfe eines in der Kammer H aufgestellten Ventilators. Die Luft strömt aus der Kammer A in einen Trichter B, der sie dem Gleichrichter T zuführt. Die Wirkung eines solchen Gleichrichters ist uns aus dem täglichen Leben bekannt. Um das Spritzen des ausströmenden Wassers zu vermeiden, pflegt man in Haushaltungen sogenannte Strahlsammler anzuwenden, die auf den Kran aufgesteckt werden. Sie bestehen aus einer Düse, in die ein Drahtnetz eingelegt ist. Das Drahtnetz hat die gleiche Wirkung wie der in der Figur 90 mit T bezeichnete netzförmige Gleichrichter, dessen Gestalt aus den Figuren 91 und 92 zu erkennen ist. Das in der Meßkammer E aufgehängte Modell oder Versuchsstück (Fläche) empfängt direkt den durch den Gleichrichter beruhigten Luftstrom. Die Aufhängung des Modells ist mit einer Wage so verbunden, daß Messungen des Druckes in horizontaler und vertikaler Richtung möglich sind. Die unvermeidlichen Störungen,

Fig. 91.
Versuchseinrichtung von Eiffel. Gleichrichter.

die durch die Aufhängung der Versuchsfläche eintreten, sucht Eiffel dadurch zu beseitigen, daß er die Befestigung an der Rückseite der Fläche, also gewissermaßen im Totwasserbereich, anbringt. Die Art der Befestigung, sowie auch die Anordnung des Beobachtungsraumes zeigt Figur 92.

§ 315. Diagramm für die gekrümmte Platte von Eiffel.

Figur 93 gibt das Diagramm für die Untersuchung einer leicht gekrümmten Fläche von 90 mal 15 cm im Luftstrom von 10 m/sec

Fig. 92.
Versuchseinrichtung von Eiffel.
Oben: Beobachtungsraum. Unten: Versuchsraum.

Geschwindigkeit. Die Kurven zeigen den Druckverlauf für verschiedene Neigungswinkel der Krümmungssehne gegen die Strömungsrichtung. K_i stellt den Gesamtwiderstand dar, während K_x und K_y den Verlauf der Änderung der in horizontaler und vertikaler Richtung gemessenen Teilkräfte angeben. Bei einem Einfallswinkel der strömenden Luft von 15^0 zeigen der Gesamtdruck und der in vertikaler Richtung gemessene Teildruck ihren Höchstwert, während der Horizontaldruck mit wachsendem Winkel annähernd gleichmäßig

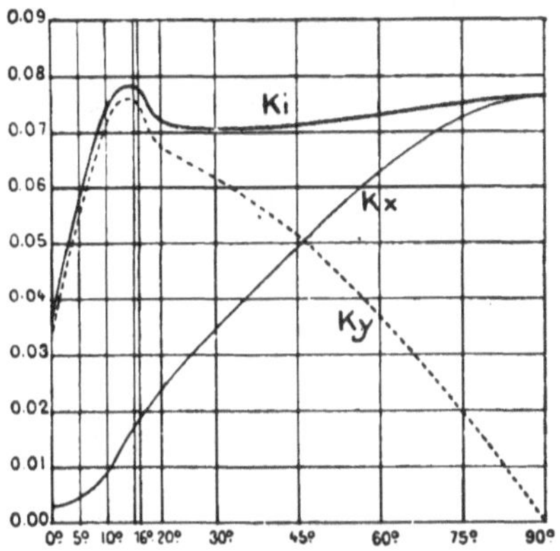

Fig. 93.
Luftwiderstand einer krummen Fläche bei verschiedenen Neigungen nach Eiffel.

ansteigt. Die Kurven sind von besonderem Interesse, da sie das Verhalten der gekrümmten Fläche im Winde erläutern.

Die Figuren sind einem Aufsatz von W. Kruse (Zur guten Stunde, Jahrgang 1910, Heft 25) entnommen.

§ 316. Die Versuchseinrichtungen von Professor Prandtl.

Prandtl erzeugt abweichend von Eiffel mit Hilfe eines eingebauten Ventilators in einer geschlossenen Versuchsstrecke einen Kreisstrom. Störungen im Strom bei der Ablenkung werden durch eingebaute Leitschaufeln vermieden. Die Beruhigung des Luftstromes besorgen zwei Gleichrichter (in Fig. 94a mit G_1 und G_2 bezeichnet) mit größerer und kleinerer Maschenweite. Zur Beseitigung noch verbleibender kleiner Unregelmäßigkeiten ist vor die Gleichrichter noch ein feinmaschiges Sieb gesetzt. Die Wirkung der Gleichrichter geht in anschaulicher Weise aus Figur 95 hervor, die die Änderung der Luftgeschwindigkeit in Prozenten für verschiedene Stellen des Versuchskanales angibt. Es zeigt sich, daß nach Einbau und Ausregulierung der Gleichrichter schon in geringer Entfernung von den Kanalwänden gleichmäßige Strömung eintritt.

Bei Anwendung von vier Wagen kann gemessen werden: durch Wage I die wagrechte Teilkraft des Widerstandes, durch die Mittel-

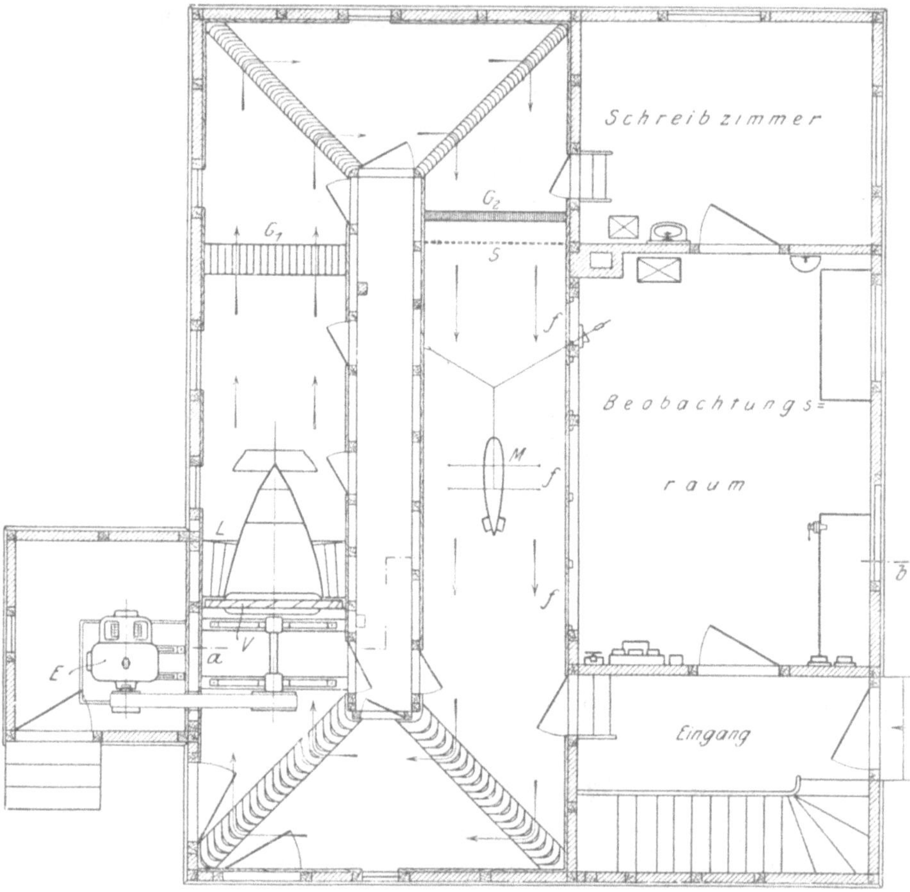

Fig. 94 a.
Grundriß der Göttinger Modellversuchsanstalt (Professor **Prandtl**).

kraft aus den Ablesungen der Wage II und III die senkrechte Teilkraft, während Wage IV noch die Feststellung eines seitlichen Drehmomentes gestattet. Eine ausführliche Beschreibung der Versuchseinrichtungen der Versuchsanstalt in Göttingen hat **Prandtl** selbst in dem Aufsatz: „Die Bedeutung von Modellversuchen für die Luftschiffahrt und Flugtechnik und die Einrichtungen für solche Versuche in Göttingen" gegeben, der in der Zeitschrift des Vereins Deutscher Ingenieure, Band LIII, 1910 in Nr. 42 veröffentlicht wurde. Wir

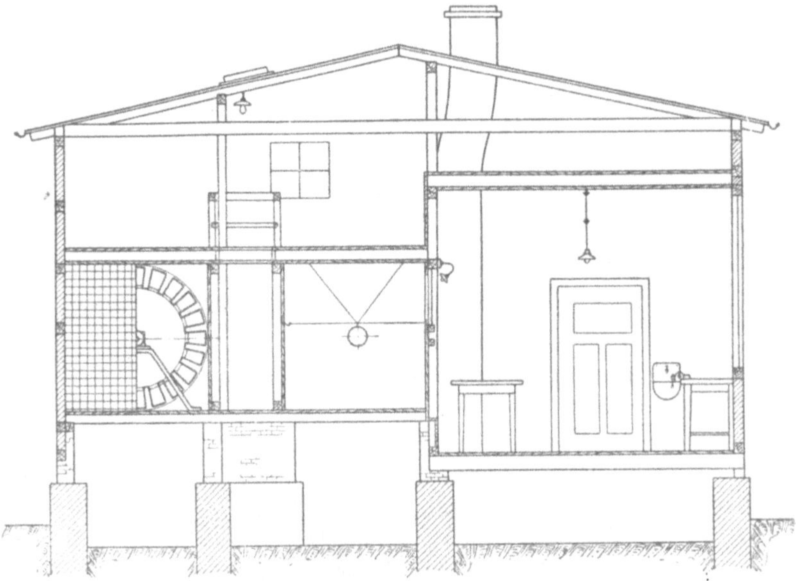

Fig. 94b.
Aufriß der Göttinger Versuchsanstalt.

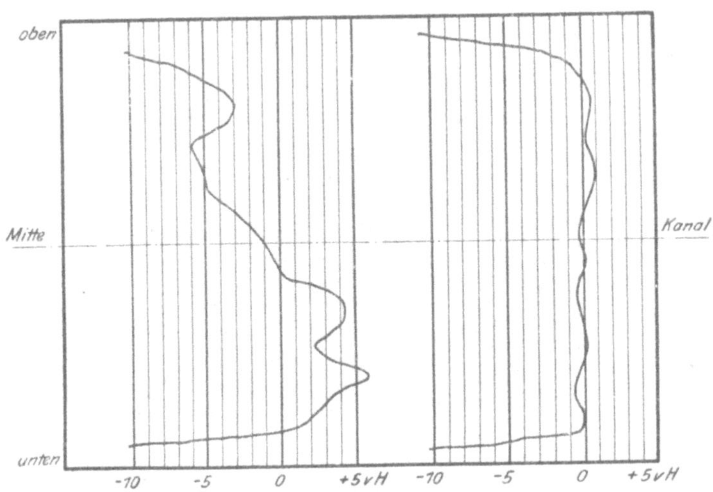

Fig. 95.
Geschwindigkeitsverteilung im Versuchskanal. Links: vor der Ausgleichung durch die Gleichrichter. Rechts: nach der Ausgleichung.

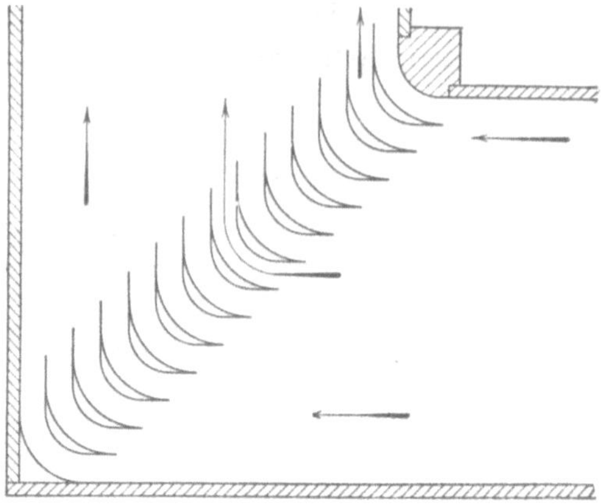

Fig. 96.
Leitschaufeln zum Umlenken des Luftstromes.

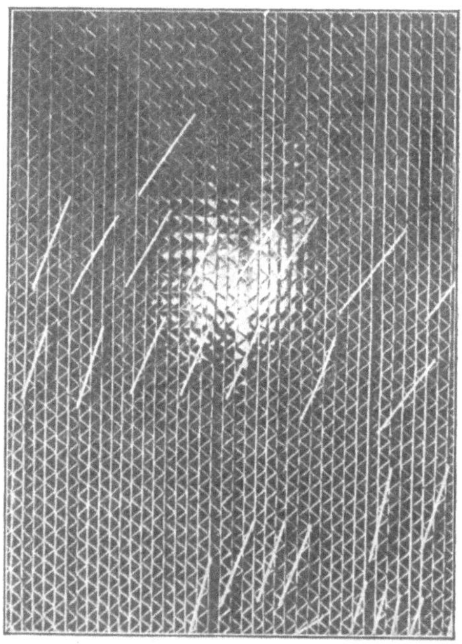

Fig. 97.
Ausschnitt aus dem feinen Gleichrichter. Durch passende Verteilung der in der Figur sichtbaren Drahtbügel kann die Gleichmäßigkeit des Luftstroms weiter gesteigert werden.

haben dieser hochinteressanten Arbeit, auf die wir an dieser Stelle noch besonders hinweisen möchten, die vorstehenden Abbildungen mit Erlaubnis des Verfassers entnommen.

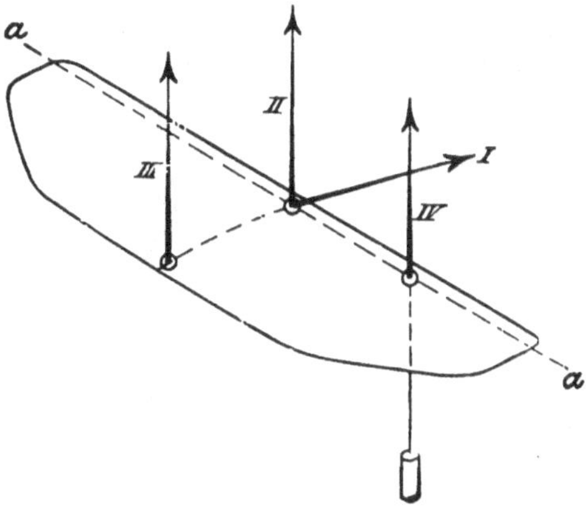

Fig. 98.
Schema der Messung mit vier Wagen. Kraft des Luftstromes: Horizontalkomponente = Anzeige der Wage I; Vertikalkomponente = Mittelkraft aus den Anzeigen der Wagen II und III. Seitliches Drehmoment aus Anzeige der Wage IV.

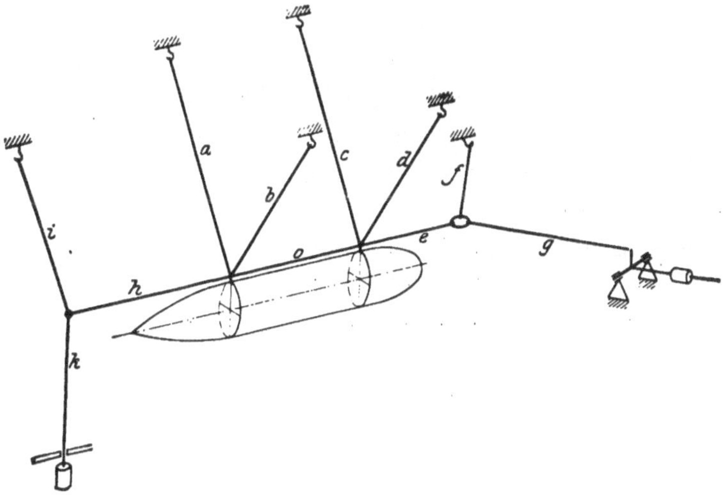

Fig. 99.
Aufhängung eines Ballonmodells für die Messung der Längskraft.

§ 317. Der Propellerprüfwagen von Prandtl.

Die Einrichtungen der Göttinger Versuchsstrecke gestatten natürlich auch kleine Schraubenmodelle zu prüfen. Für die Erprobung von Luftschrauben dürfte aber der bereits von Zeppelin beschrittene Weg der zuverlässigste sein. Zeppelin brachte die Luftschrauben an einem Boot an und maß die erzielte Triebkraft

Fig. 100.
Der Prüfwagen, fahrbereit. Die Meßinstrumente sind um den Führersitz gruppiert.

bei verschiedenen Geschwindigkeiten. Für solche Messungen in freier Luft konstruierte Prandtl einen Propellerprüfungswagen, der auf der Internationalen Luftschiffahrtsausstellung in Frankfurt 1909 im Betriebe zu sehen war. Eine ausführliche Beschreibung des Propellerprüfungswagens gibt Dr. F. Béjeuhr in dem Aufsatz: „Die Prüfanlage für Luftschrauben auf der Ila“ in der Zeitschrift für Flugtechnik und Motorluftschiffahrt 1910, S. 16 und 32. Wir wollen hier auf diese Einrichtung, von deren Vortrefflichkeit wir uns selbst gelegentlich einer Probefahrt überzeugen konnten, nur so weit eingehen als dies zum Verständnis der Anordnung erforderlich ist.

Der Einrichtung liegt der Gedanke zugrunde, die Propeller in einer ihrer späteren Arbeit im Luftfahrzeug entsprechenden Weise zu prüfen. Die Versuchsbedingungen sollen sich soweit wie möglich an die in Wirklichkeit gegebenen Verhältnisse anschließen. Damit wird aber in erster Linie die Forderung ausgesprochen, daß das die Meßeinrichtungen tragende Fahrzeug durch den Propeller selbst bewegt wird. Der zweiachsige Brückenwagen, den Prandtl für

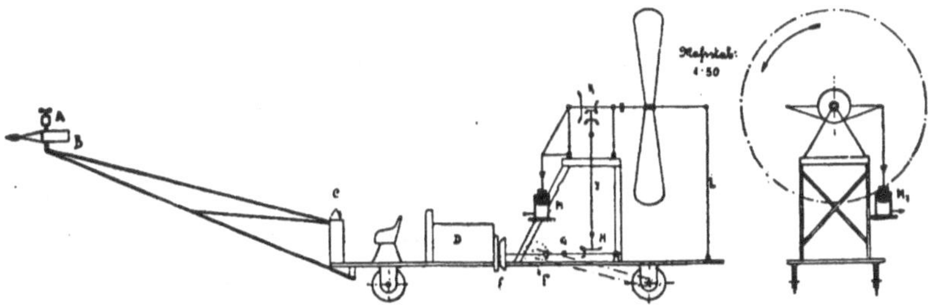

Fig. 101.

A = Schalenkreuz-Anemometer; B = Windfahne; C = Tisch für Frequenzmesser, Tachometer, Manometer; D = Motor und Kühler; E = Reibungskuppelung; F = Reibungsgetriebe für den direkten Rückwärtsgang des Wagens; G = Klauenkuppelung für den Propeller; H = fester Kegeltrieb unten; I = Cardanwelle; K = oberes bewegliches Kegelgetriebe; L = besonderes, bewegliches, drittes Lager für große Propeller; M_1 = Meßzylinder für den Schub; M_2 = Meßzylinder für das Drehmoment des Propellers. Im Seitenriß bedeuten die Pfeile die Drehrichtung des Propellers und die durch denselben erzeugte Reaktion seines Drehmomentes.

seine Konstruktion wählte, trägt dementsprechend ein Gestell, auf dem die horizontale Propellerwelle so gelagert ist, daß der Propeller gleichzeitig als Antrieb dienen kann. Eine geeignete Kupplung gestattet eine bequeme Auswechslung der Propeller.

Die Wahl eines auf Schienen laufenden Wagens, also eines auf einer festen gegebenen Bahn laufenden Fahrzeuges, entspricht nicht den günstigsten Versuchsbedingungen. Durch die feste Bahn wird eine unbequeme Abhängigkeit von den gegebenen Windverhältnissen, das heißt von der augenblicklichen Windrichtung, geschaffen, die sich vermeiden läßt, wenn die Versuchseinrichtung auf einem Boot angebracht wird, das ja jederzeit gegen den Wind gerichtet werden kann. Nachdem aber die örtlichen Verhältnisse der Ausstellung diese Lösung nicht zuließen, mußte der Schienenwagen gewählt werden.

Zwischen die Propellerachse und die Kraftübertragung vom Motor, die durch Kegelräderantriebe bewirkt wird, sind zwei Meßzylinder eingeschaltet (siehe schematische Skizze Fig. 101). Bei dem einen Meßzylinder überträgt sich die Kraft des Propellerzuges auf

Fig. 102.
Schleuderkasten.

einen Kolben, der auf die Meßflüssigkeit drückt, deren Spannung an einem Manometer abgelesen wird.

In analoger Weise wie der Schraubenschub kann auch das Drehmoment des Propellers durch einen zweiten Meßzylinder (in der Figur mit M_2 bezeichnet) abgelesen werden. Ein an einem Ausleger angebrachtes Schalenkreuzanemometer gestattet die Feststellung der relativen Windgeschwindigkeit; außerdem sind für die Bestimmung der Fahrgeschwindigkeit der Tourenzahl des Motors und des Propellers geeignete Apparate vorhanden. Figur 100 zeigt den Apparat kurz vor dem Versuch mit einem von Baurat Rettig angegebenen Holzpropeller.

Figur 102 endlich zeigt den im Propellerturm der IIa untergebrachten Schleuderkasten. Um Unfälle zu vermeiden, die durch Bruch der Schrauben infolge der auftretenden hohen Fliehkräfte eintreten konnten, wurden die Schrauben erst bei den die normalen wesentlich überschreitenden Tourenzahlen auf ihre Festigkeit geprüft. Dabei wurden die Propeller vollständig in den Schleuderkasten eingeschlossen, so daß nur die antreibende Welle nach außen ging. Der Wagen konnte für diese sowie auch für andere Standversuche durch geeignete Bremseinrichtungen festgestellt werden. Figur 102 zeigt den Schleuderkasten in geöffnetem Zustand. Durch kräftige Bohlen und eine $^1/_2$ m dicke Sandschichte sowie starke mit Stroh ausgepolstere Türen konnten die Wirkungen etwa abfliegender Flügel oder Flügelteile unschädlich gemacht werden.

§ 318. Die Propellerprüfanlage in Lindenberg.

Eine Versuchsanlage für Standversuche mit Propellern befindet sich zurzeit auch in Lindenberg auf dem Gelände des kgl. preuß. aeronautischen Observatoriums. Die Anlage ist ausführlich beschrieben in der Abhandlung des Leiters der Geschäftsstelle für Flugtechnik in Lindenberg, Dr. Ing. Bendemann, in der Zeitschrift für Flugtechnik und Motorluftschiffahrt 1910, Heft 12, 14 und 16.

Wir wollen an dieser Stelle nur die leitenden Gesichtspunkte erörtern, die für den Entwurf der Versuchsanlage maßgebend waren. Zunächst sollten die Versuche nicht, wie das schon mehrfach geschehen, an kleinen Modellen, sondern in großem Maßstabe (an Schrauben von 2 bis 3 m Durchmesser) ausgeführt werden, da die Ähnlichkeitsschlüsse vom Kleinen ins Große sich bei verwickelten aerodynamischen Vorgängen als wenig zuverlässig erwiesen hatten. Die Versuche sollten in erster Linie im geschlossenen Raume und am festen Punkt stattfinden; daneben sollten auch Versuche in freier Luft möglich sein. Die Schrauben sollten auf senkrecht stehender Welle untersucht und im allgemeinen so betrieben werden, daß der ausgesandte Luftstrom nach oben geht. Dem Luftstrom sollte dadurch nach Möglichkeit die freie und symmetrische Entwicklung gewährleistet werden, die er im freien Luftraum nehmen kann. Der Achsialschub der Schraubenwelle geht in diesem Falle senkrecht nach unten. Endlich sollte die Einrichtung in weiten Grenzen veränderliche Drehzahlen zulassen und auch die Untersuchung von auf gleicher Achse gegenläufig betriebenen Schraubenpaaren gestatten.

Der Entwurf der Anlage wie auch die Konstruktion der Hauptversuchsmaschine rühren von Herrn Dr. ing. Bauersfeld her. Bei der Ausführung haben sich besonders im Hinblick auf die Anordnung der Meßeinrichtung nicht unerhebliche Schwierigkeiten ergeben. So erwies sich z. B. der von Herrn Dr. ing. Bauersfeld vorzüglich durchgearbeitete und von der Firma Zeiß mustergültig ausgeführte Torsionsindikator zur Bestimmung der auf die Schrauben einwirkenden Drehmomente für die gegebenen Verhältnisse nicht als ausreichend. Die beim Betriebe auftretenden Torsionsschwingungen beeinflußten das Meßresultat in unvorhergesehenem Maße, so daß an einen geeigneten Ersatz des Apparates gedacht werden mußte, der nach Überwindung erheblicher Schwierigkeiten gelang. Die Schwierigkeiten bei der Ausführung der Anlage sowie die endgültige Einrichtung sind in der oben angezogenen Quelle eingehend beschrieben.

1

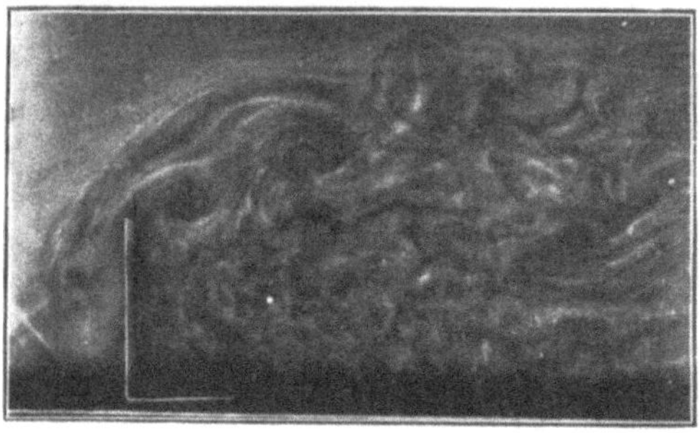

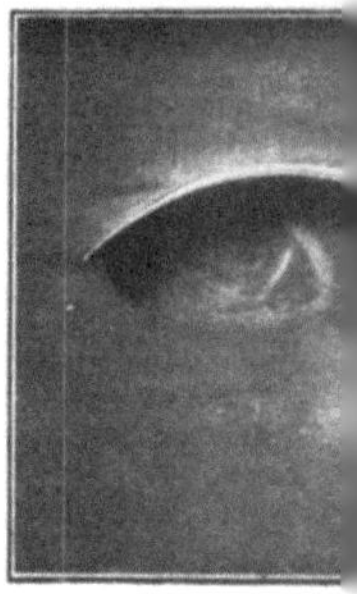

4

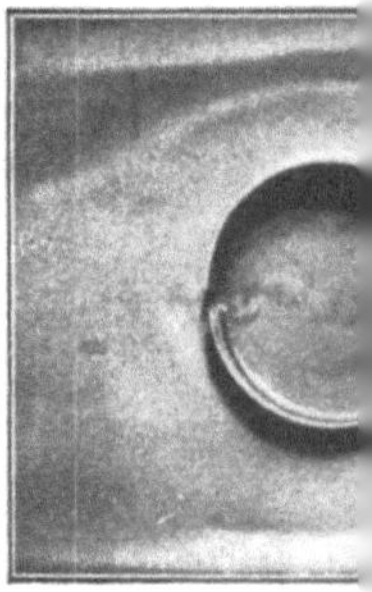

7

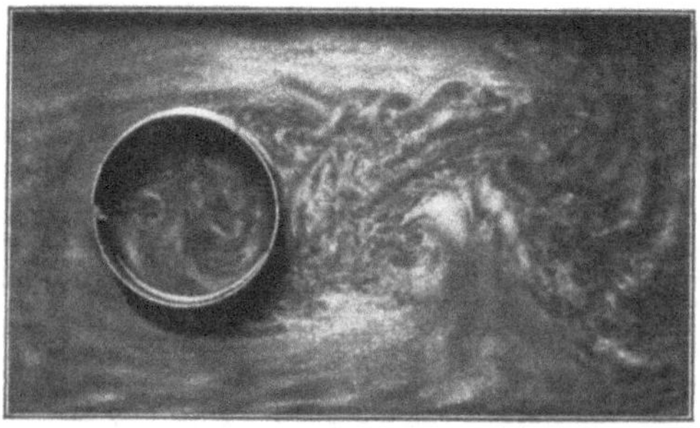

10

Aus: L. Prandtl, Über Flü

Lippmann, Aeronautik; zu Seite 231.

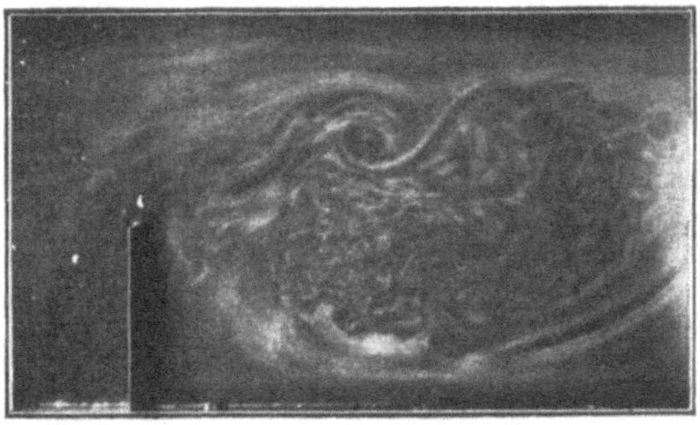

3

6

9

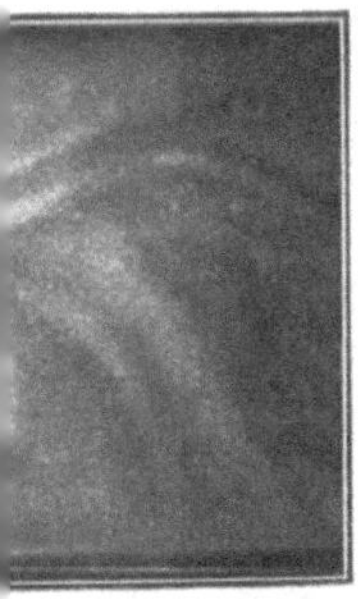

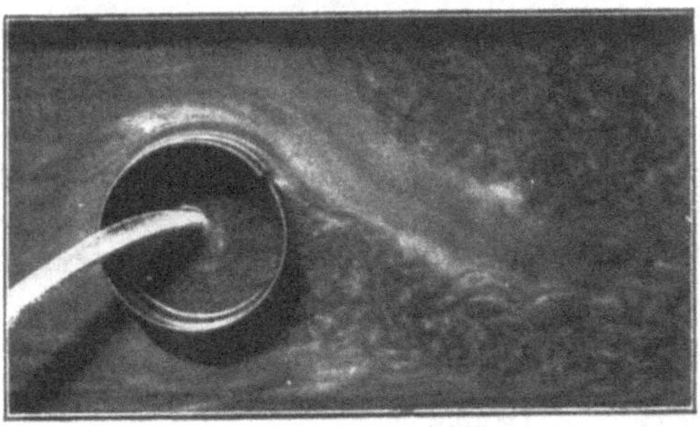

12

gung bei sehr kleiner Reibung.

Register.

FSC
www.fsc.org
MIX
Papier | Fördert gute Waldnutzung
FSC® C083411

Zeitfracht Medien GmbH
Ferdinand-Jühlke-Straße 7
99095 Erfurt, Deutschland
produktsicherheit@kolibri360.de